Th e Fourth Retail Revolution

The Transformation and Restructuring of Retailing

第四次
零售革命
流通的變革與重構

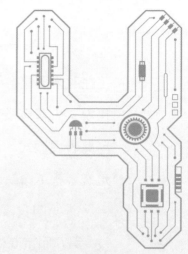

王成榮————

等著

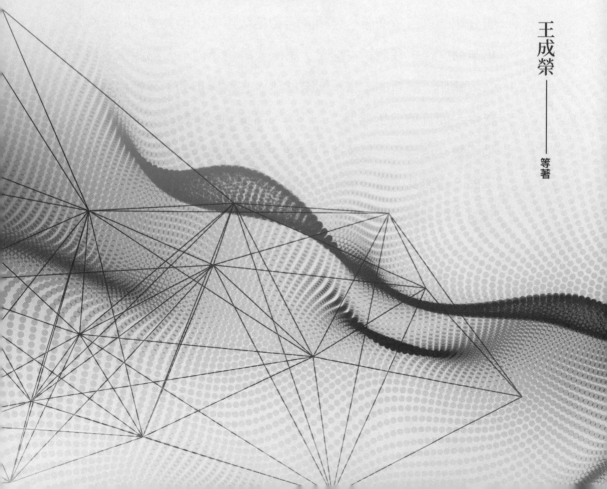

前　言

　　近年來，資訊技術、互聯網尤其是移動互聯網的迅猛發展，正在改變著社會經濟和人們的生活方式與消費習慣，也改變著零售模式、零售業態以及整個流通生態。以電子商務和移動電子商務為表現形式，正在全球爆發一次能量巨大的零售革命。我們稱這次零售革命為「第四次零售革命」。

　　「第四次零售革命」這一論題是我在 2013 年 12 月 20 日我校「第八屆京商學術論壇」上首次提出的。我在論壇發言時提出，繼公認的以百貨商店、連鎖商店和超級市場出現為標誌的三次零售革命之後，我們正在迎來「第四次零售革命」。第四次零售革命很難用一種新的零售業態來標識，它不僅推動了零售新業態的誕生，而且遠遠超越了這一層次，滲透到零售每一個細胞中，推動了每一種傳統零售業態的變革，是一次零售全業態、全管道的革命。由於此次零售革命是由經濟危機、跨界競爭和技術革命同時引發的，動力強勁，影響深度與廣度今非昔比。

　　2014 年 1 月 4 日，由我主持的首都流通現代化科技創新平臺召開了「北京流通軟實力與零售革命研討會」，進一步研究了第四次零售革命產生的動因、表現、發展前景以及已經或將要產生的影響，探討了傳統零售業如何應對這次零售革命的戰略思路

與對策。

　　另外，2014 年 3 月 20 日和 5 月 27 日，我先後應邀出席了「中國連鎖業 O2O 大會暨第十一屆中國零售業資訊化 & 電商峰會」和「第九屆中國零售商大會」，參加了「傳統企業如何借助互聯網改善行銷」和「全管道，全體驗，讓店面與技術圍繞顧客而變」兩大論壇，與富基融通總裁楊德宏、1 號店董事長于剛、五星電器 CEO 周猛、IBMG 董事長李生和民生電子商務 COO 張小軍等業界知名企業家，就零售業的電商衝擊和 O2O 的實踐等問題進行了深入討論，印證和加深了我對第四次零售革命特徵和意義的理解。

　　本書是在北京地方高校科技創新平臺──首都流通現代化平臺和北京市哲學社會科學研究基地──北京國際商貿中心研究基地的支援下，在上述學術會議和論壇取得認識的基礎上，基於我校對流通業長期的觀察、思考和研究，由我主持、集合我院相關專業學術力量編寫而成的。

　　本書之所以定名為《第四次零售革命──流通的變革與重構》，是因為本次零售革命從訂單到生產，到終端，再到消費，整條供應鏈和價值鏈都發生了翻天覆地、且不可逆轉的變化，推

動了零售和零售關聯產業的整體創新，它改變的不僅是零售本身，也推動著整個流通業的變革與重構，是一次波及了商業、物流、金融、旅遊、餐飲和廣告傳播等行業的大流通產業的全面調整和升級的革命，因此，它既是一次零售革命，也是一次流通革命。

第四次零售革命就在當下，影響到每一個流通環節，任何一個流通企業尤其是零售企業都不可能置身度外。目前，企業界和學術界都已深深感觸到第四次零售革命對傳統商業思想和商業模式的衝擊，以及新商業崛起的廣泛影響。第四次零售革命的繼續深化，不僅要求零售企業應順勢而為，更要主動迎接挑戰。

經營顧客、讓顧客滿意是零售永恆的本質。零售革命的力量正在於打破傳統商業在服務顧客方面的壁壘，矯正偏離顧客中心的軌道，提升經營顧客的品質與效益。所以，傳統零售企業、電子商務企業以及相關企業在第四次零售革命中都有各自的優勢、機會與發展空間。跨界、借力、融合、協同，會產生難以想像的力量。我們熱切期待第四次零售革命帶給我們一個嶄新的朝氣蓬勃的，為消費者提供更加便利、更多體驗，實現零售企業與消費者雙贏的零售業。

希望本書做為一塊引玉之磚，能夠為學術界深入研究第四次

零售革命提供一些思路和素材，為企業界應對第四次零售革命的挑戰提供一些理論參考。

本書中文版《第四次零售革命──流通的變革與重構》已由中國經濟出版社於 2014 年 11 月出版。在中文版基礎上，作者對原書做了修訂，特別是針對近幾年來零售革命發展出現的新情況、新趨勢、新案例、新資料，根據作者的新思考，對原書內容做了補充調整，對部分概念進行了修正，完成了修訂版。修訂版同時授權中國商務出版社出版英文版和臺灣樂果文化事業有限公司出版繁體中文版。

在本書即將在臺灣出版之際，我要感謝已故黃國雄教授的支持與指導；感謝宋則研究員、姚力鳴研究員、陳及教授、洪濤教授、龐毅教授和李書友副教授等學者的幫助和各行業專家、企業家的支持。作為本書的主編，還要感謝各位作者以積極認真的態度參與書稿的修訂；特別感謝韓凝春教授和王春娟副教授在修訂中做出的突出貢獻。感謝中國商務出版社國際經貿事業部主任張高平副編審的大力幫助。

王成榮

2019 年 7 月 30 日

目 錄

零售革命的
機遇與挑戰

第一章

零售革命的機遇與挑戰

由資訊技術變革所催生的第四次零售革命，正在改變著傳統零售業態、零售模式以及整個流通生態，改寫了商圈、商店、商品製造流程，為經濟學和行銷學注入了新的內涵，整個流通產業面臨著巨大的變革與重構。

一

迎接第四次零售革命

（一）零售業的本質與零售革命

「零售」一詞來自於法語動詞「retailer」，意思是「切碎」，是指一種大批量買進並且小批量賣出的活動；或指將產品或服務出售給最終消費者，或出售給代表最終消費者進行購買活動的人的過程。[1]即透過店鋪或非店鋪方式，以相對較小的數量，將商品出售給最終消費者並提供售後服務的活動。

從零售的概念我們不難看出，零售在商品流通過程中是最終環節，零售的物件是最終消費者。零售業承擔著將商品從流通領域轉入到消費領域，進而滿足顧客需要的使命。從本質上講，零售業主要維繫的是與最終消費者的關係，經營的是顧客。

　　零售業是伴隨著商業的產生而產生，伴隨著社會發展、經濟增長、技術進步與生活方式變革而不斷走向成熟。在學術界，往往把零售業發展過程中新舊形式換位變化及內在動力的擴張與延伸的過程稱為零售革命。從歷史上看，零售革命是工業革命、技術革命、消費革命的必然產物。零售革命不是一種零售形式對另一種形式的替代，而是新的零售形式對舊的零售形式的衝擊。每次零售革命所誕生的並取得支配地位的零售形式，對當時的零售業都產生了很強的衝擊力，最大限度地滿足了消費者需要，對生活方式、消費文化產生了巨大而深遠的影響。

　　目前，學術界對零售革命的認定，雖說法不一，但以百貨商店、連鎖商店、超級市場的出現為標誌的三次零售革命，對世界零售格局影響最大，因此被大家所公認。

1　[英] 羅瑪麗·瓦利、莫爾曼德·拉夫等《零售管理教程》，經濟管理出版社 2005 年版，第 2 頁。

1. 第一次零售革命：百貨商店興起

世界上第一家百貨商店誕生於 1852 年，是由阿里斯蒂德·布西科與合夥人在法國巴黎創辦的博瑪律謝（Le Bon Marche）商店。因此阿里斯蒂德·布西科被稱為百貨商店之父。第一家百貨商店誕生後，迅速被各國所效仿，美國梅西百貨店、德國爾拉海姆、黑爾曼和奇茨百貨店、英國哈樂德百貨店相繼開業，在全世界掀起百貨商店的高潮。

百貨商店的誕生與第一次工業革命的爆發密切相連。第一次工業革命帶來了豐富的商品和更加便利的交通運輸條件，使得開設綜合性商店成為可能；城市化進程的加快，八小時工作制的實行，使得人們購買力集中，購物休閒時間大大增加。這些條件帶來了人們對百貨商店這種新型業態的需求，因而得以在最早爆發工業革命的國家和地區迅速擴展，並迅速取得主導地位。

百貨商店誕生後，在生產供應端，傳統作坊式的生產行銷一體化的模式（前店後廠）被工廠和商店的分離所替代，工廠利用新技術高效地大批量生產。在零售端，百貨商店建構起類似於「博物館」式的終端場所，在消費端，由於城市的發展，聚集了大量的消費者，他們（特別是女性）能夠在琳瑯滿目的商品中進行挑選，把百貨商店當作樂園，把遊逛變成一種休閒方式。

百貨商店與傳統的店鋪相比，具有很大創新性，其很多方面的創新奠定了現代零售業的基礎。百貨商店的創新點主要表現在：

（1）由單項經營變為綜合經營。傳統店鋪多為單項經營，如布料店、鞋店、飾品店等；即使在一些雜貨店裡，品種也非常有限。而百貨商店將多種日常用品聚集一店，實行綜合經營，便利了消費者。

（2）由單純購物場所變為休閒場所。傳統店鋪只限購物者進入，而百貨商店歡迎顧客自由參觀、購物，一時被譽為「免費博物館」，成為人們休閒享樂的場所。

（3）由議價銷售變為明碼標價銷售。傳統店鋪以討價還價方式進行銷售，價格具有彈性，一客一價，因人而異，帶有隨意性、欺騙性。百貨商店採取明碼標價的固定價格策略，一視同仁，使得不會議價的消費者也能放心購物。

（4）由不退換商品變為自由退換商品。在傳統店鋪，顧客常常受到「售出商品概不退換」的提示。百貨商店實行商品自由退還制度，只要是顧客不滿意的商品一般都可以進行退換。

（5）由高價銷售變為低價銷售。傳統店鋪實行高價格、低週轉的策略。百貨商店採取低價格、高週轉的策略。最早的博瑪律謝（Le Bon Marche）百貨商店在法文中的意思就是廉價的意思，這是百貨商店在零售業中勢力迅速擴張的關鍵之處。當然到今天，百貨商店經過 150 多年的漫長生命歷程，以及在與新興業態不斷競爭的擠壓下，逐漸轉移自己

的市場定位，購物環境越來越舒適，附加服務越來越多，商品從日用品走向高級商品，價格也越來越高。

百貨商店革命使消費者享受到了便利以及低廉的價格和舒適的環境，這些特點也成為後來歷次零售革命的主要突破口。

2. 第二次零售革命：連鎖商店的出現

世界上最早的連鎖商店產生於 19 世紀中葉。1859 年喬治·吉爾曼和喬治·哈特福德在紐約開辦了大美茶葉公司，由於價格較低、促銷有力，形成廉價連鎖系統，使店鋪數量迅速增加，取得極大成功。後來，伍爾沃思兄弟開辦了廉價雜貨商店，巴爾的摩雜貨批發公司、曼哈頓藥品聯合公司、辛辛那提雜貨批發公司開設的連鎖商店相繼創建，連鎖公司在美國得到迅速發展；同時，在歐洲各國也先後產生了一大批連鎖商店，形成了世界範圍的連鎖革命。

連鎖商店革命的爆發，從根本上講，也是工業革命的必然產物。從零售業發展角度看，它是零售商之間競爭不斷加劇、零售企業集中化程度提高的必然結果。

連鎖商店誕生後，生產的標準化生產方式延續到零售端，工業化的生產得以進一步強化，只要生產出來店鋪就能延伸到任何一個角落。同時廠商逐漸依附於零售商，在議價能力中漸處下

風，連鎖商店能夠透過成本低廉的標準化複製迅速產生規模效益。連鎖商店的這種經營形式適應了社會大生產的需要，更適應了消費者對便捷與低價的需要。其創新性主要表現在零售組織方面：

（1）實現了統一管理和標準化運作。連鎖商店經營方式實際上是工業標準化流水線作業方式在零售業的延續。由於實現了統一管理，強化了商品進銷、價格、服務以及形象等方面的標準化，能夠批量吞入商品，又能分散吐出，最佳地解決了產、銷矛盾，大大降低了成本，擴展了市場，產生了規模效應。

（2）創造了一種新的商業迴圈。即透過大量開店，實現規模經營，壓低進貨價格，進而實現較低售價，再用低售價取得競爭力，擴大市場份額和經營規模。連鎖商店的最大優勢和撒手鐧就是低價。

（3）更加便利了消費者的購買。由於連鎖商店主要經營的是大眾化商品，店鋪又多數開在交通便捷之地或居民社區附近，縮短了消費者購物的空間距離和所用時間，方便了人們的購買。

連鎖商店經過一百多年的發展，不斷完善和成熟。從連鎖形式上看，已經形成正規連鎖、自由連鎖和特許連鎖三種形式；連

鎖商店所涉及的業態也不斷增多，包括超級市場、倉儲商店、專業店、專賣店、廉價商店、便利商店和百貨商場等；連鎖經營的價格也因業態的增多出現多樣化，如百貨商店實行連鎖經營，並不意味著低價，因為它要提供各種附加服務，它是以增加顧客價值為賣點的。

連鎖商店革命的影響是巨大的，它不僅為大零售集團的形成創造了條件，推動了工農業生產的標準化，而且促進了社會服務業的發展和人們生活方式的變革。

3. 第三次零售革命：超級市場的誕生

超級市場誕生於 20 世紀 30 年代，美國金‧卡倫超級市場是今天超級市場的先驅。30 年代以後超級市場在美國得到發展；第二次世界大戰以後，超級市場迅速在歐洲和日本等地蔓延，標誌著世界性的超級市場革命的爆發。

超級市場革命與資訊革命相連，也是第二次零售革命的延續。超級市場出現後，迅速擴張成了百貨商店的最大挑戰者。它在生產領域進一步掌控了勞動密集型的生產商，在零售端，借助連鎖和 IT 技術的幫助，同時應用了現代化的交通手段，使流通速度和週轉效率大為提高。並逐漸擴大市場份額，如今已經成為世界零售業的主導業態。超級市場革命所催動的零售創新主要表現在：

（1）自我服務。超級市場一改過去由營業員提供服務的狀況，開創了開架銷售、自我服務的銷售方式。顧客成為商店的主人，直接接觸商品，任意挑選，自主決策，革命性地改變了消費體驗。這種銷售方式不僅提升了顧客的地位，滿足了顧客的消費心理，方便了顧客購買，而且大大節省了商店的人力成本，使得價格更加低廉，競爭力更強。

（2）一次滿足。超級市場經營的食品和日用品品牌、品種齊全，能夠滿足人們居家生活各個方面的基本需求。所以超級市場出現後，實現了家庭主婦一次購足的願望，即只要進入一家店鋪，就能買全日常生活所需商品，不必分頭採購。這樣，節省了消費者的購物時間，適應了當時人們生活節奏加快的趨勢。

（3）零售現代化。超級市場應用了現代電腦化的收銀系統、訂貨系統、核算系統，科學地管理經營的各個環節和現代化的交通手段，創造了更高的流通速度和週轉效率。因此，超級市場革命不僅是一場零售革命，也是一場電腦技術在流通領域應用的革命。

（4）店址邊緣化。在超級市場出現之前，傳統店鋪多是圍繞城市中心設置，城與市一體。第二次世界大戰後，隨著住宅向城郊發展，不少超級市場也遠離城市中心，向城郊居民區滲透，衝破了傳統城與市一體化的格局，創造了新的郊

區商業格局。超級市場邊緣化的成功，也帶動了其他業態城郊化的熱潮。

超級市場出現後，一直處於不斷變化和完善過程中，其演變軌跡呈現為，經營的商品由食品走向綜合日用品，規模由小到大，服務也由一元走向多元。

超級市場革命本質上是一場售貨方式的變革，它使開架銷售流行，使整潔和舒適的購物環境得以普及，同時促進了商品包裝的變革，它對零售業的變革與發展具有深遠的影響。

（二）第四次零售革命來臨

21 世紀以來，資訊技術、互聯網，尤其是移動互聯網的迅猛發展，正在改變著社會經濟、生活方式、消費習慣，也改變著零售模式、零售業態以及整個流通生態。由資訊技術變革所催生，以電子商務和移動電子商務為表現形式，正在爆發一場繼百貨商店、連鎖商店和超級市場之後的新的零售革命。我們稱這場零售革命為「第四次零售革命」。

第四次零售革命很難用一種新的零售業態，比如「網上商店」的出現來標識，這場零售革命不僅推動了零售新業態的誕生，而且遠遠超越了這一層次，滲透到零售每一個細胞中，推動了每一種傳統零售業態的變革，是一次零售全業態、全管道的革

命，它改變著零售模式以致於整個流通生態。這次零售革命從訂單到生產，到終端，再到消費，整條供應鏈和價值鏈都發生了翻天覆地、且不可逆轉的變化。它是一次零售業全面變革，進而影響到整個流通產業變革與重構的革命，它比以往任何一次零售革命都要強烈，影響都要深遠。

第四次零售革命對傳統零售業的全方位挑戰，主要表現是：

1. 傳統零售業行進艱難

2012 年中國商戶 2354 萬家，銷售 16.17 萬億，平均勞效僅為 26.36 萬元，坪效僅為 1.38 萬元。據聯商網統計，2016 年上半年，在單體百貨、購物中心以及 2000 平方米以上的大型超市業態中，22 家公司共關閉了 41 家店鋪，歇業店鋪營業總面積超過 60 萬平方米。2013 年連鎖百強中已有 9 家電商，第一、二寶座分別被天貓和蘇寧佔據；除 9 家電商外，91 家實體零售商銷售規模連續三年放緩。

傳統零售行業不斷上漲的運營成本和費用，侵蝕了本就增長乏力的行業利潤。2013 年上半年 40% 上市零售公司利潤下滑，80% 的上市公司銷售費用和管理費用上漲。連鎖百強房租成本上升 21%，人工成本上升 20.5%。根據聯商網統計資料，41 家百貨類上市公司 2013 年年報顯示：整體百貨業經營十分不樂觀，儘管零售總額有所增長，但淨利潤卻出現下滑甚至虧損。41 家

百貨類上市公司銷售總額 2974.13 億元，平均增幅為 8.3%，低於 2013 年社會消費品零售總額的增長；33 家企業營收同比正增長，但淨利潤同比正增長的只有 24 家。在 17 家淨利潤下滑的企業中，跌幅超過 30% 的企業有 7 家。其中，百盛百貨淨利潤為 3.54 億元，同比下滑 58.4%；永旺淨利潤為 0.86 億元，同比下滑 55.18%；歲寶百貨則巨虧 2.19 億元。與此同時，剛性需求特徵更為明顯的超市業態也呈現出同百貨業相同的發展態勢。在聯商網統計已公布 2013 年業績 12 家超市類上市企業中，雖然僅人人樂一家營業收入同比下滑 1.53%，但淨利同比下滑的企業達到 7 家，其中新華都創最大跌幅達 244.35%。[2]

2. 網路零售實現高速增長

　　與傳統零售行進艱難的狀況相比，網路零售則高速增長。中國電子商務研究中心關於《2013 年度中國網路零售市場資料監測報告》顯示，2013 年中國網路零售市場交易規模達 18851 億元（見圖 1-1），較 2012 年 13205 億元同比增長 42.8%，佔到社會消費品零售額的 8.04%。其中，京東 2013 全年交易額突破 1000 億元，增長速度在 40% 左右；蘇寧線上業務銷售額達 218.9

2　傳統零售 2013 年答卷：41 家百貨上市公司 17 家淨利縮水；王敏傑；每經網 http://www.nbd.com.cn/articles/2014-04-08/823786.html

億元 (含稅)，同比增長 43.86％，唯品會營收達 104.5 億元；1號店銷售額為 115.4 億元；當當網 63.25 億元。據統計局公布的資料，到 2017 年中國網路零售市場交易規模已達到 7.2 萬億元，同比增長 32.2%，社會銷售品零售總額中實物商品網上零售額的佔比從 2015 年的 10.8% 上升到 2017 年的 15%。

圖 1-1 2009-2014 中國網路零售市場交易規模 [3]

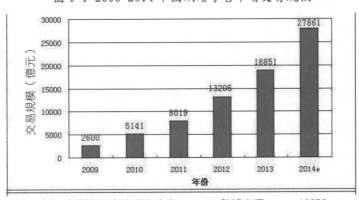

圖表編制：中國電子商務研究中心　　　　數據來源：www. 100EC. cn

　　在這樣的大背景下，各網路零售企業，無論是垂直電商，還是平臺類電商，其零售亮點頻出，成為這次零售革命中為人津津樂道的案例。

　　「雙 11」本是商家促銷的噱頭，但經過互聯網的放大，竟成為全國性乃至全球的「購物狂歡節」。2017 年 11 月 11 日，天貓雙 11 成交額達到了 1682 億元，比 2012 年的 191 億元增長

3　　圖中 2014 年的銷售規模為預測數。

781%。當日物流訂單達 8.12 億，全球 225 個國家和地區的剁手黨加入購物還款，全球消費者透過支付寶完成的支付總筆數達到 14.8 億筆，比上年增長 41%。據 @ 支付寶資料顯示，「雙 11」開始後第 5 分 22 秒，支付峰值達到 25.6 萬筆／秒，支付筆數突破 1 億筆，相當於 2012 年雙 11 全天的支付總筆數。2017 天貓雙 11 剛剛啟動 12 分鐘，上海嘉定區一位消費者就完成了當天第一個訂單的簽收。京東、當當、蘇寧易購等電商平臺均有較大增幅，京東公布的戰果顯示，在 2017 年京東 11·11 全球好物節期間，消費者在京東平臺下單金額超過 1271 億元，同比增長超過 50%，累計售出 7.35 億件商品，相當於中國每個家庭在京東平臺購買了 1.6 件商品。

創始於 2010 年的小米網，經過 3 年多的發展就成長為全國第三大的電商網站。2013 年，小米手機年銷量 1870 萬臺 (增長 160%)，年銷售額 316 億元 (增長 150%)，年淨利潤 30 億元，一舉成為 2013 年中國最賺錢的手機企業。在 2014 年 4 月 8 日的「米粉節」，小米商城從上午 10 點開始每隔 2 小時開放搶購手機，到晚上 10 點，共計 1500 萬人參與搶購，銷售小米手機達 130 萬臺，總銷售金額達 15 億元。2015 年「米粉節」 銷售手機 212 萬臺，銷售額達到 20.8 億元。

3. 移動互聯成為零售業變革的催化劑

移動互聯是本次零售革命最有效的催化劑。電子商務興起於二十世紀末期，從電子商務開始出現，網路零售取代實體零售的呼聲就不絕於耳。但在十餘年間，實體零售發展依然朝氣蓬勃，並未受到網路零售的過多衝擊。隨著 3G、WiFi 共用的普及，4G 的興起和智慧手機的發展，移動互聯開始深入流通領域，移動商務催化並加速了第四次零售革命。

2003 年，美國的一項調查顯示，約 63% 的消費者使用移動設備進行打電話或發短信以外的活動，50% 的使用者每天使用移動設備訪問互聯網，三分之一的人使用移動設備購買產品或服務。越來越多的消費者使用移動設備，究其原因，調查顯示，51% 的人認為隨時隨地的無限使用是最重要的特性，同樣比例的人認為忙碌的時候使用移動設備完成商務服務最有意義；50% 的人認為關鍵在於速度與便捷性。[4]

在中國，2013 年天貓的「雙 11」銷售中，四分之一的銷售額來自手機；2017 年「雙 11」，無線端成交佔比達到 90%。據 Analysys 易觀資料，移動購物在移動互聯網市場份額中保持絕對優勢，2016 年第 4 季度，中國移動購物市場份額達到 70.5%。

移動商務的影響力將隨著移動設備設施的普及進一步提升。

4　消費者青睞移動商務服務，中國經濟網，http://intl.ce.cn.

據工信部統計資料，2014 年 1 月底中國移動通信用戶達 12.35 億，同比增長 10.8%。其中 4.19 億（33.94%）為 3G 用戶，8.38 億（67.80%）為移動互聯網接入用戶。手機上網共使用了 132633Tb 流量。據 We Are Social 及 Hootsuite 的一項相關統計，2017 年全球移動設備使用者人數已突破 50 億人，相當於全球人數的 2/3。2017 年蘋果和谷歌應用商店營收總和達到 587 億美元，比 2016 年的 435 億美元增長約 35%。

移動互聯的銷售在全球呈現快速增長趨勢，這就意味著購買行為可以隨時隨地隨意發生，也就是在所有生活碎片化的時間中，消費者都可以利用移動設備任意實現消費。這是令實體零售業最可怕的事情。

同時，在互聯網和移動互聯網背景下，各種社交媒體的廣告傳播效應逐漸超過傳統的廣告傳播效應，對消費者購物選擇產生決定性影響。2012 年中國網路廣告市場規模突破 750 億，其中百度廣告營收超過 220 億。受此影響，中國消費者網上購物的頻率是歐洲消費者的 4 倍、美國消費者的近 2 倍。2016 年中國網路廣告市場規模達到 2902.7 億元，同比增長 32.9%。據普華永道報告顯示，2017 年上半年，美國數字廣告收入達到 401 億美元，同比增長 23%；其中移動廣告收入增長到 217 億美元，佔總收入的 54%。Google 和 Facebook 兩家企業在美國網路廣告市場中居統治地位，2017 年約佔美國網路廣告收入的 63.1%，其中

Google 佔 42.2%，Facebook 佔 20.9%。美國廣告支出出現加速增長部分是由於美國領先的互聯網媒體公司的營收增長，尤其是移動營收的增長。

4. 大數據技術形成的優勢使傳統零售方式難以抵擋

據 IBM 的一項研究資料，整個人類文明所獲得的全部資料中，90% 產生於過去兩年。到 2020 年，全世界產生的資料規模將是現在的 44 倍。2000 年數位資料佔整個全球資料的 25%，2013 年這一比例已佔 98%，2016 年中國移動支付規模已經達到 5.5 萬億美元。電商運用大數據技術最典型的例子是圖書銷售，美國亞馬遜書店員工人均銷售額 37.5 萬美元，超過全球最大圖書公司 3 倍以上；1999 年成立的當當網，訂單匹配 3000 萬使用者，其中 2000 萬是活躍用戶，一直穩居全球中文圖書網上發行首位，佔據全國圖書零售 30% 以上的市場份額。與圖書網路銷售相伴生的，是實體書店的舉步維艱，過去十年全國近五成民營書店倒閉。在傳統零售業，零售終端是最大優勢，零售商運營的是商品與顧客，終端是核心競爭力；在大數據和互聯網時代，消費者資料和資訊網路是最大優勢，零售商直接運營的是資料，消費者資料成為核心資源和核心競爭力。或者說，傳統實體店與電商競爭的核心與其說是市場，不如說是消費方式和消費者資料資源。

大數據已經使得當前的零售革命越來越受到重視。2013 年夏天可口可樂創新夏日行銷計畫：「分享快樂，推出快樂昵稱瓶」，發起上網討論，短時間內瀏覽過億，評論超過 160 萬。依據資料，推出計畫，獲得巨大成功。

大數據還突破了奇普定律——「二八法則」似乎已經因為大數據的形成而需要重新審視，因為那些 20% 的長尾商品或服務正突破傳統規模經濟的限制，改變了從生產、流通、管理、銷售、消費的模式。有研究顯示，一家大型書店通常可擺放 10 萬本書，但亞馬遜網路書店的圖書銷售額中，有四分之一來自排名 10 萬以後的書籍。這些「冷門」書籍的銷售比例正以高速成長，預估未來可佔整個書市的一半。這意味著消費者在面對無限的選擇時，真正想要的東西、和想要取得的管道都出現了重大的變化，一套嶄新的商業模式也跟著崛起。簡而言之，長尾所涉及的冷門產品涵蓋了幾乎更多人的需求，當有了需求後，會有更多的人意識到這種需求，從而使冷門不再冷門。

5. 零售打破地域界限，呈現全球化趨勢

第四次零售革命的特徵之一就是傳統的商業管道無法再成為壟斷資源，網路銷售成為沒有地域限制的商業管道。

海淘的初級模式是「代購」，代購興起於社交網站的建設，最為典型的是 55bbs 論壇。眾多消費者在論壇註冊，結交好友，

利用有便利條件的好友在國外代購商品。此後，網易考拉海購、天貓國際、京東全球購等越來越多的海淘網站興起，為國內、甚至國際顧客提供的跨地域、跨國界的消費便利。據商務部測算，中國跨境電商交易規模從 2011 年的 1.7 萬億元增長至 2015 年 5.4 萬億元，年均增長 33.5%。2015 年中國跨境電商零售交易額達到 7512 億元，同比增長 69%。2015 年中國海外代購的奢侈品消費已達國內奢侈品消費的 10%。據阿里研究院預計，到 2020 年，中國跨境電商交易規模將達到 12 萬億元，佔中國進出口總額的約 37.6%。繼美國最大的保健品電商網站 iherb 為中國使用者提供人民幣付款服務之後，韓國最大電商 Gmarket 上線中文版，中國線民可以直接刷銀聯卡，也可以透過支付寶付款。

同時，越來越多的外國消費者在「天貓」等中國網站購物，一項針對數十個國家消費者的網購消費習慣調查顯示，目前國外的消費者最喜歡的購物網站中，來自中國的淘寶網赫然在列。俄羅斯每年有 1500 多萬人上中國的購物網站購買東西。同時也有越來越多的中國消費者在美國亞馬遜等國外網站購物。2011 年移動互聯實現跨境交易 1.6 萬億，2012 年達到 2 萬億。2015 年中國跨境電商 APPTop15 中活躍滲透率排名第一的小紅書，僅 2015 年上半年，銷售額已達到 7 億，其訂單 100% 來自移動端，且客單價在 200 元以上。

第四次零售革命的動因

一般而言，零售革命往往發生在以下三種情況出現時，即經濟危機、跨界競爭、技術革命。目前這三種情況同時出現，這就決定了這次革命的深度與廣度今非昔比。

（一）經濟危機的催化

歷史經驗證明，經濟危機會帶來經濟下滑，生產下降，商品滯銷，失業增加，需求不足，零售不振。因而經濟危機也就會促進具有「價格殺手」性質的新業態的誕生。2008 年後持續數年的世界經濟危機，其中網店這種新業態就成為最典型的「價格殺手」。

1. 經濟危機影響全球零售下滑

受到經濟危機影響最深的歐美地區，零售業務受到較大衝擊。歐美各大零售品牌，無論是奢侈品牌還是大眾零售品牌銷售額均出現下滑的局面。

僅以美國為例。2008 年全球金融危機爆發後，美國零售業在之後兩年業績慘澹。自 2010 年開始，零售業雖開始緩步復甦，但消費者信心卻在不斷惡化。2011 年 8 月，密西根大學和路透社聯合發佈的消費者信心指數終值為 55.7，僅略高於 2008 年雷曼兄弟破產後的 55。[5]

　　據美國知名零售行業雜誌《STORES》公布的 2014 年美國百強零售商名單，[6] 百貨店做為「元老級別」的零售業態，倖存者們一直在透過努力擁抱新科技、來擺脫自己被淘汰的命運。排名前九家的百貨店，同店銷售額 5 家小有增長，4 家下降。影響最大的梅西百貨只有 2% 的增長，見表 1-1。

表 1-1 2013 年美國部分百貨店在美國地區銷售額增長情況 [7]

公司	零售額（萬美元）	平均每店銷售額（萬美元）	同店銷售增幅（%）	美國門店數
Macy's	2777300	3370	2	824
Kohl's	1903100	1640	-1	1158
Sears Holdings	1294600	1710	-4	759
J.C.Penney	1178200	1090	-7	1077
Nordstrom	932700	7970	-2	117

　　沃爾瑪在經濟危機爆發後也是積極拓展市場，潛心經營，

5　喬繼紅《美國零售業逐步復甦 未來挑戰仍存》，新華網，2011.9.15
6　聯商網《2014 美國七大零售業態中的佼佼者》，http://www.linkshop.com.cn，2014.7.18
7　同上。

謀求更好業績。儘管自 2008 年至 2013 年，6 年間銷售增長了 23%，仍感艱難，尤其感到來自零售革命的壓力，2003 年同店出現 0.4% 的下滑（見表 1-2）。Doug McMillon 在沃爾瑪的年會上指出：「技術、資料及資訊為商業開啟了一扇全新的大門，沃爾瑪經營的初衷及目標一直是為顧客省更多的錢，即便是現在也是如此，我們會以全新的方式向顧客展示我們如何兌現自己的承諾。」他們希望能恢復消費者對公司的信心。

表 1-2 2013 年美國部分大型綜合零售商在美國地區銷售額增長情況[8]

公司	零售額（萬美元）	平均每店銷售額（萬美元）	同店銷售增幅（%）	美國門店數
Wal-Mart	32783400	7450	-0.4	4399
Costco	7474000	16720	6	447
Target	7127900	3980	-0.4	1793

據日本連鎖超市協會的統計，2013 年日本全國主要超市的零售額為 12.7 萬億日元，比 2012 年減少了 0.7%，連續 17 年處於下降趨勢。

2. 經濟危機促進了零售企業對商品價值的關注

面對經濟危機的系統性影響，零售行業開始積極謀求創新之

---

8 聯商網《美國七大零售業態中的佼佼者》，http://www.linkshop.com.cn，2014.7.18

路，以期透過更加優質低廉商品和更加便捷有效的銷售管道，重新鎖定消費者，提升銷售規模。

優質低廉的商品為本次零售革命中對產品的關注，對消費價值的關注提供基礎。零售企業開始將行銷的重點轉向到為消費者提供真正有價值的物美價廉的商品或服務上來，最為典型的自有品牌商品再次成為零售企業創新經營的突破點。世界百貨聯合會成員有 20%-40% 的商品均為自有品牌。

在歐洲，自有品牌商品佔比普遍超過 30％。在英國平均自有品牌商品達到 43%。如英國瑪莎百貨自有品牌商品達到 100%，樂購達到 50%。法國家樂福自有品牌達到 50%。

美國沃爾瑪自有品牌商品達到 39%。Aldi 是聞名全球的超低折扣連鎖超市，超市內 90% 的商品都是自有品牌。Fresh & Easy 超市的自有品牌產品也佔總商品量的 50%。

在日本，零售界計畫將僅有 5% 自有品牌率提升到 10%-20%。其中，日本永旺和 7-11 都分別推出了自有品牌的巧克力，在品質無差異的情況下同其他品牌巧克力相比，價格便宜 20%。日本著名的西武百貨店推出了一個三、四十歲女性顧客為主要消費群體的品牌，比百貨店招商進來的品牌商品要便宜 40%。

3. 經濟危機促進網店的發展

雖然經濟危機是的全球零售業普遍面臨嚴峻的挑戰，但

網路零售業務卻在經濟危機中屹立不倒，並且蒸蒸日上。根據 EMarketer 分析師的資料，全球電子商務交易額在 2012 年首次突破 1 萬億美元大關。與此同時，美國和加拿大仍高居領先地位，佔有 33.5% 的市場份額，亞太地區國家的市場份額約為 30.5%，西歐國家所佔市場份額為 26.9%。[9]

據 EMarketer 公司發佈的資料，美國 2013 年電子商務銷售總額達到 2，633 億美元，較 2012 年 2，253 億美元的銷售額同比增長 16.9%，對美國整體零售銷售額起到了推動作用。尤其是移動網路銷售增長預期十分可觀。2013 年美國移動電子商務銷售額為 388.4 億美元。2014 年美國電子商務銷售額為 3430 億美元，比 2014 年增長 15%。預計到 2020 年美國電子商務銷售額將達到 6842 億美元，在 2015 年基礎上將翻一番。亞馬遜公司已成為全球商品品種最多的網上零售商，2011、2012 和 2013 年營業收入分別達到 480.77 億美元、610.93 億美元和 744.52 億美元，分別比上年增長 40.6%、27.1% 和 21.9%。2017 年亞馬遜在美國的電子商務銷售額達到 1960 億美元，同比增長約 32%。美國市場每發生 1 美元的電子商務交易，就有約 44 美分來自亞馬遜。

歐洲電子商務協會執行委員會主席 Wijnand Jongen 披露：2013 年，歐洲的電子商務交易總額達到 4969 億美元，同比增

9　中俄資訊網 www.chinaru.info，2013.11.15

長 19%。歐洲已有超過 5000 家網上零售（B2C）企業以及不少於 15 個全國性的電子商務協會。每年歐洲電子商務業會產生約 37 億個包裹，直接或間接創造 200 萬個就業機會。2013 年歐洲電子商務交易額中有 46% 來自服務交易，54% 來自實物交易。其中，歐盟 28 國的電子商務交易總額為 4352 億美元，同比增長 18%。排名前三的國家分別是英國（1466.97 億美元）、德國（867.94 億美元）、法國（699.55 億美元）。這三個國家的電子商務交易額總和佔了歐洲電子商務交易總額的 61%。排在第四和第五位的是荷蘭（164.28 億美元）和奧地利（150.17 億美元）。[10]

圖 1-2 2010-2014 歐洲網上交易額及增長率 [11]

10　億邦動力網，2014.5.29
11　億邦動力網，2014.5.29

據 InSales 公司的分析估計，俄羅斯網上商店的總營業額在 2012 年為 3506 億盧布，增長 36%。截至 2012 年年底，俄羅斯擁有的線民數量約為 2200 萬人，網店數量約為 32500 個左右，與 2011 年相比增長三分之一。據估計，2012 年 B2C 段 (面向終端客戶) 的網上購物平均值為 628 美元，與 2011 年的資料相比增長了 10.4%。2012 年俄羅斯的網上購物平均值低於全球水準 (1243 美元) 近二分之一。[12] 據電子商務企業協會和俄羅斯郵政評估，2017 年俄羅斯電子商務市場交易額超過 185 億美元。

根據日本調查公司 Gfk 的調查資料，2012 年度日本國內家電市場銷售額同比下滑 11%，為 7 兆 4800 億日元，而在家電網上銷售額呈持續攀升態勢，2012 年約佔總銷售額的 10% 左右。[13] 日本樂天是位阿里、亞馬遜之後，全球排名第三的網上零售商。2010 年，樂天收購了法國的網路購物巨頭 PriceMinister SA，2011 年收購了德國網上購物公司 Tradoria GmbH，同年又以 3920 萬美元收購英國線上零售商 Play.com。2014 年 Rakuten 的 Q1 季度財報，其中樂天的電商增長率為 31.7%，其毛利增長也僅為 22.2%，樂天平臺 65% 的消費源自移動用戶端。[14]

網上商店與普通的零售店相比，成本低、投入少、無時間

---

12 http://commerce.dbw.cn，2013.11.15
13 中國行業研究網，2013.2.27
14 億邦動力網，2014.6.25

和地域限制等特點，使得零售商紛紛謀求開發這一新興管道。淘寶網已成為亞太地區較大的網路零售商圈，截至 2014 年底，淘寶網擁有註冊會員近 5 億，日活躍用戶超 1.2 億，線上商品數量達到 10 億件。2017 財年阿里巴巴實現收入 1582.73 億元人民幣，全年商品交易額（GMV）達 3.767 萬億元人民幣，同比增長 22%。

（二）跨界競爭的影響

同行競爭是革新，跨界競爭是革命。零售業與第一、第二產業、零售業與娛樂業、零售業與金融業、零售業與資訊業之間正在進行全方位的融合與競爭，跨界競爭引發零售革命。

1. 零售業與第一產業的融合

零售業在傳統上被認為是位於整個供應鏈的末端。理論上，它需要產品從最初的第一產業的原材料狀態輸入到第二產業，在經過第三產業的批發系統進入到零售端。但是，當前零售業做為先導性行業的作用逐漸被各界所認識，零售業對第一產業的影響力不斷增強，甚至已經形成融合之勢。

零售業與第一產業融合最為突出的方式就是農超對接。永輝超市做為以經營生鮮為特色的超市，透過建立自己的農業生產基

地，及與農戶合作進行「訂單」式生產，保證自己的農產品及時、優質、低廉地供應消費市場。而全球第一大零售企業沃爾瑪自2007年嘗試在中國開展「農超對接」專案。2008年12月，沃爾瑪與其他九家大型連鎖超市一起被國家商務部和農業部評定為國家首批「農超對接」試點企業。截至2011年6月，沃爾瑪已在全國19個省市建立了67個「農超對接」基地，總面積超過80萬畝，到2011年底，帶動農民超過100萬。其一，沃爾瑪採用「超市直通田地」的對接方式。各地區的沃爾瑪超市根據消費者需求向總部下訂單，由總部為各地超市統一訂貨。與沃爾瑪超市進行對接的往往不是農戶而是由農戶組成的農業合作社。沃爾瑪超市在提供訂單的同時還會提供技術支援和專業化的指導，幫助農戶進行生產，提高農產品的品質。除此之外，沃爾瑪還自配先進的物流配送體系，將農產品運送到各地。這種對接方式實現了農產品從產地到消費者的最短路徑，也保證了資訊流通的最短路徑，使得資訊的傳遞簡單快捷，可雙向流通；另一方面，保證產品新鮮度的同時，也消減了農產品流通過程中層層扣利的機會。其二，沃爾瑪也採用「超市連通農產品專業商」的方式對接。在這種模式中沃爾瑪透過農產品專業運營商尋找合適的對接基地，透過網路實現農產品對接。這種對接模式不需要太多的人員溝通銜接，農產品專業運營商可為超市和農業合作社提供對接平臺，在這個平臺上沃爾瑪可以選擇適合自己的農產品和農產品生產基

地，透過自己的配送中心將產品送到各地超市。

2. 零售業與第二產業的融合

　　零售業同第二產業，更具體的是同製造業密不可分。零售業不能離開製造業，製造業的發展也離不開零售業。製造業發展到一定的階段，發展遭遇瓶頸，為尋求突破，挖掘新的增長點，就開始在產業的邊界處尋找競爭優勢，出現了製造業涉足零售業務，其服務化的比重越來越高，零售企業從事製造業務的新型產業現象。

　　在上游生產製造端，越來越多生產商尋求自營、聯營或直銷模式，壓縮流通管道長度，減少對中間商的依賴。如家電是自營直銷比例最大的商品，海爾、美的、格力等很多大型家電生產企業在終端開設了自己的零售店鋪，不僅形成了與其他家電零售商的競爭關係，也擠壓了傳統家電經銷商和代理商的市場。

　　在下游零售端，大型零售商也加大直接採購及統一採購，對中間商形成擠壓。大賣場倚仗自己的品牌優勢，更傾向於直接從生產商手中進貨，以獲得更優惠的價格。更有不少知名零售商，積極利用自身的品牌優勢，開發自有品牌商品。

　　在這一影響下，生產商們開始紛紛擁抱網路零售。一些製造商嘗試著根據各自的優勢，在銷售、品牌推廣和服務等環節進行分工，從而將各自優勢整合，實現最佳效果。比如，一些主要活

躍在區域市場的製造商，如五芳齋等企業透過線上電子商務擴大品牌影響，實現了品牌的全國覆蓋，為線下銷售提供了基礎。再如上海家化透過線上的佰草集社區等，凝聚了線上線下顧客，實現了更好的顧客忠誠度。而對 TCL 來說，線上不僅僅是一個管道，更是做為新媒體可以實現更高曝光率，並進而提升產品滲透率。為此 TCL 的新產品首發都是靠線上進行的。同時在平臺組織的大規模促銷活動中，線上管道的旗艦店的海量人流聚集，也使得它們成了線下商品最好的廣告。[15]

3. 零售業與娛樂業的融合

國際商業的研究顯示，現代城市零售系統不斷拓展、商業購物和娛樂消費走向多元化，娛樂與購物的相關性大大提高，娛樂業與非娛樂業界線模糊。商業已經不僅僅侷限於傳統的單純購物，而是一種集品質購物、特色娛樂、生活休閒於一體的消費體驗，呈現出零售與娛樂相融合的發展趨勢。一些零售店注入娛樂活動，引誘顧客在購物中度過休閒時光，人們在零售店的環境中，體驗購物、娛樂、教育樂趣。購物中心規劃設計滿足了人們購物、休閒、娛樂一站式需求，其功能佈局從購物中心提升為生

---

[15] 周海強，上海家化等被互聯網催產成零售型製造商，聚美麗資訊網，http://www.jumeili.cn/News/796.html

活休閒娛樂中心。一些產品將娛樂體驗融入產品的設計，給消費者帶來感官上的愉快體驗。

　　Shopping Mall 起源於經濟發達的美國及歐洲，強調多功能、一站式、休閒性，打造「購物 +N 種娛樂」購物娛樂化的模式，以滿足購物、文化、娛樂和餐飲等多種需求，推動了娛樂購物一體化的發展。尤其是近幾年來，城市體驗式購物中心快速發展，娛樂化成為購物中心一個重要特徵。這些購物中心引進的娛樂業態包括溜冰場、KTV、遊樂場、兒童樂園、高爾夫練習場、蹦極、海底世界和賭場等等，這些娛樂設施可以滿足兒童、青少年、家庭、退休的老人、職業人群等各個年齡段消費者。據統計，在 20 世紀 90 年代的最後 5 年中，英國 25% 的新建購物中心開發設計方案中都包括了娛樂設施，2000 年這個比例上升到了 38%。近年世界新建和改造大型購物中心中休閒娛樂類設施一般占到總量的 60% 以上，休閒娛樂已成大型購物中心的主導定位模式。如美國明尼蘇達州明尼波利亞的「Mall of America」包括占地 7 公頃史努比主題公園、120 萬噸水族館、兩層高 18 洞小型高爾夫球場及一些傳統商業娛樂設施，如 14 螢幕的電影院等。加拿大 West Edmonton Mall 擁有人造海灘衝浪、遊樂園、迷你高爾夫球場、賭場、蹦高等先進娛樂設施，除此之外還有海豚表演、水生動物展、樂隊表演等免費娛樂性服務項目。

　　國內傳統購物中心的最佳黃金比例是購物、餐飲、娛樂各為

52：18：30，目前這個黃金比例正在被逐漸打破，最主要的表現是零售的比例在不斷縮小，而餐飲、娛樂等的比例在加大，出現購物、餐飲美食、休閒娛樂「三駕馬車」連袂主演的新超大規模購物中心（Shopping Mall）模式。如香港又一城有歡天雪地溜冰場、人造海灘衝浪、蹦高、遊戲機、遊樂園、最大的書店葉壹堂、電影院、玩具反斗城等娛樂設施；深圳歡樂海岸餐飲娛樂體量約占 50% 以上。

4. 零售業與金融業的融合

零售與金融無法分家，零售的發展必須要得到金融業的支援。近年零售業和金融業正以前所未有的速度實現融合。最為顯著的方式就是消費者在購買了商品後如何支付，支付完成後零售商的結算系統如何對接，零售商在開展供應鏈管理中，如何保障有效的供應鏈活力。這一系列的金融過程融合在了零售過程中，不斷推進和深化了零售革命的發展。

在供應鏈管理領域，面對行業裡的激烈競爭，零售商需要對自身優勢資源——零售供應鏈，進行重新梳理、整合、優化，尋求新的發展活力與利潤增長點。重塑供應鏈，優化供應鏈效率無疑是最好的突破口。提高供應鏈效率的關鍵，很大程度在於供應商是否有足夠的資金來生存，並且是否能夠獲得準確的資料來指導經營發展，進而維持零售供應鏈的高效穩定。為此，零售商

已經開始有意識要為供應商提供更多的發展說明，包括資料指導以及金融服務支援，供應商發展起來後，才能為零售商提供正面的作用力，零售商自身的供應鏈競爭力才能夠得到提升。與此同時，互聯網金融的興起，P2P網貸、眾籌、第三方支付以及其他創新的互聯網金融模式被證實具有普惠金融的力量，既能較大地滿足個人投資的需求，又對小微企業的融資貸款困難起著緩解作用，成了零售商協助供應商取得發展的重要工具。

在支付領域，以支付寶為代表的個人支付手段興起，同淘寶、天貓，甚至普通實體商戶緊緊地聯繫在一起，既方便於消費者付款，提升銷售規模，又能降低零售商資金匯款成本，成為雙贏的創新。

（三）技術革命的推動

資訊技術的發展既是零售業與資訊技術產業融合的關鍵，更是推動零售革命的關鍵。技術革命往往是引發零售革命的重要力量。

---

1. 智慧化推動零售革命 [16]

企業資源計畫（ERP）、客戶關係管理（CRM）、商業智慧（BI）以及電子商務、前臺 POS 售賣系統、NCL 語言等，已經成為零售企業管理的必要手段。它們在幫助零售商提高工作效率、應對市場變化的同時，還為消費者提供快捷無縫的購物體驗。當前的資訊技術發展在智慧化方面大大推進了零售產業的革命。

以上海來伊份為例，其 2000 餘家門店遍佈華東、華南等地，未來將向全國發展至 4000 家門店。隨著規模擴張，來伊份面臨著連接到總部的線路數量、門店銷售員未掌握基本的 IT 技能、新建的偏遠門店 ADSL 廉價接入方式無法拉線、接入之後只能進行簡單的資料傳輸等一系列問題。

此時，門店互聯解決方案應運而生。其中，VPN 設備解決了零售企業 3-5 年的門店擴展問題，分支網點智慧管理系統（BIMS）為海量門店的銷售人員配備了操作簡單的 IT 工具，同時用 3G/WLAN 靈活接入方式解決了偏遠門店快速部署網路的難題。與來伊份類似，百勝餐飲集團旗下的肯德基、必勝客、塔可鐘、東方既白餐廳，電器零售行業中的蘇寧電器等，都採用了這一方案，不但解決了門店互聯的難題，更在企業內部挖潛的過程中實現了精細化管理，全面提高企業的服務水準。

同時，無線應用也成為零售企業的必備利器。過去零售業常

規收銀機只能處理簡單收銀、發票、找零等操作，管理層得到的情報僅止於銷售總金額，對諸如營業毛利分析、單品銷售資料、暢滯銷商品、商品庫存、回轉率等資訊卻無法獲得。進入全新的物聯網時代，無線終端的「無限」應用將零售業務的各個環節都串聯成網，每一筆交易操作、每一件貨物資訊都可以隨時獲取，不但讓日常管理遊刃有餘，同時讓消費者收益頗多。

　　大數據技術更使得零售業如虎添翼。零售企業有海量的資料，發展至今，向精細化要效益、向後臺要利潤、向管理要發展，已成為行業大勢所趨，不管是精細化管理，還是後臺管理大集中，所有的資訊、決策、執行都將圍繞著資料中心展開。以山東魯商集團為例，這是一家以現代零售為主業，涉足酒店、製藥、地產、傳媒、投資等多元化發展的大型企業。透過 iMC 智慧管理中心，魯商集團增加了 EAD、NTA、QOS、IAR 等組件，實現濟南主資料中心生產核心局域網的建設，並實現各產業、各分支與濟南主資料中心的網路互通，滿足業務類系統資料傳輸的需要；同時與 SecCenter 等設備聯動，全面分析、監控、管理網路，使得資料中心進入了智慧化運維階段。

2. 互聯網技術推動零售革命

　　當今資訊技術改變了工業、農業，在更大程度上改變著流通業。尤其是互聯網和移動互聯網的出現，改寫了商店的含義。

「店」的含義是商家與消費者為了交易而設計的互動交流的介面。傳統的「店」，商流、物流、資訊流交織在一起，商家與消費者面對面，交易是在有形的場所完成的。但在互聯網條件下，這個介面可以是有形的，也可以是無形的，商流、物流、人流可以交織在一起，也可以分離，消費者與商家可以面對面（Face to face），也可以面對虛擬的機器進行交流。競爭的焦點在於：誰的介面好，價格低，速度快，體驗好，有吸引力。在這個時代，企業直接運營的是資料，而非傳統的商品與顧客；過去零售網路終端是核心競爭力，今天消費者資料是核心資源和核心競爭力。線上與線下競爭的與其說是市場，不如說是消費方式和資料資源。

第一，互聯網使消費行為所涉及的範圍延伸到世界任何一個網路資訊可以觸及的地方。互聯網改變了傳統商圈的含義，商圈原指一家商店或眾多商店聚集，以其所在地點或區域為中心，沿著一定的方向和距離擴展，吸引顧客的輻射範圍，它是一個商業地理概念。在互聯網特別是移動互聯網背景下，商圈已經不再是單純的地理概念，而是一個網路概念，凡是互聯網觸及的地方，只要物流跟得上，都在其商圈範圍之內，這就是日趨成熟的電商和社交網路的發展所產生的虛擬商圈，虛擬商圈由於不受物理距離和時間的限制，大大拓展了輻射範圍，因此爭奪了大量顧客，迫使傳統商圈的影響力和吸引力迅速下降。虛擬商圈使得零售打

破地域界限，呈現無邊界化和全球化。

　　第二，互聯網零售行為不僅發生在電商網站，甚至發生在社交網站。據國外媒體報導，在前 Facebook 和 Twitter 時代，銷售數字很可能是瞭解零售消費者觀點的唯一方法。但是，隨著社交網路的出現，「顧客是上帝」的口號似乎有了全新的含義。現在的消費者回饋資訊，不僅能夠更快地到達公司，而且能透過在社交媒體上發佈評論傳遞給更廣泛的人群。有些公司實際上正借助社交媒體將自己與競爭對手區別開來。他們不僅聆聽消費者對其現有產品的回饋意見，而且還與消費者一起開發新的產品。社交媒體不再只是交流的平臺。它能夠與數位或實體銷售管道結合，從而發揮出最大的效益，創造出新的營收增長點。[17] 調查顯示，42% 的網上購物者會在社交網站上關注零售商，而平均每名網上購物者會關注 6 位零售商。58% 的人透過關注零售商而尋找購物連結。49% 的人希望獲得產品資訊，39% 的人尋找推廣活動資訊。按照調查，56% 的 Facebook 用戶和 67% 的 Twitter 用戶會透過社交網站訪問零售商網站。

　　第三，移動互聯網正使得消費行為可以隨時發生，時間限制被完全突破。有調查顯示 37% 的電子商務銷售額來自移動端；

17　社交媒體對零售行業的巨大影響，騰訊科技，http://tech.qq.com/a/20121110/000069.htm

到 2015 年，全球透過移動商務達成的銷售將達到 1190 億美元。移動電商使用的介面是智慧手機、平板電腦等具有完全移動性的互聯網設備，這使得消費者的碎片化時間能夠透過移動設備的使用而被完全利用起來。用戶可以躺在床上，在去上班的路上，在上廁所時等任意碎片時間，打開手機「閒逛」。這意味著用戶可以不受周圍環境的影響，隨時在手機上滿足自己閒逛的需求。閒逛又往往伴隨著購買行為，對移動電商是一個自然黏滯點。同時，消費行為隨時發生，甚至在夜間。線民在上下班時間通常是忙於收發電子郵件或使用社交網路，而夜間就是最適合移動購物的時間點。谷歌移動廣告指出，來自平板電腦和智慧手機的搜索請求，於晚上九點同時迎來高峰。

三 第四次零售革命的影響

（一）經濟理論深化

在第四次零售革命的影響下，經濟領域的很多理論、概念、假設條件正在得到日益深入的研究和認識。其中，「消費者剩餘」這一概念做為經濟學中的傳統概念正被互聯網賦予了難以估量的新價值。消費者剩餘是指消費者消費一定數量的某種商品願意支付的最高價格與這些商品的實際市場價格之間的差額。馬歇爾從邊際效用價值論演繹出所謂「消費者剩餘」的概念。范里安提出了關於消費者剩餘的幾種計算方法。消費者剩餘是衡量消費者福利的重要指標，被廣泛地做為一種分析工具來應用。據英國《經濟學人》報導，網路廣告集團歐洲 IAB 以及諮詢公司麥肯錫聯合在 6 個國家向 3360 名消費者做了一份調查，詢問他們會為在選項中的 16 個網路服務支付多少，而這 16 款網路服務的營收基本都來源於廣告。平均來看，一個家庭一般每月願意為每項服務支付 38 歐元（約 50 美元），但如今這些服務都是免費的。除去廣告入侵和侵犯隱私權所帶來的成本。麥肯錫認為那些免費、由

廣告業務支撐的網路服務在美國共貢獻了 320 億歐元的消費者剩餘，而在歐洲這一數字高達 690 億歐元。電子郵件在美國和歐洲共貢獻了 16% 的消費者剩餘，搜尋引擎占到 15%，社交網路占到 11%。谷歌的首席經濟學家哈爾·范里安 (Hal Varian) 從為用戶節省時間的角度，推算搜索業務每年會為用戶帶來 500 美元的淨利潤，為每個國家貢獻 650 億至 1500 億美元的消費者剩餘。[18] 今天，零售業與互聯網和移動互聯網結合，一方面解決了零售商在短時間掌握大量消費者資料的瓶頸問題，降低了零售商的成本，提高了零售商的銷售效率；另一方面解決了供需之間資訊不對稱問題，使消費者有了掌握大量商品資訊和充分選擇的權利，降低了消費者支付成本，無形中也就給每一位消費者帶來一定的消費者剩餘。因此，從經濟學上講，實現消費者剩餘最大化，也就是有效解決了為誰生產、生產什麼和如何生產的根本問題，解決了生產效率最大化問題；從行銷學上，解決了以消費者為中心、有效提高流通效率和效益、為消費者創造最大價值問題。

再如，完全競爭市場是西方經濟學中的基礎性概念，指競爭充分而不受任何阻礙和干擾的一種市場結構。在這種市場類型中，買賣人數眾多，買者和賣者是價格的接受者，資源可自由流

18　《經濟學人：消費者從互聯網上獲得的淨利潤有多少》，http://www.199it.com，2013.3.11

動，資訊具有完全性。傳統上認為完全競爭市場是一種理想狀態，是不存在的。但在網路上，類似於淘寶這樣的網路零售平臺就成為最接近完全競爭市場的經濟形態。淘寶網基本符合了完全競爭市場的四個條件。第一有大量的買者和賣者，淘寶網上有多達三百萬家以上的活躍賣家，上億的消費者；第二，產品同質性，淘寶網每個種類的商品都存在數以萬計的賣家，並不存在完全壟斷某種商品的店鋪；第三，資源流動性，迄今為止，進入或退出淘寶網是比較自由的，准入條件不是太高；第四，資訊完全性，一方面，互聯網能夠輕易獲取商品的基本情況，另一方面，淘寶的評價制度保證了消費者可以獲得比在實體店更多的交易資訊，而且隨著交易數量的增加，消費者獲得的資訊會趨向於接近真實。沃頓商學院評價認為「龐大的網路、不斷增加的買主和賣主，以及廣泛的、極具實用性的物品，都讓賣家只需要最少的行銷成本。」為此，對淘寶網的研究將有助於從完全競爭市場的角度來解析經濟現象。

還比如，資源稀缺性是傳統經濟學家普遍認同的規律，但在第四次零售革命中，資源稀缺型概念被改寫。因為，在網路經濟中，資訊是最大資源，資訊資源幾乎是無限的。零售中商流、物流、資訊流的順序也需要調整過來，資訊流是第一位的，資訊開發運用得好，經營範圍、市場規模可以大大突破有形資源制約。企業成功的機會和創造價值的能力被充分放大。

（二）產業鏈體系變革

　　傳統「商品」，是由生產者設計製造，經零售商銷售給消費者的。雖然，生產者在設計製造產品之前也會研究消費者的需求變化與趨勢，但受固有流程影響，其反應速度及滿足個性化的程度，均遠遠滯後於消費者的現實需要，零售商的行銷行為也是被動的。今天，借助資訊技術和網路技術，可以在短時間甚至瞬間掌握消費者的各樣需求，又可以在短時間實現各種資源的整合，組織或開發出新的商品，滿足消費者瞬息萬變和個性化的需求。寶潔公司創建了一個叫做「消費者脈搏」的東西，稱他們設計的尿不濕，憑藉建模與類比技術，利用大數據，每日接觸消費者超過 40 億，在 80 多個國家生產，產品銷往幾乎所有國家。最有說服力的莫過於小米手機。小米把高規格的硬體設定、MIUI 作業系統、米聊等要素整合在一起，創造了一種神奇的力量。小米與金山軟體、優視科技、多玩、拉卡啦、凡客誠品、樂淘等公司實現服務對接，實現了低成本、高效率、整合速度快和雙向推動的優勢。小米除了運營商的訂製機外，只透過電子商務平臺銷售；小米從未做過廣告，但數十萬米粉成為口碑行銷的主要力量，它沒有靠硬體盈利，而是把價格壓到最低、配置做到最高，靠的是足夠多的用戶和用戶的回饋。

　　移動電子商務也改變了零售端。零售企業從實體店鋪延伸到

無時無刻不在的虛擬空間。同時，移動電子商務也是零售商對於物流、庫存、補貨的處理更加智慧、便捷和高效。

移動電子商務更顯著地代表了消費端。據美國 Business Insider 的資料顯示，人們每天平均 9.6 分鐘看一次手機，每天看手機次數達 150 次。據統計，2012 年 -2016 年全球智慧手機銷量的複合增長率達 22.4%，智慧手機普及率最高的韓國已達 94%，中國城市消費者中智慧手機擁有率已達 72%。社交媒體成為消費決策的重要因素，移動終端成為購買行為的重要手段。

（三）物流體系變化

2013 年，受電子商務和網路購物快速增長帶動，快速消費品、食品、醫藥、家電、電子等與居民消費相關的物流市場保持較高增長，單位與居民物品物流總額保持快速增長態勢，同比增長 30.4%，增幅比上年加快 6.9 個百分點。與此同時，物流的最後一公里——快遞業務出現了更加顯著的增長。2013 年快遞業務量完成 92 億件，同比增長 60%，居世界第二，僅次於美國。快遞業務收入完成 1430 億元，同比增長 36%。2016 年中國快遞業務量突破 300 億件，與 2015 年相比實現了 100 億件的增長，穩居世界第一。

中國電商行業經過十幾年的發展，形成了許多各具特色的

物流配送模式。業內一致公認的包括自建物流模式（典型如京東商城）、第三方物流模式（典型如淘寶賣家使用的「四通一達」等快遞公司）和混合物流模式（典型如美國亞馬遜商城，自建了大規模物流中心以掌控上游環節，同時外包配送環節）等。這些物流配送模式在零售革命的推動下，不斷地深化和變革，其變化的影響已經深入到農產品物流中。2014年情人節，50萬朵預售的鬱金香從荷蘭空運投入天貓商城，團購的20萬朵三天就銷售一空，其餘30萬朵兩週售完，此次銷售成績超過了中國大部分城市一年的鮮花進口量。這次活動中，創新了養水包裝的運輸技術，這是國內首次使用這種技術進行大規模、大範圍的鮮花配送。經過這次活動，一條完整的跨國鮮花冷鏈得到實踐和完善，包括採摘、溫控、幹線運輸、報關、保鮮存儲、分包、落地配送等環節都得到了嚴格的檢驗。整個活動為鮮花的網路銷售，積累了寶貴經驗，進而推動了整個鮮花銷售行業的發展。

冷鏈是農產品電商（尤其是生鮮電商）必須面對的問題，冷鏈除了需要適宜的倉儲空間，同時，對於物流過程也有極高的要求。冷鏈物流必須要有靈活滿足冷藏或冷凍要求的配送車輛，有溫控功能的週轉設備以及「最後1公里」的冷鏈配送工具。目前在中國傳統的食品運輸和冷鏈運輸的物流企業中，基本沒有實現「最後1公里」的配送的能力。但由阿里巴巴運營的菜鳥物流網路則在整合全國冷鏈物流的基礎上，集合冷鏈公路貨運、冷鏈中

轉中心、城市冷鏈配送公司，落地配公司等多種物流資源，創新發展了「二段式配送」物流模式。該模式解決了生鮮電商跨區銷售難，生鮮電商商品保鮮難的問題，而且有效地控制了成本。[19]除此之外，零售革命也促進了物流行業冷鏈的加大投入，以此提升物流實力。一些物流企業投入資金建設生鮮宅配箱，如今在北京等城市一些社區中，開始出現生鮮冷藏箱等配套設施，農產品在入箱後，會有二維碼發送給消費者，之後憑碼開箱。在武漢，電子菜箱已經成為家事易公司生鮮宅配的標準模式。而一些城市及物流企業則投入巨量資金建設冷鏈基礎設施。2013 年，包括青島、廊坊、昆明、鄭州、大同、廣安、泰安、西安等多個城市均出現了億元級別的冷鏈基建投資。據中國冷鏈委統計調查，2013 年中國冷鏈物流固定資產投資超過了 1000 億元，同比增長幅度高達 24.2%。

　　不僅冷鏈物流不斷創新，整個農產品物流都在創新和變革。一些農產品電子商務網站透過預售的方式探索「自訂標準」做法。網站利用團購，對農產品進行嚴格的篩選，對果穗重量、單粒果重、顆粒大小、著色、甜度、農藥檢測等方面都做了詳細的規定，並承諾給消費者。物流配送環節更是仔細琢磨和耐心嘗

19　張瑞東，更多品類觸電帶來更大物流挑戰，中國農業新聞網，http://www.farmer.com.cn/jjpd/nyxxh/201405/t20140512_960526.htm

試，創新出一些新的標準，比如在運輸過程中如何保證紅提果粒不脫落、不被擠壓，就測試了「抽真空、套模具」等多種方法，進而形成物流方案。[20]

（四）支付方式變化

支付是交易實現的關鍵環節，安全、高效、便捷的支付方式保障了交易的實現。在零售行業中，支付方式從最初的現金交易發展到信用交易是一個飛躍，但信用交易的基本方式是使用物質媒介——銀行卡實現的。零售革命的不斷推進，信用交易的支付手段則從單一的銀行卡發展成為多層次、立體化的支付——「雲支付」。

「雲支付」是在現代資訊環境下，消費者能夠利用任何具備支付功能的工具，包括儲蓄卡、信用卡、智慧公交卡、手機儲值卡、支付寶網銀帳戶、消費儲值卡等，實現無障礙購買商品和服務。雲支付是現金支付、信用支付、信貸支付一體化的支付方式。它不僅是現代化的支付模式，也代表了現代金融服務創新的方向。

隨著消費者生活方式的改變，依託互聯網、移動互聯，藉由

---

20 張瑞東，更多品類觸電帶來更大物流挑戰，中國農業新聞網，http://www.farmer.com.cn/jjpd/nyxxh/201405/t20140512_960526.htm

3G 網路、雲計算等先進技術，傳統支付方式的市場份額必將持續降低，貨幣電子化的程度將不斷加深，雲支付將成為支付的必然趨勢。未來支付將存在於雲中，支付方式將實現整合，儲蓄卡、信用卡、智慧公交卡、手機儲值卡、支付寶網銀帳戶、消費儲值卡之間資金可以互通共用，聯合支付；現金支付、信用支付、信貸支付一體化等，消費者可以採用一切既便捷又安全的支付手段完成交易。

在整個零售革命的進程中，支付手段在現代資訊技術的支援下開始擺脫物質媒介的限制，實現更奇異的購物體驗。支付寶向外界推出「空付」的支付理念。在這一理念和技術的支持下，消費者將無須攜帶任何銀行卡、手機等具備支付功能的物質媒介，僅需憑自己身上的特徵，如透過面部識別、視網膜掃描、指紋識別，甚至消費者身上獨特的文身等即可實現支付，完成交易。

根據支付寶發佈的新聞，支付寶空付技術將透過掃描授權、設置限額，可以賦予任何實物價值，用該實物來支付。支付寶空付的核心技術包括兩個部分：APR（Augmented Pay Reality）以及 IRS（Information Recall Secure）。APR 技術對被拍攝物件進行檢測分析，提取特徵；緊接著，IRS 系統會根據 APR 技術解析後的資訊，去追溯匹配在雲端加密儲存的個人支付帳戶。選擇有唯一特徵的實物設置授權，匹配帳號，安全保證帳號資金配額。

（五）行銷和傳播體系的變化

　　零售革命的過程伴隨著行銷和傳播體系的變革。傳統的平面廣告、電視廣告的影響力逐步減弱。在傳統行銷理論中被推崇但又難以大規模利用的口碑行銷在零售革命中發揮了巨大作用，並進而演變出各類圈子行銷、論壇行銷、微博行銷、微信行銷等社會化媒體的行銷方式和理論。在新興的移動資訊獲取模式下，社交媒體成為消費決策的重要因素。Socialtimes 調查資料顯示，41.5% 的 18-43 歲消費者認為社會化媒體上的內容會影響他們的購買決策，女性消費者比男性所受的影響比例更高。Marketing Charts 也認為 86% 的社會化媒體使用者，會製作或接到美國聖誕禮物的推薦；而 65% 的社會化媒體用戶的推薦，最後轉換為實際購買行動。可口可樂昵稱瓶就是社交媒體行銷的成功案例。

　　2013 年夏天，仿照在澳大利亞的行銷動作，可口可樂在中國推出可口可樂昵稱瓶，昵稱瓶在每瓶可口可樂瓶子上都寫著「分享這瓶可口可樂，與你的——。」這些昵稱有白富美、天然呆、高富帥、鄰家女孩、大咔、純爺們，有為青年、文藝青年、小蘿莉等等。這種昵稱瓶迎合了中國的網路文化，使廣大線民喜聞樂見，於是幾乎所有喜歡可口可樂的人都開始去尋找專屬於自己的可樂。 之後可口可樂在英國市場也推出的這一行銷活動」Share A Coke(分享這瓶可樂）」，瓶子印上了英國 150 個最熱門

的名字，消費者將能夠在英國的各大超市購買自己喜歡版本的可口可樂，同樣獲得好評。[21]

可口可樂昵稱瓶的成功顯示了線上線下整合行銷的成功，品牌在社交媒體上傳播，網友線上下參與購買屬於自己昵稱的可樂，然後再到社交媒體上討論，這一連貫過程使得品牌實現了立體式傳播。當然，做為一個獲得了 2013 年艾菲獎全場大獎的創意，可口可樂昵稱瓶更重要的意義在於——它證明了在品牌傳播中，社交媒體不只是 Campaign 的配合者，也可以成為 Campaign 的核心。

21　唐超《2013 年十大年度行銷事件》，中國廣告 AD 網，2014.2.17

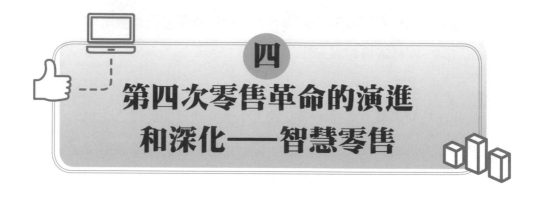

四
第四次零售革命的演進
和深化——智慧零售

　　繼 2016 年 10 月馬雲提出「新零售」概念後，在阿里巴巴 18 週年年會上，馬雲稱阿里再過 19 年將成為世界第 5 大經濟體，那時將為 1000 萬中小企業創造盈利平臺，為 1 億人提供就業服務，為 20 億人消費者服務，真正做到全球買、全球賣、全球付、全球運、全球郵。這個宏偉的目標是基於他對「新零售」的美好設想與期待。

　　馬雲提出所謂「新零售」，力主把線上、線下、物流整合起來，把電子商務、物聯網、大數據及各種商業智慧裝到一個筐裡，依靠技術與資本兩大驅動力，推動零售變革，這並不是什麼理論發明。他只不過把當前的零售創新裝到了一個新概念裡而已。不過，馬雲做為一個企業家，他看到了純電商的侷限性和弊端，預測到了零售業變革的大趨勢，這是難能可貴的。

　　「新零售」實質是「第四次零售革命」不斷演進、深化的一種表現，或者說是「第四次零售革命」發展的高級階段。筆者認

為，「第四次零售革命」發展至今所表現出來本質特徵，與其用「新零售」概念，不如用「智能零售」更為確切。

（一）電商是第四次零售革命的初級階段

電商觸發了第四次零售革命，成為這次零售革命的先驅和主力軍，推動零售業產生顛覆性改變，消費者也受益頗大。

電商借助互聯網和大數據技術等資訊技術，在短時間甚至瞬間「感知」消費者需求，解決了傳統零售商難以解決的短時間掌握巨量消費者資訊的瓶頸問題，迅速實現各種資源的整合，組織或開發出新的商品，滿足市場瞬息萬變的需求，降低了零售成本，提高了流通效率和效益。

對消費者而言，由於電商打破了傳統零售商圈、商店等物理地域界限、時間界限，使消費者可以隨心所欲、隨時隨地實現購買行為；電商解決了供需之間資訊不對稱問題，使消費者有了掌握大量商品資訊和充分選擇的權利，消費者借助「好評」，可以較快做出購買決策，降低了支付成本。電商的發展，給消費者帶來極大便利和「實惠」，享受到更多的「消費者剩餘」。 從經濟學上講，實現「消費者剩餘」最大化，也就是有效解決了為誰生產、生產什麼和如何生產的根本問題，解決了生產效率最大化問題；從行銷學上，解決了以消費者為中心、為消費者創造最大

價值問題。

幾年來電商如火如荼，一日千里。然而昔日熙來攘往、車水馬龍的繁華商業街正發生著「人潮的消退」，眾多知名商場、商店等「城市名片」開始黯然失色。這種冰火兩重天的現象，使商界「幾多歡喜幾多愁」。

值得關注的是，電商在迅猛發展中帶來一些意料不到的問題，使人們產生了一些憂慮和抵觸心態，開始理性地分析電商利弊得失。「利」如上述；「弊」在哪裡呢？依筆者看，電商做為「第四次零售革命」的初級階段，在快速發展中出現的如下問題，值得高度重視與系統研究。

第一，電商的發展刺激了大量的低端製造。電商內部相互競價，不斷壓低成本，推動非理性競爭，刺激了低端製造業，這種所謂「電商製造」，其產品廉價的背後是假貨氾濫、亂象重生。

大量的資料顯示，目前「中國製造」的產品附加值不高，基本處於全球中低端位置，「中國製造」中有 220 大類商品在世界上產銷量第一，如汽車、玩具、服裝、鞋、自行車、電腦顯示器、空調、微波爐等等，但自主品牌出口額只佔 10% 左右。

在 2017 全球最具價值品牌 500 強中國 55 家上榜企業中，屬於製造業的僅有華為、茅臺、中車等 9 家，中國製造業還有很遠的路要走。由於產品品牌、科技上不去，製造業利潤也上不去。

如蘋果公司 2017 年第一季度獲取了 101.8 億美元的手機利

潤，佔全行業的 83%。像 iPhone6，其裸機售價為 649 美元到 849 美元，成本在 216 美元至 263 美元，生產商富士康每部手機僅掙到 4-4.5 美元，而蘋果公司則拿到 70% 的利潤。

由於中國低端製造業膨脹，以致於歐美俄印等國家都在抵制中國貨，對中國出口產品進行反傾銷調查。

低端製造雖不能完全歸咎於電商，但電商的突起客觀上起了推波助瀾的作用是無異議的。因此，無節制、無政策控制發展電商，與當前實施「中國製造 2025」戰略、推進高端製造業的發展是相悖的。在這種背景下，筆者認為，中國需要馬雲、馬化騰、劉強東等靠互聯網起家的創新者，更需要任正非、張瑞敏、柳傳志、董明珠等這樣的實業家。

第二，電商與現代服務經濟且融且悖。現代服務經濟產生於工業化高度發展的階段，是區域經濟新的極具潛力的增長點，其發達程度已經成為衡量區域現代化和競爭力的重要標誌之一。服務經濟的發展，主要體現在服務業在經濟結構中的佔比不斷提高。服務經濟的本質是透過人的投入帶來勞務附加值、情感附加值、文化附加值。

當前的電商一方面帶來就業貢獻，另一方面又造成實體店關門、服務人員失業，尤其是破壞了服務業的生態。有研究機構資料顯示，阿里電商生態為數百萬大學生和年輕人提供了創業機會，帶來了 1500 萬直接就業機會，以及 3000 萬以上的間接就業

機會。但另一方面，大量實體店萎縮、裁人甚至倒閉、失業，沒人去算這筆就業帳、經濟帳、政治帳。

在美國，2017 年第一季度有近 2100 家門店關門、9 家零售商申請破產保護，甚至超過了經濟大蕭條時期的高位。

在中國，樂天瑪特 99 家門店鋪中有 87 家停業，營業損失高達 12 億元；沃爾瑪自 2013 年以來在華關店超過 50 家，逐漸打破了讓方圓 5 公里內零售賣場沒生意可做的「神話」；廣東超市三巨頭之一的新一佳最終走向破產。曾經風光一時的專賣店也在電商的影響下節節敗退。「鞋王」百麗國際連續三年關閉近 1000 家店鋪後，2017 年 7 月正式宣佈從港交所退市；達芙妮從 2015 年起也先後關閉超過 1300 家店鋪，銷售連續下滑。傳統百貨店近三年關店超過 100 家，王府井百貨、百盛百貨、天虹百貨等著名品牌都有數家店關閉現象。

隨著實體商業的消退，服務業所創造出來的附加值正在減少，消費者享受的服務品質，尤其是體驗性正在下降。服務帶來的文化、社交、尊重、情感交流等價值隨著電商對實體商業的侵蝕正在被冰冷冷的資料化電子資訊所取代。

第三，與上述問題相聯繫，電商對社會文化和生活方式帶來消極影響。實體商業的天然功能就是做為消費者體驗和交往的場所，一百多年來，逛街逛商場成為一種生活方式。如百貨店，自誕生之日起，就建構起類似於「博物館」式的終端消費場所，其

中聚集了大量的消費者，他們（特別是女性）在琳瑯滿目的商品中進行瀏覽挑選，感受新時尚，接受新資訊，滿足購物、餐飲、休閒娛樂需要，把百貨商店當作生活樂園。現代社會，社區商業場所更是社區家庭滿足生活服務和日常交往、聚會、娛樂的重要場所。

　　調查顯示，當前手機佔據了人們生活的絕大部分時間，接近五成的用戶每天使用手機達 5 小時以上，比例高達 47.17%，28.08% 的用戶表示每天使用手機在 3-5 小時，13.7% 的用戶每天使用手機 2-3 小時，2 小時以下的用戶僅佔總調查人數的 1 成。其中，除了學習娛樂、通訊交友功能外，主要就是購物、評價。互聯網和移動互聯網的過度使用，引發了諸多人際關係障礙，主要表現為網路孤獨症、網路成癮症、人際信任危機及各種交際衝突和交往障礙。由於人們將注意力和個人興趣專注於網路，不僅不利於心理健康和社會交往，而且導致身體素質的下降，甚至影響到社會文化的健康發展。2015 年，全球著名的智庫皮尤研究中心對來 32 個發展中和新興國家的互聯網影響進行了調查，結果顯示，42% 的受訪者認為，互聯網會給道德帶來負面影響；30% 的受訪者認為，互聯網會給政治領域帶來消極後果。依託互聯網尤其是移動互聯網發展的電商，擴大了上述像「鴉片」一樣的消極影響。

　　第四，消費者享受到的「消費者剩餘」被網路購物成本和

非理性選擇所抵消，甚至成為負數。消費者剩餘是衡量消費者福利的重要指標。如上所述，電商給消費者帶來了更多的消費者剩餘。但最新的一些研究顯示，一些被消費者所忽略的成本，例如時間、精力的付出，資訊搜索的成本等等，正在抵消消費者剩餘。

在經濟學中，搜索成本指的是在自由競爭場合由於價格離散而產生的搜尋價值。網路消費者在購買決策前，所付出的不但包括貨幣支出，還包括所花費的時間、感情的投入、為提高認識能力所投入的學習費用等一切有助於搜索資訊的支出。網路交易中產生資訊搜索成本的主要源自：一是網路資訊中的不對稱性；二是網路消費者感知收益和感知代價相比較錯判；三是網路中存在著大量不確定性或風險性資訊資源，為規避不確定性所進行的資訊搜索、處理和提煉而付出代價。做為一個經濟學上假設的理性消費者而言，舉例來講，當消費者在購買一本書時，他在網路上進行相關資訊搜索，包括選擇售書網站、價格、付款方式、郵遞方式、書評、售後服務及信用等，在收集有限資訊時，他會覺得所付出的搜索成本（包括上網的時間、精力、網費等）是值得的（即感知收益大於感知代價）；當隨著信息量的不斷增大，但資訊價值降低時，感知收益趨於等於感知代價，他會放棄資訊的搜索活動，即做出購買決策。

但事實是，相當部分消費者是非理性的，缺乏時間成本觀念，其網路購物所付出的搜索時間、精力等抵消了消費者剩餘甚

至成為負數。比如購買一臺智慧電視機，你要瞭解不同品牌，瞭解每個品牌的液晶顯示板技術，如是軟屏還是硬屏、色彩偏移、回應速度等指標如何，在一家家電專業店花 30 分鐘能解決的問題，可能要花去數小時。很多研究者發現，在網路上花費大量時間和精力對產品進行瞭解、比對，更多的疑問會接踵而至。大量的時間成本的付出已經超過了網路購物帶來的消費者剩餘。

降低消費者剩餘的行為，還在於非理性的超過實際需要的大量重複購買。2017 年「雙十一」全網銷售額達到 2539.7 億元，產生包裹 13.8 億，相當於每一個中國人收到一個包裹，平均一個家庭至少收到 3 個。由於受到「優惠價格」誘惑，至少有三分之一的消費者有非理智購買行為，造成節後退貨或囤積，造成另一種浪費，也加重了物流的負擔。

第五，末端物流帶來的城市交流、環境問題日益突出。2016 年底，北京為全市 5.7 萬輛快遞三輪車貼牌；北京範圍內取得快遞業務經營許可證的企業覆蓋 2696 個網站。如此大規模的快遞商品流動代替了消費者正常的流動和人際交往。「快遞小哥」滿天飛，影響市容，影響交通，事故頻發，環境污染加劇，給市民帶來不安全感，加重了城市治理的成本，降低了大城市的品位和格調。這不應該是正常的現代化城市生活。因此，筆者認為，純粹的電商應適可而止。

實際上，歐美國家發展電商的條件都比較好，但均採取了謹

慎而理性的態度，且採取稅收調節措施。2013 年美國國會參議院通過《2013 市場公平法案》，該法案是美國第一個全國性互聯網消費稅提案。目前美國各州基本都要繳消費稅，例如加州徵收 8.25% 的消費稅。英國法律明確規定所有的線上銷售商品都需要繳納增值稅，稅率與實體經營一致。澳大利亞對電商和實體店鋪也一樣徵稅。亞洲的韓國在電商徵稅方面，網店和商場在繳稅上標準也是一致的。中國應研究國外基本經驗，利用稅收槓桿對電商的發展進行調節。

（二）智慧零售是第四次零售革命的高級階段

伴隨著「第四次零售革命」的發展，針對傳統零售的弊端和電商的瓶頸與問題，馬雲提出「新零售」概念，也有學者提出「智慧零售」的概念，這兩個概念與「智能零售」概念從內涵上有異曲同工之處，均是對「第四次零售革命」當下先進的零售模式的一種概括。筆者認為採用「智慧零售」一詞比「新零售」和「智慧零售」更為確切。因為「新零售」之「新」對應「舊」，零售業每天都在創新，新舊零售之間沒有嚴格界限；把今天先進的零售模式稱為「新零售」，明天零售業又有新的變革如何定義。「智慧零售」更多彰顯人文屬性，體現「人」的理念、認知、才智與經驗，而第四次零售革命主要是技術變革所引發，實質上是一場

技術催生的零售革命。因此，「智慧」一詞更能體現技術的內涵與力量，因此筆者認為用「智慧零售」一詞比「智慧零售」或「新零售」更為確切。

「第四次零售革命」發端於電商，因而成為這場革命的初級階段；智慧零售放大了基於互聯網等現代資訊技術的電商優勢，打通了線上線下、零售與物流、零售與製造、零售與金融等界限，採用了大數據、物聯網、人工智慧等大量新技術，是對電商的又一次跨越，因此智慧零售成為「第四次零售革命」的高級階段。從零售模式來看，如果傳統實體店為零售模式 1.0，電商是零售模式 2.0，智慧零售則是零售模式 3.0，智慧零售開啟了零售業的新時代。

智慧零售的目標是滿足人們的全方位需求。不管未來消費者生活方式怎樣，人類追求的東西，一定不只是商品，一定有服務；不只是數量，一定有品質；不只是便宜與便捷，一定有快樂體驗與精神享受；不只是大眾化需求，一定有個性化需求。零售業要滿足消費者商品、數量、便捷、便宜和大眾化需要，還要滿足服務、品質、快樂體驗與精神享受及個性化需要。隨著消費的快速升級，消費者對後者的需要越來越多、越來越迫切。電商能夠滿足前者需要，但不能或不完全能滿足後者的需要。智慧零售超越電商，就在於能夠提供給消費者更高品質的服務和更直接的消費體驗。

智慧零售的本質是以消費者為中心，用最先進的零售技術、最好的融資手段，整合各種零售資源，搭建最好的零售平臺，吸引和創造最大的消費群體的一種零售模式。

智慧零售涉及到的幾個重要因素——線上、線下、物流、智慧技術之間的關係，可用一個公式表達，即：

（線上＋線下＋物流）×智慧技術

其中，「線上」區別於分散的電商平臺，而是一個「雲平臺」；「線下」是指眾多銷售實體店、服務中心、製造商等；「物流」是指消滅了庫存或極少庫存的智能物流。「智慧技術」則包含了當前零售業正在使用或正在開發的所有資訊技術和人工智慧。在智慧零售中，「智慧技術」不只是其中一個簡單的要素，它滲透線上上、線下、物流等每個要素之中，放大了各個要素的效用，同時把各個要素有效連接起來，創造乘數效應。也就是說，智慧零售是採用最先進的智慧技術，運用「雲平臺」，面向「雲消費」，實現全管道、全域行銷的一種嶄新零售模式。

也就是說，智慧零售的關鍵在於線上、線下、物流的融合，再以智慧技術「賦能」其中，從而創造最大能量。智慧技術，如互聯網特別是移動互聯網、商業智慧、物聯網、智慧支付、智慧物流、大數據、區塊鏈等新技術，能夠帶來優質商戶資源和新品的引入，「即時感知」並滿足消費者需求，高效處理全管道訂單，

提升門店客戶服務能力；有了智慧技術，消費者即時參與評價、參與設計、參與傳播變為可能。

從傳統零售到智慧零售，顧客需求感知、服務、供應鏈和經營模式等都會發生根本變化。如從感知與滿足顧客現實一種需求，到感知與滿足顧客現實與潛在的一類需求；服務也從有界到無界、即時到全過程、人工到人工智慧；供應鏈從縱向、固定到縱橫交錯、智能物聯、跨界融合；經營模式從以我為主到以消費者為中心、消費者全方位參與，零售商、供應商等協同配合。

智慧零售能夠帶來如下效應：

第一，顛覆傳統的生產流程，體現流通的先導地位。零售帶動生產，生產圍著零售轉。如家電行業以零售為主導的供應鏈優化非常顯著。天貓和蘇寧均與美的、海爾、格力、西門子等國內外家電公司就供應鏈進行日常管理，實現在使用者資料基礎上進行設計、選品、定價等 C2B 智慧製造模式，誕生了真空破壁機、掃地機器人等一批滿足個性化消費的訂製產品。

第二，真正建立以消費者為中心的零售模式。在智慧技術的支撐下，零售商做到「即時感知」和滿足消費者需求。蘇寧在北京、廣州、上海、重慶等城市新開 4 家「無人 BIU 店」，還推出新物種「嗨購市集」，在北京、上海、重慶、南京和深圳 5 個城市分別開設符合當地風土人情的 5 個主題形象店和 15 個超級品牌館；天貓聯合 12 城 52 大商圈，建立雙 11 快閃店，開啟新

零售智慧體驗；京東與騰訊聯手拋出了「京騰無界零售」解決方案，以騰訊的社交、內容體系和京東的交易體系為依託，為品牌商打造線上線下一體化、服務深度訂製化、場景交易高度融合的零售解決方案。

第三，延伸的流通的半徑。智慧零售第一次實現了流通無邊界、無時限、無障礙。天貓 2017 年一共有 100 萬線下門店參與「雙11」，其中有約 10 萬個智慧門店覆蓋全國 334 個城市，並已在吉隆玻等境外城市佈局，5 萬家金牌小店、4000 家天貓小店、覆蓋近 60 萬家零售小店加入「雙 11」陣營，累計觸達 1 億消費者。

第四，提高了流通的效率。商業智慧做到即時生產、沒有庫存、合理運輸，降低流通成本，真正使消費者收益。智慧零售對供應鏈改造持續深入，以優衣庫為代表全球門店自提業務進一步爆發物流潛力。科技為物流持續賦能，今年「雙 11」技術在物流領域實現了大規模應用，例如菜鳥大規模啟用了機器人倉庫，透過 AGV 機器人、全自動流水線、機械臂等方式，聯動形成倉群來「服務雙 11」。京東基於大數據的智慧決策、服務創新以及倉儲、分揀、運輸、配送、客服全供應鏈環節的無人科技等都實現了落地與應用，全行業整體智慧化水準顯著提升。

五 積極應對第四次零售革命

第四次零售革命正以前所未有的能量衝擊著傳統零售業，那麼，未來的零售行業如何發展，傳統零售店乃至整個零售產業應當如何順應大勢，有效應對這一挑戰？筆者認為，零售業應當做好以下四個方面。

（一）回歸零售本質

零售業必須回歸經營顧客的本質。過去的零售模式以商品為中心、以實體店為中心，離顧客越來越遠。要透過網路技術接近顧客，透過大數據技術接近海量的顧客，真正把握顧客的需求，降低顧客的成本。

講回歸零售本質，本意是說，零售業不管技術、手段、體制、流程等產生怎樣的革命性變化，滿足顧客需求這一點不會變，經營顧客永遠是零售業應堅守的核心價值。由於此前一段時間，零售業由於環境影響和自身原因，有些偏離這一核心價值，藉此應對零售革命之機，首先應該回歸經營本質，這是順應形勢，推進

變革，謀求發展的前提。

　　傳統的企業經營以滿足市場需求為目標，從而制訂出 4P 的經營措施，即產品 (Product)、價格 (Price)、管道 (Place)、促銷 (Promotion)，強調以適當的產品、適當的價格、適當的管道和適當的促銷手段，將適當的產品和服務投放到特定市場。在零售經營中，形成了企業本位特徵，孤立地計算邊際效益，最大化地增加暢銷品類，不考慮顧客遊逛舒適度，最大化地提升賣場空間，忽視顧客心理承受度，採用粗暴的轟炸式行銷。

　　零售業的現代化發展，帶來了社會對以追求顧客滿意為目標的認識，由此而產生的經營措施從 4C 出發的，即顧客 (Consumer)、成本 (Cost)、便利 (Convenience) 和溝通 (Communication)，強調把追求顧客滿意放在第一位，努力降低顧客的購買成本，充分注意到顧客購買過程中的便利性，而不是從企業的角度來決定銷售管道策略，並以消費者為中心實施有效的行銷溝通。零售經營中形成了顧客本位的特徵，以顧客為中心組合資源。但也出現了顧客滿意對企業不一定忠誠，企業在同顧客的關係中主動降低地位，導致顧客需求被放大，形成過度服務，忽略企業成本，使得企業難以持續地為顧客提供有效服務等現象。

　　面對零售革命的挑戰，真正回歸零售本質──經營顧客的方式，應當以建立顧客忠誠為目標，企業與顧客互動與雙贏，不僅

積極地適應顧客的需求，而且主動地創造需求，透過關聯、關係、反應等形式與客戶形成獨特的關係，把企業與客戶聯繫在一起，形成競爭優勢。零售業應當形成共贏本位的特徵，以顧客需求為出發點，以企業利益為落腳點；同顧客建立平等關係，可以精確理解顧客需求，並以此建立顧客忠誠度；在為顧客創造需求的同時充分考慮企業的回報，以此獲得可持續的經營能力。

諾德斯特龍百貨公司（Nordstrom）正是利用現代技術手段，準確理解顧客需求，為顧客提供更加有效的零售服務。2012 年末，該公司新增加了一項功能，允許消費者透過互聯網搜索其各個零售店的商品庫存情況。該公司三年前就已經將線上和線下庫存結合起來了，如此一來，如果諾德斯特龍網站上 8 號尺碼的妮可 - 米勒（Nicole Miller）寬鬆直筒連衣裙賣光了，而位於洛杉磯的一家實體店中還有這種商品，那麼該實體店就會直接將此商品發送給在網上訂貨的消費者。美國零售商梅西百貨（Macy' s）已斥鉅資投入到獨立網購服務平臺（www.visitmacysusa.com）的建設和運作中。並已從 2013 年開始 O2O 試點，在場景應用、智慧試衣間、手機支付、APP 技術創新等線下門店的互聯網改造方面開展嘗試。將實現線上線下無縫銜接，共用物流配送、聯合促銷和退換貨等服務。

（二）探索全管道模式

　　面對新的零售革命，大多數實體零售商目前在觀望，觀望與等待的結果必將失去機會。你可以不觸「電」，但你不能不觸「網」。目前在連鎖百強中多數雖有了網路零售業務，但聯合起來的只有銀泰與天貓、沃爾瑪與1號店、天虹與騰訊等少數幾家。商無定勢，水無常形。我們不能固守規則，不然，就可能做當年的「柯達」和今天的「諾基亞」。面對轉型，蘇寧應是最勇敢的零售商，堅持走「雲商」之路，目前是唯一進入全球零售商50強的一個，第28位，這是對轉型最好的注釋。

　　實體店與電商必然融合。實體店的短板是顧客資源有限、實體商品有限、輻射地域有限、價格高且不便捷。相較而言電商無疑具有很大的優勢，沒有實體店的租金與人工成本，能掌握消費者的大數據，為消費者提供隨心所欲不受時空限制的服務，商品價格有競爭力。尤其面對80後，特別是90後這一代人，從上幼稚園開始他們就知道WWW，網路購物成為他們的消費方式，電商很容易鞏固這些消費者的消費方式，使其產生購物路徑依賴，因而建立穩定的市場。但電商也有自身致命的缺點，對消費者來講，缺少體驗，海量的商品沒有幫助消費選擇，浪費了消費者大量時間，物流成為瓶頸等等。電商的某些劣勢恰恰是實體零售商的優勢。因此，實體店與電商的融合時優勢互補，發展全管道是

最佳選擇。目前業界探索的 O2O，既是交鋒，也是融合。電商是企業全管道經營的一部分，而不是一種獨立的業務。實現線上與線下優勢的結合，誰都別想成為主宰，把對方納入自己的生態鏈和價值鏈，合作創造價值，實現共贏。線上是通道，線下也是通道，變成立交橋，就暢通起來。發展「全管道」，需要零售企業組織變革、模式轉型和流程再造，逐漸實現從實體店鋪向虛擬空間延伸，再到向全時段、全管道的移動虛擬空間滲透的轉變，提升零售體驗化、娛樂化、便利化程度。這樣才能真正把優勢做足，創新零售模式與服務方式，同時滿足消費者體驗、便利的需要。

國際零售巨頭已經開始了打通電商管道的探索。UPS 和 comScore 的一份聯合調查報告顯示，一個高效的線下提貨服務可以帶來顧客忠誠度。44% 的受調查者表示可靠的 O2O 服務是他們決定是否選擇這家零售商的關鍵因素。不過，要把這種 O2O 服務做好並不容易，僅有 55% 的消費者對他們方便提貨的零售點表示滿意。[22]

不僅線下零售商轉戰線上，而純粹的網路零售商也在轉變策略。零售配送服務提供者 ShopRunner 服務的一些電子商務公司，例如 Blue Nile 和 eBags，現在也正在將貨物配送到其實體零售店

22　《美國店商巨頭打通電商管道》，北京商報，2013.9.4

如玩具反斗城（Toys「R」Us）中，從而讓他們的消費者可以直接在其實體商店中提取商品。

　　亞馬遜繼續推廣其 Prime 會員兩日配送計畫，從而讓它的購物者可以享受到快捷的交貨服務。零售諮詢公司 Kurt Salmon 分析師埃裡森 - 加特羅 - 萊維（Alison Jatlow Levy）預計，實體零售商將進一步發揮其「產品展示廳」的功能──擺放大量商品，供購物者查看和試用，但是要求消費者透過該實體商店的網站或應用程式來購買商品。

（三）深化用戶體驗

　　在零售革命中，實體店要看到自身的優勢，門店是傳統商業的核心資源，是滿足顧客社交與體驗需求的地方，我們能夠直接接觸顧客，為顧客提供直接服務，給顧客體驗，讓顧客感動，應做好這篇文章。所以，體驗型的時尚生活中心在歐美大中城市風行；體驗式購物中心在中國悄然興起，西單大悅城、廣州天河城、杭州城西銀泰城。當代商城推出「購物中心化」新興百貨店。紅星美凱龍「未來館」體驗空間。傳統零售不要喪失自己的優勢。

　　但同時，實體店的短板也十分清楚，要善於利用網路優勢武裝自己，改變零售思維，發展「全管道」，例如使用 APP 技術，貼近消費者，讓消費者像在網上一樣受到購物「激勵」，得到線

上與線下雙重體驗。

　　長期以來，西爾斯一直允許網上購物的消費者在其實體店取貨。幾個月前，它還增加了一項免下車服務，允許顧客在不離開自己汽車的前提下退貨或交易。

　　美國貨櫃商店也一直在積極推行免下車服務，這項服務是針對網上購物而推出的新型購物方式。起初，零售店的經理們認為「網上訂購，實體店取貨」的購物特色會吸引顧客們到實體店來，這樣顧客們也會消費得更多。如今，這些經理們卻寧願消費者們盡可能快地線上完成交易，這樣就能避免消費者去其他零售店消費或者乾脆放棄購買商品。貨櫃商店的副總裁約翰 - 塔萊吉爾（John Tharaikill）指出，到實體店取貨的網上訂單往往會比傳統的店內消費量大得多。並且，那些到實體店取貨的消費者光顧貨櫃商店的次數要比那些只在店內消費的人多出一半以上。

　　在食品雜貨購買方式向網購轉移方面，英國要比美國先進得多。在英國，約 5% 的食品雜貨透過網路銷售，而美國的這一比例則不到 1%。根據 OC&C 戰略諮詢公司的資料，在英國，預計「點擊提貨」業務的增速將遠遠快於「送貨上門」業務。該公司預測，2012 年至 2017 年，非食品類商品「點擊提貨」業務量的年複合增速為 60%，而同類商品「送貨上門」業務量的這一增速為 5%。OC&C 合夥人邁克爾•雅里 (Michael Jary) 也認同「『點

擊提貨』是所有零售商面臨的最大增長機遇。」這些經驗都值得
研究與汲取。

（四）打造物流優勢

　　零售革命一定引發物流革命。由於零售全管道全供應鏈的重
塑，零售商銷售方式和消費者購物方式的同時改變，物流可能是
零售發展的最大瓶頸。過去，零售商爭的是店鋪，將來一定要爭
物流資源，誰掌握現代物流資源，誰就會在服務消費者中佔據主
動，這一點是可以預見的。因此，積極發展第三方物流，建構起
適應零售業未來發展的物流體系，既是一個宏觀課題，也是零售
企業急需解決的現實問題。

六 實現傳統零售向智慧零售的跨越

隨著智慧零售的到來，大數據和人工智慧等新技術正在全面賦能供應鏈的升級，並將最終形成以消費者為中心的數位化閉環。目前，傳統零售正在向全域行銷、大數據驅動研發、共創供應鏈、全管道融合、智慧門店、品牌大數據等方面進行探索。

如百聯集團，推進透過新模式、新技術、新產品的方式從傳統零售向智慧零售跨越。在新模式上，打造百聯未來店 RISO、無人店和家庭購物場景；在新技術上，採用人臉識別、圖像識別、AR/VR、大數據分析、物聯網、人工智慧、區塊鏈等技術，對每一個到店顧客進行精準化的描述，改變店內的 SKU（Stock Keeping Unit，庫存量單位）和發佈管道，以及分析各個商品的擺放位置，切合到每一個用戶進店的體驗；在新產品上，利用雲端系統的線下門店的資源，把百聯在全國的將近 200 個城市 4800 家門店全部串聯起來，同時發佈銷售。

從傳統零售到智能零售的跨越，對傳統實體店而言，既是挑戰也是難得機遇。實體店在發展智慧零售上有很大優勢，應該有自己足夠的底氣和自信。實體店的優勢在哪裡？筆者認為，這些

優勢包括：

第一，店面資源的有限性。

第二，提供消費者享受的物理空間，滿足消費者逛店的樂趣和現場體驗。

第三，商品陳列與店面環境激發消費者購買慾望，使之產生連帶購買。

第四，捕捉消費者需求變化，保持對市場最強最直觀的感知能力。

第五，為消費者提供面對面服務，說明消費者決策並及時解決消費者提出的問題，建立企業與消費者之間的感情連接，富有人情味，滿足消費者人情交往和被尊重的需要，因而形成消費者固定品牌依賴。

第六，可靠的品質保障和信譽保障。

第七，建築景觀形象帶來的文化暗示、廣告效益和審美力量等等。

正因為實體店有不可替代的優勢，眾多電商都渴望得到並拼命搶佔實體店資源，爭做智能零售先鋒；傳統零售店也在探索或尋找機會觸網上線。相較而言，在實體店與電商、物流迅速融合的大趨勢下，電商表現得更為積極和活躍。2016 年 11 月阿里斥資 11 億入股旗下店鋪 164 家的三江購物；2017 年 6 月阿里持股

（18%）旗下店鋪超過三萬家的聯華超市；同時投入 224 億元持有高鑫 36.16% 的股份，旗下歐尚、大潤發品牌年營收超過 1000 億。2017 年阿里又啟動天貓小店，當年全國突破 10000 家，未來將在全國開店 600 萬家。阿里「新零售」在商超、電商、技術、物流上投資達到 776 億，關聯店鋪 8000 家。較為低調的京東，2017 年 4 月也推出百萬便利店計畫。

　　傳統零售向智慧零售跨越，應集中於理念與技術的創新。發展智慧零售，首先應是零售理念的徹底變革，即必須以消費者為中心，必須對消費者出於真心。智慧零售之「智慧」，不是用在「算計」消費者身上，而且用於提高消費者滿意度上，這才是智慧零售本質的東西。

　　其次，技術的創新應當是基於互聯網，特別是移動互聯網、大數據、人工智慧等，實現線上線下物流融合，對顧客即時感知並高效滿足，即對每一個顧客進行精準描述，改變店內 SKU 苦庫存量的單位和發展管道，分析每一個商品的擺放位置，切合到每一個顧客進店體驗。利用商品電子價籤、店內定位行銷、智慧搜索及管理聯動、視覺系統的應用、智慧購物車、智慧穿衣鏡、智慧試衣間等大量智慧技術支撐，提高消費滿意度。

　　綜上所述，智慧零售代表零售變革未來的大趨勢。我們有理由相信以下結論：

　　第一，智慧零售改變的不僅僅是手段與方式，更是以消費者

為中心的本位價值得到強化。

第二，智慧零售與智慧製造相適應，正像連鎖店與工業流水線相適應一樣是不可逆轉的。

第三，傳統零售企業走向智慧零售有機遇也有挑戰，機遇大於挑戰，坐擁自己天然優勢，走向智慧零售可以由多種選擇。

第四，智慧零售在成本、效率、顧客滿足之間一定要找到最優的路徑。

第五，智慧零售一定是社會化、專業化、協同化的體系，不是一個企業能夠獨立完成的，全社會協同創新、共創共贏是必由之路。

「第四次零售革命」催生了智慧零售，觸發了全產業鏈變革，創造了經濟新動能，給消費者帶來最大滿足，給企業帶來最大收益，實現流通最低成本和最高效率。

「第四次零售革命」是一個絕好的發展契機，中國的零售業可以在智慧零售上大步跨越，在全球化過程中實現彎道超車，以智慧零售領先世界。

第 二 章

第四次零售革命與「雲消費」

第二章
第四次零售革命與「雲消費」

　　當前的這場零售革命已經打破了零售業內百貨、超市、3C、家電、建材家具、便利店等等業態的界限，打破了虛擬與現實的界限，使有形與無形相融，商流、物流、資訊流交織，改寫了商店的定義，改變了零售的思維。

　　在消費領域，消費行為隨時發生，任何碎片化的時間都可以用來購物，消費者口袋裡的行動電話成為一個 24 小時不打烊的移動的微商店。

　　可以說，借助資訊技術，電子商務所推動的零售創新，特別是以現代資訊技術為手段的移動電子商務創新，跨時間、跨空間整合資源成為可能，商業資訊傳遞突破時空障礙、物流網路逐步實現全通聯，制約消費的一系列障礙正在逐漸消失，使消費亦得以突破時間、空間的障礙，極個性、極另類的消費需求可以滿足，透過大數據分析應用，人們甚至可以準確預見需求從而引導消費，「一切以消費者需求為核心」這一商業的本質真正得以落實。由此，我們認為，我們已經進入一個全新的以消費者為核心的商業時代──「雲消費」時代。

「雲消費」是什麼？

我們認為，「雲消費」就是以現代信息互聯技術為基礎，消費者可以透過任意消費終端獲得任何其需要的商品和服務，其接觸的任何有形、無形平臺均能為其提供無縫消費支援。其核心是以消費者需求為主導。而「雲」特指消費者所處的如雲一般無障礙、無邊際、無所不在的消費環境。

「雲消費」在技術層面上表現為三大核心特徵，即體現雲消費發展內涵和容量的「雲內容」，代表雲消費終端平臺的「雲終端」，反映雲消費的交易形式和支付方式的「雲支付」。

「雲消費」特別強調以消費者需求為主導，即以消費者的個性化需求指向為導向。未來的消費必將是以消費者為核心的現代消費方式為主導的消費。伴隨互聯網和移動互聯的發展，消費者生活方式正在發生轉型，消費者偏好與消費方式正在發生變化。我們認為，當前社會主流消費群消費模式日益表現出四大基本屬性：消費的體驗化、專屬化、社群化和定位化。

「雲消費」的三大基本特徵

（一）雲內容

1. 什麼是「雲內容」

消費「雲內容」即在現代資訊技術條件下，消費突破傳統店鋪存儲、面積、陳列限制，突破線上線下、有形與無形的界限，突破商品與服務的界限，一切為了消費者，從消費者出發，消費者所想即所供。

2.「雲內容」的四個基本特點

從「雲內容」的基本概念出發，「雲消費」在實踐中表現為四個基本特點：

（1）消費突破傳統店鋪限制

雲消費時代極大地拓展了零售業的市場空間，這種空間除了為實體零售業提供了地理型態的跨區域發展空間，更主要是體現在虛擬的零售市場的發展，由於虛擬零售市場突破了實體零售業有限的空間市場，其高速發展意味著這一市場巨大的容量和體量。

（2）消費突破時空限制

雲消費時代傳統的時空觀念全面突破，從空間上看，我們不僅面臨傳統的實體市場空間，還面臨由虛擬網路形成的沒有地域界限的網路空間，且該空間範圍內消費活動的各方透過網路彼此發生聯繫。從時間上看，雲消費沒有時間間斷，全年全天 24 小時無休。這樣，即使在網路的一頭沒有客服人員，消費者也可以自助購物，而且，對於偏遠地區的企業和小生產者、個人，都可以和大城市的企業站在同一條銷售起跑線上，原則上只要網線鋪到哪裡，哪裡的人們就可以享受與大城市人們一樣的購物機會，觸摸到網上海量的商品。

在雲消費的市場中，除商品本身是實體外，一切涉及商品交易的手續，包括合同、資金和運輸單證等，都以虛擬方式出現。這種交易方式，一方面降低了交易成本，提高了交易效率；另一方面，也增加了競爭的速率和強度。2017 天貓雙 11 正式落下帷幕，最終交易額定格在 1682 億，無線成交佔比 90%。據悉，今年全球超過 14 萬品牌投入 1500 萬種商品參與天貓雙 11，海內外超 100 萬商家線上線下打通，近 10 萬智慧門店、超 50 萬家零售小店賦能新零售。

（3）消費突破商品形態限制

雲消費環境下，交易的商品不僅包括所有能夠想像的有形實

體商品，還可以包括所有我們能夠或不能想到的虛擬商品。包括電腦軟體、專業資訊、電子讀物、音樂產品、影視節目、搜索、網路遊戲中的一些產品和線上服務，綜合性服務等。目前在淘寶網上，諸如網路遊戲點卡、網遊裝備、QQ 號碼、Q 幣；手機充值卡；IP 卡、網路電話、軟體序號；電子書，網路軟體（如安卓手機軟體、SKYPE 語單軟體等）、功能變數名稱、虛擬空間、網站、搜索服務等網站類產品，電子票（電影票、演出票、火車票、飛機票等）等均可輕鬆採購。美國有一家名為 Taskrabbit（任務兔子）的網站，以任務發佈和認領而得名，該網站將任務發佈者（TaskPosters）和「任務兔子」（TaskRabbits）聯繫到一起。任務發佈者透過這個平臺獲得任務兔子的幫助，而「任務兔子」在完成領取的任務後可以獲得一定的報酬。認領任務的「任務兔子」，在認領工作的過程中就有一種與網上的其他人虛擬賽跑的樂趣，在完成任務後除了獲得報酬之外還可以獲得一根胡蘿蔔，完成 3 項最高可獲得 20 美元報酬，每月不超過兩次。這樣，Taskrabbit 不僅將很多人很多的各式各樣奇怪的需求（如需要人肉鬧鐘早晨叫醒、給客服代表打惡作劇電話、將某人用玻璃紙包起來等）變成虛擬商品，也為很多人及很多人的冗餘時間找到工作機會，「任務兔子」中有退休者、失業者，全職的爸爸媽媽，藝術家，有純粹喜歡不同工作、與不同人打交道的人。許多「任務兔子」將這項服務視為全職工作，某些人每月可以因此賺到

5000 美元。有一位叫萊維特的「任務兔子」，每天在 Twitter 上記錄自己的跑腿生活，因此聚集了不少粉絲。[23]

（4）一切以消費者需求為核心

雲消費環境下，由於海量消費資料能夠較為容易地獲得，破解了消費者個性化資料分析的難題，使真正以消費者為核心成為可能；由於人際關係被重新定義，互聯網將有共同需求的人群聚集在了一起，並且透過知識的分享壯大了消費者的力量；也由於消費者本身購買力的增強，技術應用能力的進一步成熟、經驗的豐富、鑑別能力的增強等，消費者這個概念被重新定義，一切以消費者需求為核心可以真正落到實處。消費者所需就能所有，有需求就能滿足。

（二）雲終端

1. 什麼是「雲終端」

所謂消費「雲終端」，即凡是消費者接觸的任何店鋪或智慧電子平臺都可以做為提供消費的便捷終端。

雲終端不是割裂的，而是所有消費終端的整合，這意味著

23　跑腿網站 TaskRabbit：將繁重工作變成遊戲．搜狐 IT

零售商將能透過多種終端與顧客互動，包括網站、實體店、服務終端、直郵和目錄、呼叫中心、社交媒體、移動設備、遊戲機、電視、網路家電、上門服務、電子閱讀器等等，這些終端相互整合，相互呼應，成為全方位的行銷力量。如在美國的百貨店下訂單，在國內取貨，在網上下訂單到韓國代購，透過二維碼支付在手機、電腦、網吧、餐館觸控式螢幕、電視機、零售店消費……總之，接入即互聯，接入即可任意消費。

2. 生活中重要的「雲終端」

（1）雲手機消費終端

雲手機 Cloudphone，是以網路為核心，將雲計算技術運用於網路終端服務，透過雲伺服器實現雲服務的手機。簡言之，就是「雲」化的手機。每一個應用、每一個功能都是雲。雲手機包括雲助手、雲便籤、雲圖片、雲聊、雲搜索、雲郵、雲瀏覽器等多種服務功能，即具備聯絡人同步備份功能、應用程式推送功能、基於 LBS 的位置定位服務、應用或系統升級更新功能、網路儲存功能、個人資料的備份等功能。所有的雲功能都基於一個雲帳號，這個帳號代表了個人在雲伺服器的身分證，同時雲伺服器可以在手機和瀏覽器中共同登陸。

隨著移動電子商務的發展，雲手機正迅速成為隨時隨地可購

物的移動的微型雲商店。人們可以透過手機來完成整個電子商務流程，根據個人現狀、環境等因素檢索獲得符合需要的資訊，在短時間內便可以做出判斷，然後以手機進行線上付款，在指定時間、指定地點收穫商品。這一流程的最大的特點是，手機做為資訊的接收終端同樣也是資訊的發送終端。這樣，做為資訊收集和分析終端的消費平臺，便可以獲得絕對真實並且即時的消費者資料，從而面對消費者給出符合消費者實際需要的資訊結果；並且經過不斷積累，給出的資訊結果會越來越智慧。

（2）雲電視消費終端

雲電視是集有線電視、通訊、互聯網三大功能於一體的三網融合業務，是應用雲計算、雲存儲技術的電視產品，使用者不需要單獨再為自家的電視配備所有互聯網功能或內容，將電視連上網路，就可以隨時從外界調取自己需要的資源或資訊，可以在看電視的同時就可以進行社交和辦公等，將使傳統的「看電視」，升級為包括上網衝浪、電視讀報、線上遊戲等、多功能的「用電視」。

雲電視有五大特點：一是具有強大而先進的雲技術運用，可快速回應用戶需求，提供穩定、安全可持續化的雲服務技術，能為客戶帶來更好的體驗以及交互性使用。二是可以實現海量的資源存儲，還能實現遠端控制功能。三是透過網線介面雲電視可以

實現 3D、LED、LCD 等觀看效果。四是雲電視在電腦的基礎之上，將技術融入現代化的電視設備裡，可對電視進行升級、維護、資源下載、軟體更新、雙向互動、N 屏互動、物聯生活以及「家庭雲」、「社交雲」、「娛樂雲」、「教育雲」等所有雲端家電的物聯。五是提供穩定、安全、可持續的個性化線上雲服務。

2011 年 8 月，創維集團全球首家推出雲電視，被認為是開啟電視行業革命性發展的新時代。隨後康佳推出智慧雲電視，提出將智慧雲電視打造成「真正以消費者為中心、以健康綠色內容為基礎、以安全保護為根本、以更低成本更高性能為目標」的客戶終端。當前，雲電視做為新一代智慧電視已進入產業化階段。

（3）雲閱讀消費終端

所謂雲閱讀就是讓用戶在任何時間、任何地點，應用任何媒介都能讀到想瞭解的內容。雲閱讀終端即可以承載雲閱讀功能的終端閱讀器。「雲閱讀」的資訊並不存放在本地，而是根據需要使用，從「雲」中的資源隨時獲取，按需使用；「雲閱讀」只在部分時間佔用部分資訊空間，節省了大量的存儲空間；「雲閱讀」可以改變讀物內容形態，隨時實現零運送。

1990 年美國矽谷的創業者們曾研製了 RocketBook、SoftBook 等電子閱讀器，索尼、飛利浦等公司也相繼研發了一些電子閱讀器，但真正撬動電子閱讀市場的是亞馬遜的 Kindle。不

同於以往的電子閱讀器，2007 年 1 月亞馬遜推出的一款 Kindle 產品有幾個特點：輕巧便捷、易於攜帶；具有紙質書的閱讀感覺；具有無限上網功能，可以隨時實地支援網上瀏覽、下載書刊，而不用與電腦連接；下載書籍迅速便捷；亞馬遜還為用戶設立私人圖書館帳戶，只要購買 Kindle，就購買了這本書的終身使用權，用戶可以隨時登陸亞馬遜網站免費下載買過的書籍。這樣，擁有一部 Kindle，就擁有了一個移動圖書館，可以享受隨時隨地閱讀的樂趣。為此，Kindle 成為一個改變全球閱讀習慣、影響億萬讀者的偉大的產品。儘管亞馬遜從未公布其銷量和銷售額，據摩根斯坦利等公司判斷，2009 年 Kindle 銷量突破 100 萬臺，電子書下載數量達到 1200 萬次，為公司帶來約 3.1 億美元的營收，2012 年會帶來 20 億美元營收。2013 年亞馬遜 Kindle 生態系統（包括廣告營收 1.92 億美元）佔亞馬遜總營收的 11%，佔運營利潤的 23%，Kinlde 電子書閱讀器和平板的銷售額達 45 億美元，2016-2017 全球電子書分析中亞馬遜旗下的 Kindle 閱讀器在全球閱讀器市場展示出統治性表現，65% 的全球市場份額足以說明一切問題。

（4）雲商店消費終端

雲商店是基於雲計算的應用超市，實現了網站類應用的即點即用，讓網站建設更加容易。消費者不需要具有任何技術基礎，

只需要滑鼠點幾下，就可以成功安裝一個應用程式。如當您有淘寶、京東、1 號店等多個網店時，無需一個店一個店的分別打單發貨，同步庫存，商品上新，資料監控和分析和 CRM 會員管理，也無需購買伺服器，購買和安裝軟體，只需登錄（支援 PC、iPad、iPhone 等移動設備）雲商店，即可一次操作，同步全網。

（三）雲支付

1. 什麼是「雲支付」

　　消費「雲支付」指在現代資訊環境下，消費者可以利用任何支付工具（儲蓄卡、信用卡、智慧公交卡、手機儲值卡、支付寶網銀帳戶、消費儲值卡等），無障礙購買商品和服務，現金支付、信用支付、信貸支付一體化，支付便捷安全，且資金互通共用。我們認為，「雲支付」不僅是現代化的支付模式，也代表了現代金融服務創新的方向。

　　隨著消費者生活方式的改變，依託互聯網、移動互聯，藉由 3G 網路、雲計算等先進技術，有理由相信，未來傳統支付方式的市場份額將持續降低，貨幣電子化的程度將不斷加深，雲支付將成為支付的必然趨勢。未來支付將存在於雲中，支付方式將實現整合，儲蓄卡、信用卡、智慧公交卡、手機儲值卡、支付寶網銀帳戶、消費儲值卡之間資金可以互通共用，聯合支付；現金支

付、信用支付、信貸支付一體化……消費者可以採用一切既便捷又安全的支付手段完成交易。

2. 「雲支付」市場迅速發展

（1）電子支付市場規模不斷攀升

從專業角度看，電子支付是單位或個人透過電子終端，直接或間接向銀行金融機構發出支付指令，實現貨幣支付和資金轉移的行為。按照支付方式的不同，電子支付包括網上支付、電話支付、移動支付、銷售終端支付、自動櫃員機支付等。

電子支付源於美國，隨著 Interent 網路的發展，蔓延至世界各國。1998 年 3 月，中國第一筆網上電子交易成功。據易觀國際發佈的《2008 年第 4 季度中國第三方支付市場季度監測》資料顯示，2008 年第 4 季度，中國第三方電子支付市場交易總規模已達到 554.67 億元，其中互聯網支付達 517.59 億元，第三方手機支付達 35.2 億元，第三方電話支付達 1.88 億元。《2017 年世界電子商務報告》顯示，當前，全球線民人數已達 41.57 億人，互聯網普及率達 54.4%。中國是全球最大的互聯網使用者市場，線民規模達 7.72 億人，普及率達到 55.8%。同時，中國穩居全球規模最大、最具活力的電子商務市場地位，2017 年，電子商務交易總額達 29.2 萬億元，同比增長 11.7%，B2C 銷售額和網購消

費者人數均排名全球第一。預計 2020 年，全球跨境 B2C 電子商務將突破 1 萬億美元。

（2）移動支付市場發展迅猛

2016 年中國非現金支付合計達到 1251 億筆，同比增速 32.6%，支付金額規模達到 3687 萬億元，從 2015 年開始佔整個支付系統金額比例已經處於 70% 水準。非現金支付主要包括電子支付、票據、銀行卡以及貸記轉帳等形式，其中電子支付 2016 年佔比 68%，約 2500 萬億。

圖 2-1 非現金支付筆數持續快速增長

圖 2-2 非現金支付規模持續增長，佔支付系統比例超 70%

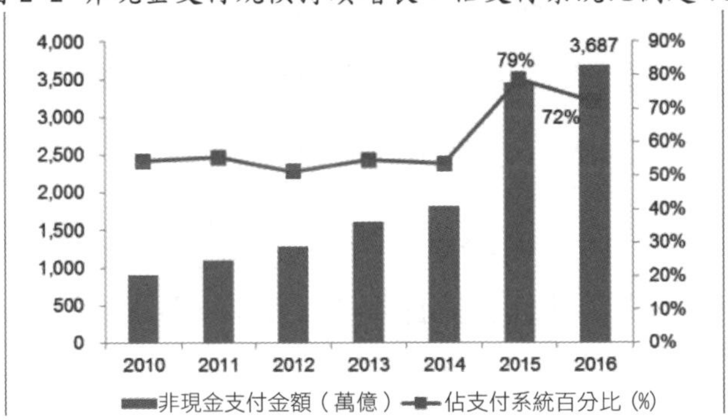

2016 年網上支付規模約 2085 萬億，同比增速僅 3.3%，在電子支付中佔 83.6%；儘管移動支付僅 158 萬億，約佔 6.3%，但經過 2015 年 379% 高增速之後，2016 年同比增速 45.6% 依然遠高於網上支付。

圖 2-3 2016 年銀行業金融機構電子支付構成（萬億，%）

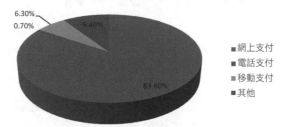

圖 2-4 銀行業金融機構電子支付各形式以移動支付增速最快

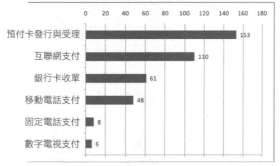

2016 年中國第三方支付機構移動支付規模約 51 萬億，雖然與商業銀行 158 萬億相比依然有較大差距，但近年來一直維持高速增長。自 2013 年以來，商業銀行移動支付單筆平均金額約 6500 元，第三方支付機構移動支付單筆平均金額約 530 元，區別極其顯著，這也與以微信、支付寶等為主的第三方支付更深入到生活場景、在小額化、零售化上表現較為突出有關。

圖 2-5 非銀行機構移動支付規模雖小但高速增長

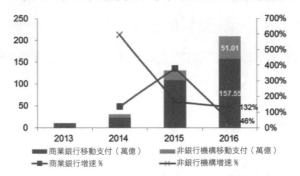

圖 2-6 非銀行機構移動支付小額化、零售化特徵顯著

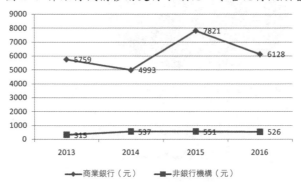

圖 2-7 2016 年第三方移動支付交易規模達 58.8 萬億

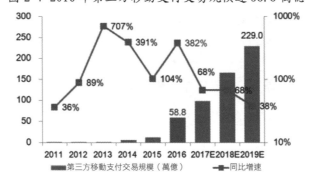

圖 2-8 支付用戶向移動端遷移帶來移動支付佔比大幅提升

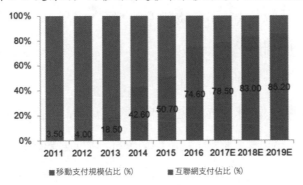

2016 年已經超過 2000 萬戶；另一方面，2017 年 Q1，微信和支付寶月活躍用戶數分別達到 8.92 億和 3.53 億，在如此龐大的基數中，存在大量未使用銀行 POS 機聯網但是透過微信、支付寶等第三方移動支付提供掃碼支付的個體虛擬帳戶。基於基礎支付服務，銀行、第三方支付、銀聯和商戶等多個環節都將沉澱大量高頻支付資料

圖 2-9 2010 年以後全國聯網商戶數複合增速超過 45%

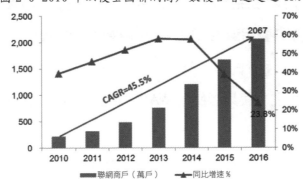

隨著移動支付技術的不斷發展，移動支付廣泛應用於各類生活場景，如購買數位產品（鈴聲、新聞、音樂、遊戲等）和實物

產品、公共交通（公共汽車、地鐵、計程車等）、票務（電影、演出、展覽等）、公共事業繳費（水、電、煤氣、有線電視等）、現場消費（便利店、超市等）。

以下為部分移動支付業務示例：

消費購物：使用者透過短信下載數位產品，用手機餘額扣款；或使用手機錢包購買實際產品；或購買自動販賣機貨品時的近距離支付。

支付公交費：非接觸功能的遠、進距離支付，即使用手機使用者端軟體或 WAP 介面進行公交業務註冊以及劃款，或者乘坐公車時將手機靠近讀卡器付公車票費。

火車票、電影票等票務購買：使用者使用語音平臺或直接登陸訂票平臺，進行票務搜索及支付；或透過接收二維碼憑證，進行取票或登車。

手機訂購：透過登錄網站，預約門診、提前訂購餐飲服務等；

公共事業費用繳納：用戶使用手機繳納水電費、固話、寬頻、有線電視費用等。

手機投注：使用者使用 WAP、短信等方式進行彩票種類查詢及投注。

手機炒股：使用特定炒股軟體，查詢資訊、登錄後進行股票交易。

折扣商城：透過登錄網站，獲得商品、點卡、電影票等商品的折扣資訊，繼而使用手持設備進行商品選擇及貸款支付。

親情匯款：使用者登陸支付軟體用戶端，設定收款人後，向對方匯款和留言。

信用卡還款：用戶在營業廳提供扣款借記卡號並設定還款定向列表後，使用者使用短信指令還款。

郵政報刊訂閱：使用 WAP、語音、短信等方式進行報刊、雜誌的搜索及支付，郵政局按指定地址配送。

（3）代表性支付手段

當前，支付手段日益多樣化、多元化，以下支付手段已在人們生活中廣為應用：

● 騰訊微信支付

微信支付是由騰訊公司的知名移動社交通訊軟體「微信」及第三方支付平臺財付通聯合推出的移動支付創新產品，旨在為廣大微信用戶及商戶提供更優質的支付服務，微信的支付和安全系統由騰訊財付通提供支援。用戶只需在微信中關聯一張銀行卡，並完成身分認證，即可將裝有微信 APP 的智慧手機變成一個全能錢包，之後即可購買合作商戶的商品及服務，使用者在支付時只需在自己的智慧手機上輸入密碼，無需任何刷卡步驟即可完成支付，整個過程簡便流暢。

● 線下掃碼支付

使用者掃描線下靜態的二維碼，即可生成微信支付交易頁面，完成交易流程。

● web 掃碼支付

使用者掃描 PC 端二維碼跳轉至微信支付交易頁面，完成交易流程。

● 公眾號支付

用戶在微信中關注商戶的微信公眾號，在商戶的微信公眾號內完成商品和服務的支付購買。

移動支付進入線下場景深化滲透階段。①、2016 年春節紅包改變了消費者轉帳習慣，手續費的徵收則將餘額向消費引導；此外，央行在 2016 年 3 季度下發《條碼支付業務規範》（徵求意見稿），這是繼 2014 年叫停二維碼支付以後首次官方承認二維碼支付地位，並由此帶動二維碼支付市場新一輪的快速增長。②、艾瑞諮詢關於中國第三方移動支付交易結構的資料顯示，2016 年移動消費（包括移動電商、遊戲、團購、網約車、航旅、二維碼掃碼等）呈現穩定上升的狀態，四季度佔比達 11.6%，隨著消費者線下支付習慣的培養，移動消費的佔比將不斷提高。

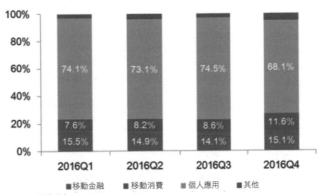

圖 2-10　第三方移動支付中消費佔比逐漸提升

資料來源：公開資料

　　支付寶與財付通合計佔據第三方移動支付市場 90% 以上份額，雙寡頭格局趨於穩定。①、財付通的市場份額由 2013 年三季度的 4% 擴大到 2017 年一季度 39.5%，而相較之下支付寶的市場份額則相應地從 73% 下降至 53.7%。隨著微信支付市場份額的快速提升，支付寶統治地位受到威脅。②、兩大巨頭憑藉自身優勢積極爭奪線下消費場景，在交易規模快速增長的同時，穩固住市場份額第一、第二的位置，雙寡頭局面日趨穩定。③、壹錢包、聯動優勢、拉卡拉、百度錢包、京東錢包等第三方支付平臺所佔市場份額較小，部分平臺透過深耕垂直場景實現了交易規模的快速增長，如平安集團旗下的壹錢包在金融理財方面有著巨大的優勢，2016 年積分商城平安萬里通 APP 以產品形態全面嵌入壹錢包 APP，壹錢包在金融轉帳及移動團購兩大場景上的交易額增長迅速，2017 年一季度市場份額為 1.76%，排名上升至第三。

圖 2-11 支付寶與財付通合計佔據第三方移動支付市場 90% 以上份額

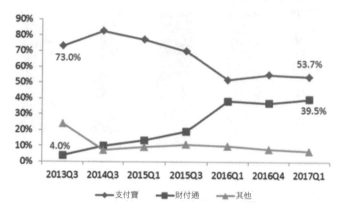

2013 年 2 月 11 日王府井百貨就「微信購物」已與騰訊簽署戰略合作框架協議，雙方結成戰略合作夥伴關係，雙方將利用各自的優勢資源，在技術、平臺、市場、媒體等方面給予對方支援，並將在微信公眾平臺商戶功能、微信支付服務上開展具體合作。王府井與微信合作後將透過微信服務號提供促銷資訊發佈、電子會員卡、電子商務及微信支付等幾大功能，顧客可隨時訂閱自己感興趣的品牌個性化資訊，享受無干擾訂製服務。同時，王府井的會員系統與微生活系統也實現了無縫對接，透過微生活平臺正式引入微信支付，形成一個集線上購買、轉贈、線下取貨於一體的全方位商業微信端平臺。[24]

交通卡支付

在小額支付領域，交通卡具有龐大的用戶群體、完善的支付

---

[24] 孫衛濤. 王府井百貨聯姻騰訊 試水微信購物. 每日經濟新聞

環境、成熟的結算平臺、豐富的管理經驗、強大的宣傳能力等優勢。在交通卡普及的城市，幾乎所有居民人手一張，交通卡具有廣泛的消費基礎，也是消費「雲支付」的重要載體。試想，如果買份幾元錢的早餐，買兩根黃瓜、三兩個包子，計程車費、停車費等能用交通卡統一支付，將為人們帶來多少便利！

上海市在交通卡整合支付方面走在全國前列，上海公共交通卡目前支持軌道交通、計程車、輪渡、貨的運輸、高速公路收費、旅遊交通、停車場、咪表、水電煤公用事業付費、加油站、長途汽車客運等，還成功地實現了與常熟公交、無錫公交和部分出租、蘇州公交、杭州部分出租、安徽阜陽公交、廣西南寧海博出租、昆山公交等應用的對接，擁有龐大的用戶群個體和廣泛的使用環境。

養老券購物

深圳於 2005 年啟動對部分戶籍老人實行貨幣化居家養老補助，2009 年改發現金為發券，老人憑券向定點服務機構購買服務。後來發放養老券模式也在北京、上海、長沙、成都錦江區等地推開。2010 年 1 月 1 日北京市面向 38 萬符合標準的老年人和殘疾人發放養老助殘券，用於購買居家服務。2012 年底長春更進一步嘗試推出養老卡電子結算，類似於公交 IC 卡，每月政府存入 200 元供老人持卡消費。

消費券購物

消費券是專用券的一種，是實現經濟政策的工具之一。通常用於當經濟不景氣導致民間消費能力大幅衰退時，由政府或企業發放給民眾，做為特定消費的支付憑證，期待藉由增加民眾的購買力與消費慾望的方式以拉動消費，活躍市場。2009 年 150 家淘寶網店共同聯手，透過淘寶網官方雜誌向消費者派發總值高達 10 億元的電子消費券。這些消費券包括 5 － 8 折不等的優惠券、面值 2 － 300 元不等的代金券以及祕密的 1 元秒殺資訊，消費者可使用這些「消費券」在淘寶網制訂的商戶中購物。2010 年西城區什剎海文化旅遊節免費發放 1800 萬元消費券，消費券包括電影票、西單各大商場的購物券、本市各大旅遊景區門票、什剎海酒吧街優惠券等等。

3. 代表性「雲支付」技術

巨大的雲支付市場空間、消費者對支付便捷化、安全性的必然需求，促使支付技術不斷發展。以下為幾種有代表性的支付技術：

（1）NFC（近距離無線通訊）非接觸式支付

NFC（近距離無線通訊）非接觸式支付是一種短距高頻的無線電技術，由非接觸式射頻識別（RFID）及互聯互通技術整合

演變而來，在單一晶片上結合感應式讀卡器、感應式卡片和點對點的功能，能在短距離內與相容設備進行識別和資料交換。NFC可以透過結合無線優惠券、會員卡和支付選擇擴展和提升現代購物體驗。消費者可以用個人應用程式掃描產品貨架上的 NFC 標籤，獲得關於該產品更加個性化的資訊。舉個例子，如果某人對堅果過敏，透過掃描產品，他的 NFC 設備就能自動檢測出該產品是否含有堅果並及時做出提醒。透過觸碰 NFC 標籤來獲得資訊、增加到購物籃、獲得優惠券和其他新的用途將對零售業產生越來越大的影響。[25]

著名的 Google 錢包（Google Wallet）就是使用 NFC 技術，透過在智慧手機和收費終端內植入的 NFC 晶片完成信用卡資訊、折扣券代碼等資料交換，透過智慧手機打造從團購折扣、移動支付到購物積分的一站式零售服務。目前 Google 錢包是完全免費開放的平臺，用戶只需在結帳臺支援 PayPass 的終端機即可用手機付帳，它可以讓用戶的手機變成錢包，將塑膠信用卡存儲為手機上的資料，還能加上各種優惠資訊。目前上海市所有的地鐵站都按照有相應設備，使用者手持具備 NFC 功能的手機，並與銀行卡綁定，在閘機上揮揮手機就可以完成支付，輕鬆進出站。

---

25 NFC 技術有何新玩法 . 手機之家

（2）二維碼支付

二維碼支付是一種基於帳戶體系搭起來的新一代無線支付方案。在該支付方案下，商家可把帳號、商品價格等交易資訊彙編成一個二維碼，並印刷在各種報紙、雜誌、廣告、圖書等載體上發佈。用戶透過手機用戶端掃拍二維碼，便可實現與商家支付寶帳戶的支付結算。商家根據支付交易資訊中的使用者收貨、聯繫資料，就可以進行商品配送，完成交易[26]。早在 2002 日本的運營商就開始推廣二維碼。目前日本是全球二維碼使用最多的國家，其次是美國。

2011 年 10 月，支付寶推出中國國內首個二維碼支付解決方案，利用手機識讀支付寶二維碼，實現用戶即時支付功能，幫助淘寶電商發展空間從線上向線下延伸。透過該方案，商家可把帳戶、價格等交易資訊編碼成支付寶二維碼，並印刷在各種報紙、雜誌、廣告、圖書等載體上發佈；使用者使用手機掃描支付寶二維碼，便可實現與商戶支付寶帳戶的支付結算，支付方便快捷。

2012 年初，國際線上支付巨頭 PayPal 在新加坡的地鐵站試驗一項二維碼閱讀應用支付，此項試驗在新加坡地鐵公司（SMRT）的 15 個地鐵站可允許手機用戶透過拍下商品的二維碼來購物。PayPal 在亞洲地區選擇新加坡嘗試二維碼支付是因為

---

26 支付寶將推二維碼支付 . 騰訊網 .2014 年 3 月

新加坡是智慧手機最普及的國家，也是為數不多的移動及資料網路全覆蓋的國家之一，並且其 WiFi 也是全國免費的。參與測試的手機用戶只需下載 PayPal 的二維碼閱讀器對產品進行掃描即可。產品被掃描後，使用者登錄 PayPal 或提供信用卡資訊就可以方便購物。

美國一家知名地理資訊遊戲創業公司 SCVNGR 近年推出一款基於本地移動支付和獎勵服務應用的 LevelUp，透過該應用用戶可以透過運行在 iPhone 或者安卓手機上的應用掃描 QR 碼完成支付。iPhone 和安卓手機用戶只需把自己常用的信用卡或者借記卡綁定到 LevelUp 應用中，就可以獲得自己獨一的 QR 二維碼，購物時候只需在公司 1400 個定點合作商戶中掃描即可。交易完成後，使用者會收到一封電子郵件收據。2011 年，SCVNGR 公司透過 LevelUp 生成的交易總額達到 100 萬美元，2012 年用戶的月交易額就突破 100 萬美元，用戶參與度每 5-6 週就翻一倍。

（3）超聲波支付

超聲波支付的技術近似於 NFC 技術，利用超聲波讓手機透過麥克風和揚聲器就能完成一次近場通信，不必依賴專用的晶片，而且使用者體驗一致。兩支手機「碰一碰」，通訊就完成。但是資料傳輸量有限，速度較慢，在對資料加解密傳輸上偏弱。

據瞭解，2011 年，一家名為 Naratte 的美國公司開發了一種

名為「Zoosh」的技術，就是一種典型的超聲波支付技術。該技
術利用超聲波進行安全短距離點對點傳輸，可用來進行移動支
付。這種技術和 NFC 擁有一樣的速度，但慢於 WiFi 和藍牙 (因
聲波遠慢於電磁波)。該技術對比 NFC 有兩大優點：首先是不需
要在硬體上花費額外的費用，不需要另外加裝晶片。只需要對手
機的話筒和揚聲器做一些改造，費用不超過 1 美元。第二是不管
手機新舊都可使用，對手機性能沒有特殊要求。根據同樣原理，
中國南京音優行資訊技術有限公司開發了一種名為「即付通」的
產品，其核心技術被稱為「迅音」，能夠讓具有喇叭、麥克風的
終端設備透過聲波進行資料通訊，可以順利完成支付。

（4）手機外設刷卡器支付

手機刷卡器，類似一款外接讀卡器，主要是讀取磁條卡資
訊的工具，通過 3.5mm 音訊插孔來傳輸資料的。手機刷卡器本
身沒有支付的功能，要有支付通道的軟體來配合才可以有支付、
收單的功能。手機刷卡器分為簡易型手機刷卡器、加密手機刷卡
器、密碼鍵盤手機刷卡器、EMV 手機讀卡器和 NFC 手機讀卡器。
[27]

美國一家移動支付公司 Square 公司開發的移動讀卡器就是

27　百度百科

一種典型的手機外設刷卡器支付方式。該讀卡器配合智慧手機使用，可將信用卡磁條的資訊轉換成音訊，然後 iPhone、安卓的 Square 應用會把音訊再轉換成數位資訊，之後把這些付款資訊用加密的方式傳輸到伺服器端，再返回刷卡是否成功的資訊。通過應用程式匹配刷卡消費，它使得消費者、商家可以在任何地方進行付款和收款，並保存相應的消費資訊，從而大大降低了刷卡消費支付的技術門檻和硬體需求。

中國深圳盒子支付資訊技術有限公司開發的盒子支付（iboxpay.com）技術類似於 Square，並進行了微創新。該技術致力於讓使用者的各種移動終端變成隨身的 POS 機和閱讀器，從而能夠隨時隨地在用戶的手機上進行信用卡還款、水電、煤氣、電話繳費、手機充值、購物等支付交易。

（5）雲 Key（祕鑰）支付

雲 Key 支付是使用者可以直接透過網路申請電子帳戶，而這些帳戶透過 AES 加密保存在個人移動設備裡，而鑰匙卻是在雲端，鑰匙採用分散式金鑰。每次交易時，透過手機去雲端獲取一個臨時鑰匙，當收款放獲取這個鑰匙之後，送給雲端進行解密支付，每次獲取的鑰匙不同，所以你如果截取，即便破解了，也無法使用，因為每次交易的 KEY 都不一樣，因此交易安全性得到保障。

Keypasco（線上支付安全性與雲端身分認證）提供的認證方法是：在用戶名和密碼的雙因素基礎上，增加了可綁定的個人終端設備 ID、地理位置定位，甚至是上線時間，再加上消費者行為分析相關的風險評估機制（可以分析其他使用者是否嘗試透過其他終端登陸使用者帳戶），採取多重因素認證方式提升安全性。為了安全因素與保護客戶隱私，Keypasco 運用雲端資源，通過加密的分散式存放等方式存放使用者登記資訊。用戶只有透過所綁定的一臺或多臺終端，在自己提前設定的地理區域，以自己的身分登陸，所有的訪問和嘗試登陸日誌都會保留在系統中，使用者可以方便查詢。由於這一認證方式基於軟體和雲服務實現，成本極低，在沒有大規模增加成本的前提下提高了整個行業的安全水準。使用者第一次使用某一終端簡單的註冊登陸即被賦予一個唯一的 Keypasco ID，登錄設備也被賦予一個唯一的設備 ID，兩個 ID 及設備本身在今後的登錄中即被關聯，其後進入系統可設定綁定其他設備、使用區域等。提供該服務的支付機構或網路服務提供機構可以在其中設定自己的風險規則，確定某些情況下的風險閥值和使用要求。可以說，Keypasco 基本在不太改變用戶現有習慣的基礎上，以雲端認證單點登陸的方式，確保了使用者身分的合法性。[28]

---

28 線上支付安全性與雲端身份認證 Keypasco.PayCircle 支付圈 .2013 年 4 月

（6）指紋識別支付

　　指紋識別支付，就是將使用者的指紋資訊資料與指定銀行帳戶相互綁定，當用戶購物、消費後，伸出手指在指紋識別終端中掃描，確認是本人後，便可輕鬆完成支付，消費的金額會在對應的銀行帳戶中扣除。

　　早在 2003 年，美國就有三家公司開始在超市和商場裡推廣它們的指紋支付系統。2006 年，英國成為第一個使用指紋支付技術的歐洲國家。指紋支付之所以傳播如此之快，很大程度上是因為省時，指紋支付的整個過程只需 5 秒鐘就能搞定，比現金和刷卡消費節約 40 秒鐘左右。由於指紋資訊具有獨一無二的特點，因此整個支付過程十分安全便捷。

　　近年，中國工商銀行、建設銀行、交通銀行、招商銀行相繼成為指紋支付業務的合作銀行。至 2007 年，各家銀行的「指付通」業務已有近 10 萬使用者，僅上海地區支援指紋支付方式的商戶已達數千家。

「雲消費」時代是真正以消費者需求為核心的時代

（一）「雲消費」時代的消費活動具有典型的個人化特徵

　　1994 年，美國麻省理工學院教授尼葛洛龐帝所發表的《數位化生存》一書中，提出「資訊技術的革命將把受制於鍵盤和顯示器的電腦解放出來，使之成為我們能夠與之交談，與之一道旅行，能夠撫摸甚至能夠穿戴的物件。這些發展將變革我們的學習方式、工作方式、娛樂方式——一句話，我們的生活方式。」[29] 誠然，人類社會發展以來，伴隨著技術進步、生產力的發展，也深刻影響著人們的生活，改變了人們的生活方式，而消費行為的變化最直觀地反映了生活方式的改變。

　　隨著社會經濟的發展，人類社會逐步走過農業經濟時代、工業經濟時代，正邁入資訊經濟時代。

---

[29]　Negroponte.《數位化生存》. 海南出版社 .1997

農業經濟時代，以土地為本，人們的生產行為以原料生產為主，表現為自給自足的小農經濟，其消費行為以自給自足為基本原則。工業經濟時代，人們的生產行為以商品製造為主，表現為大生產方式下的產品經濟，其消費行為突出強調功能性和追求效率。典型如 20 世紀初頁美國福特汽車公司出產的福特 T 型車，該種車型結構簡單，駕駛方便，可靠耐用，價格低廉，最初的售價只有 825 美元，相當於同類車型的三分之一。由於使用流水線大量生產 T 型車，該車型生產的第一年，產量就達到 10660 輛，創下了汽車行業的紀錄。1921 年，T 型車的產量已佔世界總產量的 56.6%，售價也降到了 260 美元，在 T 型車投產的 19 年裡，僅在美國銷售就超過 1500 萬輛。福特 T 型車的生產，符合當時美國正在蓬勃生長中的新興中產階級的消費需求，美國家庭由此進入汽車時代。

資訊經濟時代，互聯網的廣泛普及，使得全球得以互聯互通，使得跨時間、跨空間整合資源成為可能，商業資訊傳遞突破時空障礙、物流網路逐步實現全通聯，制約消費的一系列障礙正在逐漸消失，為此，使消費亦得以突破時間、空間的障礙，從而從根本上改變了商業的成長肌理。在此基礎上，人們的生產行為更強調以消費者需求為核心，在消費行為上，更強調個性自主，誰能充分整合資源，在特定領域滿足消費需求，能夠引導和創造滿足消費者需求的市場，誰就能把握先機，決勝市場。於是，「雲

消費」應運而生。因此，從消費模式看，資訊經濟時代發展到新的階段也是「雲消費時代」。雲消費時代是真正以消費者需求為核心的時代。在雲消費時代，人們的消費活動具有典型的個人化特徵，帶有濃厚的個人風格的標籤。

（二）「雲消費」時代的主流消費群──80 後消費群及消費偏好

1. 80 後的消費觀

當前，社會主流消費群體是生於 60、70、80、90 年代後的消費群體，特別是經濟獨立的 80 後消費群，代表了當前這個年代的消費潮流。

80 後人群多為獨生子女的一代，他們生活在和平發展、經濟穩定、生活富足的年代，良好的家庭環境和教育體系，造就了 80 後這一獨立、樂觀、自由個性的年輕消費群體。他們在消費上有一些標識性的特點，如：

● 用這月的錢還上月的債

80 後普遍喜歡刷卡，經常錢包裡的卡比錢多。很多人都是「月光族」，經常透支，往往剛發了工資，就要用去一半來還上月的錢。據香港《文匯報》報導，香港 80 後年輕人人均欠信用

卡債務 7.7 萬港元。[30]

圖 2-12 80 後在欠卡費期間仍進行的消費活動（%）[31]

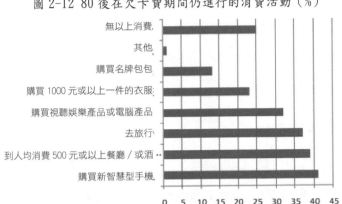

● 喜歡淘小店

80 後傾向於個性化消費，他們忌諱和周圍人用一樣的東西，穿同款的服裝。每個人都有獨特的服裝取向，他們的衣櫃裡往往既有攢了幾個月工資買的名牌包包，也有大量小店淘來的便宜寶貝包包。很多人有自己偏愛的服裝小店，小店會定期發短信告知新貨資訊。對於很多 80 後年輕人，名牌不等於首選，便宜也不會動心，自己喜歡才是硬道理。

● 願意為了漂亮的包裝買單

商品的外包裝是影響 80 後購買與否的重要因素。現代、時尚、特別的包裝，是吸引他們購買的重要原因。

30　《文匯報》.2012 年 10 月 11 日
31　香港大學民意研究計畫

● 執著忠誠於品牌

80 後普遍喜歡自己認準的品牌，喜歡耐克就喜歡耐克，喜歡愛迪達就是愛迪達，喜歡喝可口可樂的就不喝百事可樂，喜歡百事可樂的就不喝可哥可樂，喜歡就是喜歡。為此，麥當勞將其主打廣告定義為「我就喜歡」，可以說，深得 80 後的消費心理。

● 熱衷網路購物

80 後購物的首選之地是網路，去 24 小時便利店的時候也要比超市多。他們更樂於接受方便、快捷、隨時隨地的服務。

● 樂於分享消費經歷

80 後有自己的圈子，同學圈、同事圈、閨蜜圈、發小圈等，他們願意找閒暇和朋友共聚，一同購物、泡吧、度假等等，也樂於利用各種聊天工具分享消費經歷。

可以說，80 後消費群在消費觀上更突出表現為體驗性、享受性、獨特性，更重視消費的體驗過程，以及消費接入方式的便捷高效。他們更願意為他們獨特的生活方式買單。

2. 90 後的互聯網消費生活

90 後是與互聯網共同成長的一代，互聯網是他們的主要生活方式之一。據 2017 年中國互聯網路發展狀況統計報告的資料顯示，截至 2017 年 6 月，中國線民仍以 10-39 歲群體為主，佔整體的 72.1%；其中 20-29 歲年齡段的線民佔比最高，達

29.7%，10-19 歲、30-39 歲群體佔比分別為 19.4%、23.0%。

圖 2-13 中國網民年齡結構

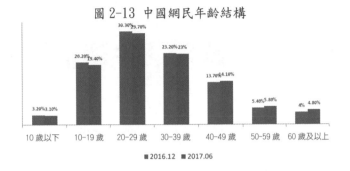

圖 2-14「北京兩類典型 80 後白領女士一天的生活」形象地展示了分別在國貿工作和中關村工作的 80 後白領女性的一日生活，儘管她們的生活態度、生活情趣有所不同，但每一天中都無一例外充斥了資訊互聯、社交分享，互聯網是她們離不開的生活環境。她們是「雲消費」時代典型的消費主流人群。

圖 2-14 北京兩類典型 80 後白領女士一天的生活 [32]

	國貿女的一天	中關村女的一天
7:30 AM		
8:00 AM		
9:30 AM		
11:30 AM		
13:30 PM		
18:30 PM		
21:30 PM		
23:30 PM		

32　北京國貿女和中關村女一天的生活對比 . 新華網

「雲消費」時代的主流消費模式

　　與互聯網應用環境下現代主流消費群體的主流生活方式相適應，我們認為當前社會主流消費群消費模式日益表現出四大基本屬性：消費的體驗化、專屬化、社群化和定位化。

（一）消費的體驗化

1. 什麼是消費的體驗化

　　1998 年美國俄亥俄州的戰略地平線 (Strategic Horizons LLP) 顧問公司的共同創辦人 B•約瑟夫•派恩 (B. Joseph Pine II) 與詹姆斯•H•吉爾摩 (James H. Gilmore) 在美國《哈佛商業評論》雙月刊 1998 年 7-8 月號發表的〈體驗式經濟時代來臨〉(Welcome to the Experience Economy) 一文中首次提出「體驗式經濟」的概念。他們指出，「體驗」是一種創造難忘經驗的活動，其理想特徵是：消費是一種過程，當這一過程結束後，體驗的記憶將永恆存在。而提供體驗的企業及其員工，必須準備一個舞臺，如同表演一般來展示體驗。

如前所述，隨著社會經濟發展，當某一國家或地區人均GDP 突破 10000 美元後，居民用於文化、健康、休閒的消費能力大為增強。人們的消費模式從「節儉原則 (principle of parsimony)」轉向「快樂原則 (principle of pleasure)」。以快樂原則為主導，人們在消費時，更注重過程的體驗和感受，更加注重透過消費獲得個性的滿足。為此我們認為，雲消費時代消費的首要特徵，就是體驗化。消費的體驗化，強調消費過程的個性滿足，鼓勵嘗試與互動，透過情景化的環境，以氛圍、感受、用戶體驗達成消費意向。

　　以下是一段關於北京特色商業街區南新倉體驗化消費的精彩描寫：

　　「改造後的皇家糧倉，主要是第十七號倉和第十八號倉。第十七號倉裡邊裝修成兩層樓的餐廳，餐桌就坐落在樑柱與磚地之間，自助式的牡丹宴精緻、古色古香，而十八號倉與十七號倉僅有一條紅地毯相連，這就是演出的區域，在這裡，演員謝絕所有的麥克風和揚聲器，全憑原始的唱功，讓人們去欣賞原汁原味的牡丹亭。改建後的演出區總共只有六十幾個座位，票價卻不菲，最低的 580 元，最貴的 3 個包廂達到 12000 元，然而，這樣昂貴的票價，仍然有眾多的人趨之若鶩，上座率在八成以上，楊振寧博士、于丹、陸川等很多名人都曾欣然前往。坐在這樣特定的環境，感受著斑駁的牆磚，雅致的紫檀家具，『裙裾蓮步，暗香迫

近眼前』，演員穿著蘇州繡娘手繡的戲服輕歌曼舞，曲笛幽咽婉轉，弦歌如泣如訴。彷彿已穿越過數百年歷史的隧道，置身於400年前的歌寮酒肆，在『牡丹亭』的跌宕起伏的戀情故事中感受古代人的情感。」[33]

透過這段描寫，我們可以體會到一種皇家古倉與國粹昆曲藝術結合所形成的濃厚的體驗文化的氛圍。在這600年皇家古倉文化的烘托下，弘揚著濃郁高雅的時尚品位，傳遞著舒適精緻的人文內涵。人們聽著昆曲悠遠的旋律，感受新的在舊的中，時尚在歷史中的奇特文化體驗。這是一種典型的體驗化消費。

2. 如何滿足消費的體驗化

案例觀察：蘋果——傳達「偏執創新」消費體驗

人們很難準確定位蘋果公司，高科技企業？時尚企業？產品生產商？服務提供者？很多人抱怨蘋果產品特立獨行，無論電腦、手機，都用自己的作業系統，難以相容，但抱怨歸抱怨，還是擋不住人們趨之若鶩地購買蘋果的產品。據調查，2007年美國16－29歲年齡段的年輕人最渴望得到的東西是手機，其中70％的受訪者渴望得到的手機是蘋果iPhone。2009年，iPhone

---

33 在皇家糧倉聽「牡丹亭」. 溫州日報 .http://www.wzrb.com.cn/.2008年01月11日

在全球智慧手機市場中佔有率已突破 17%。2013 年第四財季，蘋果公司就賣出了 3380 萬部 iPhone 產品 [34]。

我們認為，蘋果的成功在於契合了當前主流的消費文化，傳達了「偏執創新」的消費體驗。

● 產品訴求：與消費者產生情感共鳴

蘋果的產品追求是「與消費者產生情感共鳴」，「製造讓顧客難忘的體驗」。創始人賈伯斯指出：「創新跟研發資金的多少沒有關係。當蘋果推出 Mac 的時候，IBM 在研發方面的投入至少是蘋果的 100 倍。創新跟資金沒有關係，關鍵是你所擁有的人，你如何領導他們，以及你對創新的理解。」

● 只生產千錘百煉的精品

賈伯斯堅持：超一流的產品會帶來超一流的利潤。蘋果的產品品種非常少，但每一種都是經過千錘百鍊的精品，每一種都讓消費者追隨，讓擁有者自豪。

● 設計超酷體驗

蘋果設計堅持「酷」的特色，體現極簡的「科技美學主義」。在品牌塑造上，蘋果不採用傳統的硬性行銷手段，而是製造酷的體驗，成為一種個性化的標誌。

● 形成品牌俱樂部

---

34 TechWeb 報導 .http://www.techweb.com.cn/.2013.10.29

蘋果強調讓消費者參與到行銷活動中，形成品牌俱樂部。蘋果在全球擁有眾多粉絲，他們開設有自己的網站，甚至出版自己的雜誌。在中國，蘋果用戶被稱為「果粉」，甚至擁有自己的「果粉網」，有自己的社交系統。

● 蘋果旗艦店——360 度全方位體驗的消費空間

　　聚集全球發燒友的蘋果體驗店就是典型的體驗化消費場所。我們看到，紐約第五大道蘋果旗艦店外觀由 90 塊玻璃改成 15 塊超大玻璃，每級造價 5000 美元的玻璃臺階蜿蜒而下，上千平米的開敞銷售空間各類最新產品任人使用，還有「The Genius Bar」（天才吧），「one to one」（私人培訓服務）、青少年活動等特色服務，創造了 360 度全方位體驗的消費空間。

（二）消費的專屬化

1. 什麼是消費的專屬化

　　顧名思義，「專屬」有專一擁有的意思，在消費領域，專屬化通常表現為消費的忠誠度。一般意義上，擁有專屬的產品或服務，通常是高階層人士享有的某些或單一的特權，顯示了一種很高的進入門檻。如價格不菲的高爾夫俱樂部會員資格、專屬訂製某種限量版奢侈品等。

　　我們認為，在「雲消費」的時代，消費的專屬化又有新一重

含義：即商業智慧和雲資料的發展使個人化訂製不再是少數人的特權，每個消費者都能享受獨一無二的商品和服務，享受消費的尊崇感、自豪感。

2. 如何實現消費的專屬化

案例觀察：美國女孩──與自己的「美國女孩」共同成長

「美國女孩」是全球知名玩具品牌，主要針對 8 歲以上的美國小女孩顧客，這個僅誕生 20 餘年的年輕品牌，已成功佔據世界兒童奢侈玩具的頭號寶座，公司網站每年訪問量高達 2300 萬人次。

我們認為，「美國女孩」的成功在於精密圍繞美國小女孩的生活，打造她們需要的一切專屬產品，讓她們參與、互動、分享，與自己的「美國女孩」玩具一起成長，在生活體驗中融合情感，傳遞關愛。

● 每個女孩都能找到與自己一樣的一款「美國女孩」

在美國女孩專賣店中，每一個女孩都可以選擇眼睛、頭髮和膚色與自己一樣的一款，每款女孩都有自己獨特的故事，有自己的祕密和夢想、智慧與渴望。

● 美國女孩和「美國女孩」擁有自己的生活空間

在「美國女孩」專業劇院，定期上演女孩們喜歡的戲劇或時

裝秀。劇碼大都圍繞友情、親情，讓女孩們在娛樂的同時更加珍惜朋友、父母與家庭。

在以黑白為基本色調的咖啡館裡，女孩和她們的娃娃可以在正式的用餐氛圍中盡情享受餐飲服務，娃娃也有一個特別的座位。精美的亞麻布、閃亮的銀器、美食誘人的香味、女孩們歡快的笑聲，都創造著美好的就餐體驗。正式用餐前，孩子們可以與桌子上的留言機進行有趣的遊戲問答。餐牌上沒有碳酸飲料，但是有專門為女孩們準備的粉紅檸檬水。

女孩們還有和玩偶共同的攝影室、美髮沙龍。笑容美麗的照片會登上《美國女孩》雜誌封面上，讓女孩們體驗做明星的感受。美髮沙龍不僅為小主人，也為娃娃打造和主人一樣的髮型。

● 「美國女孩」有自己的專賣產品

我們生活中擁有的所有產品，「美國女孩」也都有，包括鞋帽、錢包、項鍊、腰帶、手鐲，甚至還有玩物小狗、小洋娃娃和小書本等等。在美國大街上經常可以看到小女孩抱著與她穿著同樣衣服、戴著同樣帽子、背著同樣包包的「美國女孩」玩偶。

● 美國女孩和「美國女孩」有自己的交友天地

美國女孩公司經常舉辦各類聚會和活動，比如美容聚會（愛護娃娃，為它做護膚美容）、手工聚會（學習製作娃娃用的小枕頭和睡袋）、時裝設計聚會（為娃娃設計時裝）、美食聚會（學習製作小蛋糕，宴請小客人）、生日聚會、美國女孩廣場一日遊

等等活動。還透過雜誌、網站傳播美國女孩文化。

（三）消費的社群化

1. 社群與消費密不可分

社群本屬於社會學概念。社會學所指的社群（community），通常指在某些邊界線、地區或領域內發生作用的一切社會關係。它可以指實際的地理區域或是在某區域內發生的社會關係，亦指存在於較抽象的、思想上的關係。

與消費者行為相關，近年出現的熱點概念「品牌社群」，最早是 Muniz 和 O. Guinn 在 1995 年的消費者研究協會年會上提出的。他們在 2001 年的研究中，將其定義為基於品牌崇拜者的一系列社會關係的非地域性專業化社群。他們認為品牌社群具有類似於傳統社群的三個基本特徵，即共同意識、共同的儀式慣例以及基於倫理的責任感[35]。Mcalexander 等認為從消費者體驗的角度來看，品牌社群是一個以消費者為中心的關係網絡，這些重要的關係包括消費者與品牌的關係、消費者和企業的關係、消費者和產品的關係以及消費者之間的關係[36]。

---

[35] Muniz Jr. A. M. ‧ O'Guinn T. C.. Brand Community [J] . Journal of Consumer Research‧ 2001‧ 27（4）: 412-432.

[36] Mcalexander J. H.‧ Schouten J. W.‧ Koenig H. F..Building Brand Community [J] . Journal of Marketing‧2002‧66（1）: 38-54.

2012 年美國智慧手機在美國 15 歲以上人群中的覆蓋率達到
了 51%，平板電腦的覆蓋率達到 25%。人們每天平均 9.6 分鐘看
一次手機，每天看手機次數達 150 次。據 Business Insider 的資料
顯示，社交媒體已成為美國消費者消費決策的重要因素。[37] 而根
據互聯網資料研究資訊公司 We Are Social 的研究，中國大陸線
民的上網時間中，有 41% 是用在社會化網站上。

這裡我們分享一系列美國專業機構關於關於社群化消費的權
威統計：

Allfacebook：有 3/4 的美國消費者的購買決策會先參考臉書
上的評論，且有一半的受訪物件會因為社會化媒體上的推薦而嘗
試新品牌。

Socialtimes：41.5% 的 18-43 歲消費者認為社會化媒體上的
內容會影響他們的購買決策，女性消費者比男性所受的影響比例
更高。

iMEDIA：當消費者從他們的朋友那聽聞到某個品牌後，會
驅動他們會比平常人 2 倍的意願想與該品牌接觸，4 倍的意願想
去購買該品牌。

SearchEngineLand：52% 的消費者認為網路上的正面評論

37　美兩國移動互聯用戶的消費行為調查．中國廣告協會互動網路分會（IIACC）
　　　聯合美國互動網路廣告署

(reviews) 會促使他們更願意去當地的企業消費。

APPEngines：80% 的人在第 1 次光顧餐館前會上網查詢餐館的訊息， 88% 的人會根據網路上對餐館的評價來決定到底去哪一家。

Mashable：44% 的汽車購買者，會先在相關論壇上做研究。

Nielsen：消費者對品牌訊息來源的信任度調查，92% 的人最相信所認識的人的推薦，70% 為線上的消費者意見。

empathica：2012 年年中調查 6500 名美國消費者近期至零售商店或餐廳，主要受何種社會化平臺影響？答案是 73% 受 Facebook 影響，38% 受 Google 上搜尋到的評論影響。

Allfacebook：2012 年年中針對超過 6500 名的美國消費者所做的調查顯示，有 3/4 的消費者的購買決策會先參考臉書上的評論，且有一半的受訪物件會因為社會化媒體上的推薦而嘗試新品牌。

Accenture Interactive： 93% 的美國消費者傾向購買有經營社會化媒體的品牌。

ComScore：接受粉絲團資訊的消費者購買星巴克咖啡的比例，比起沒有接受粉絲團資訊的消費者高出 38%。[38]

---

38 50 個調查資料：社會化媒體如何影響消費者的購物決策 . SocialBeta.2012-12-21

2. 什麼是消費的社群化

　　毋庸置疑，我們正處在一個高度資訊化的社會，每個人都有固定的交際圈，同時每個人都處於一個又一個，一環套一環的資訊輻射圈中，驢友圈、社區鄰里圈、家長圈、同事圈、親友圈、粉絲圈等等，每個人都可能被他人影響，每個人又都可能影響他人，隨著 QQ、微博、微信等網路平臺的擴散式傳播，網路大 V、意見領袖、明星、論壇達人，身邊的時尚達人等等都以他們的消費愛好、偏好，自然地帶動消費，引領時尚。按照小米 CEO 雷軍的話：「我的朋友買手機的時候都會問我，因為他們沒有我瞭解手機。」一般消費者在購買專業化產品時，往往會詢問發燒友朋友的意見，這些意見很可能就是消費者的最終選擇。而更多的消費者會透過網路社區或線上評論選擇產品實施消費。

　　據普華永道對全球消費者的研究，積極地使用社交媒體的中國消費者中，57% 的受訪消費者在社交媒體上關注喜愛的品牌或零售商的最新消息（在全球受訪者中，這一比例為38%）。同時，更多的中國網購者使用社交媒體與品牌互動，提出對企業及產品的評價，以及尋找新品牌。[39]

　　根據艾瑞諮詢 2011 初調研資料顯示，SNS 網站、專業旅遊點評網站和博客是旅遊用戶分享出遊經歷的主要途徑。半數以上

39　《揭秘網購者：多管道零售的 10 個迷思》. 普華永道研究報告 .2013

的女性表示自己喜歡微博平臺推薦的旅遊資訊，她們非常關注旅遊行銷帳號，並願意與朋友分享出遊資訊。

圖 2-15 2010 年中國用戶分享出遊經歷的網站分佈

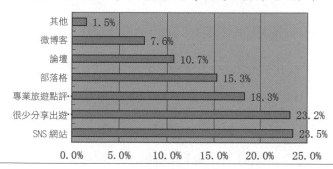

資料來源：iResearchinc. 2011 年 6 月

為了更好地適應社群化消費，近年來越來越多的國外商家開始採用真人秀的形式，邀請意見領袖（也是典型消費者）代言產品，把一款鞋、一件衣服的設計到製作、試穿全過程網上直播，讓消費者充滿期待，體驗化參與，使品牌植入人心。用當前流行的術語，網路大 V、意見領袖、明星、論壇達人，乃至身邊的時尚達人，都是創造消費、引領社群化消費的「自媒體」。

為此我們認為，所謂「社群化」的消費模式，即在雲消費時代，消費與社交一體化，消費場所即為社交場所。「消費的社群化」強調消費的社群認同，消費意見與消費結果透過意見領袖或「群」友推薦而透過 QQ、微信等網路平臺擴散式傳播達成消費意向，引領消費潮流。

3. 如何利用消費的社群化

案例觀察：小米論壇——「米粉」的消費社群

在中國的移動互聯行業，「小米」已經成為一個傳奇。這家 2010 年 4 月剛成立的移動互聯網企業，2013 年，銷售份額已佔據中國第一，世界第六，該公司 2013 全年共銷售手機 1870 萬支，增長了 160%；銷售額達到 316 億元，增長 150%。小米的成功要素，見仁見智，但恐怕誰也無法否認，小米是移動互聯行業第一家米粉參與開發，全靠口碑傳播的企業，最大可能地集聚了「米粉」的需求是小米成功的關鍵點之一。

小米科技的官方論壇小米社區是「米粉」的聚集地，也是小米的重要品牌社群。小米的品牌社群化主要體現在共同的儀式和傳統、共同意識、責任感三個方面。

● 共同的儀式和傳統

品牌社群的共同儀式和傳統是指在品牌社群的形成與發展的過程中積澱下來的一些共同的習慣以及一些不成文的規定。在小米社區，消費者必須購買小米手機才能成為小米的認證用戶，探索小米手機的功能並接受老用戶的一些經驗。米粉們上手後，他們開始發帖分享經驗、上傳照片，展示才藝，還參加小米舉辦的「隨時拍」、「兩週年祝福徵集」、「小米故事」等活動，這一系列過程中，米粉在社區中感受集體的認同，有傳教體驗、娛樂

體驗、沉浸體驗、審美體驗，創造和認同體驗等等。共同儀式和傳統讓小米發燒友成其為「米粉」。

● 共同意識

品牌社群的共同意識不僅僅是指態度分享或者簡單的接收，它更是一種歸屬感的分享。小米社群的共同品牌意識是指其成員自覺認為自己是「米粉」，是小米社區大家庭中的一員。他們並不是簡單的接收或者分享小米「因為米粉，所以小米」的品牌承諾，而是從內心覺得，我是一名「米粉」，「為發燒友而生」的品牌承諾就是米粉的品牌主張。

● 責任感

品牌社群的責任感指的是對品牌社群及其他成員的責任感。米粉具有共同意識後，開始對小米社區產生歸屬感，開始以主人的態度對待小米社區，積極主動地維護小米，並漸漸地對其他競爭品牌產生排斥。例如，米粉積極地回答新手的提問、米粉積極為小米「品質門」尋找原因、米粉與魅族用戶的口水戰、回應求救貼、資訊交流、參加活動等都體現了米粉的責任感。[40]

據不完全統計，小米論壇現有將近 1000 萬的用戶，空間用戶過 1000 萬，微博粉絲為 300 多萬，微信粉絲約 280 萬，透過

---

40 曾郭鈴、黎小林 . 基於網路品牌社群的行銷戰略——以北京小米科技有限責任公司為例 . 企業活力 .2012 年第 12 期

這樣的社交矩陣，粉絲們源源不斷為小米提供各種產品、服務建議，並自發進行口碑傳播。為了保持溫度感，創業之初雷軍、黎萬強等幾個聯合創始人要保證每天在論壇上 1 個小時，企業做大後每天再忙也要保持在論壇上十幾分鐘，而所有工程師也被鼓勵透過論壇、微博和 QQ 等管道和用戶直接取得聯繫，要讓「這些宅男工程師就覺得他寫程式不是為了小米公司寫的，是為了他的粉絲在做一件工作」。

《全球商業經典》曾經梳理出一個小米使用者扭曲立場的金字塔結構：塔尖是可以參與決策的發燒友，比如小米論壇的神祕組織「榮組兒」，以賦予粉絲特權的方式鼓勵其參與決策；塔中間是米粉群體，他們信賴和追隨小米的價值主張，購買小米產品的意願強烈；塔基則是普通的大眾用戶，他們能夠從微博、微信、事件行銷以及米粉的自發傳播中接觸小米，繼而轉化為產品購買者或晉級為米粉。[41]

（四）消費的定位化

1. 什麼是消費的定位化

消費的定位化，指消費者透過智慧終端機定位消費目標，以

---

41 揭秘小米崛起背後的文化戰略．福布斯中文網

參與互動、移動搜索等滿足消費者隨時隨地消費需求，特別強調消費的專屬性和移動性。

　　大量精準的網路地圖搜索服務的出現，為消費的定位化提供了基礎。在谷歌地圖、蘋果地圖之後，我們國內消費者已經能夠很熟練地應用百度地圖、搜狗地圖、高德地圖等地圖搜索服務。以百度地圖為例，其 4.0 版本主打免費語音瀏覽、室內定位、即時公交、生活搜索四大功能。其消費應用覆蓋的面逐步涵蓋餐飲、電影院、KTV、商場、酒店、公交、加油站、超市、公園景點等多種生活服務門類，還專門開發獨立的 APP 滿足某類特定用戶需求。如消費者需要找尋一家附近的目標餐廳，只要在百度地圖的輸入框中進行搜索可以很方便的搜到目標餐廳，或者透過「附近」按鈕，可以查看所在地周邊的所有類型的餐廳，遊客透過點擊餐廳就能實現點餐、訂座、結帳、點評等。

　　隨著移動終端的普及及大量服務應用的開發，目前越來越多的消費者已經適應了移動「定位化」消費，購物、訂餐、訂座、買票、預定酒店等等生活需求，均可以「定位化」滿足。如在旅遊領域，遊客可以透過移動媒體隨時隨地查詢、分享旅遊資訊，預定旅遊產品。Travelzoo 旅遊族和 CNNGo 調查發現，中國內地年輕一代的海外旅行者 75% 表示願意透過手機端瞭解甚至預訂旅行產品，70% 手機使用者表示會在旅行中打開手機應用。更多旅遊消費者把美食與手機關聯，就地尋找一些特色、優惠等餐廳

用餐 [42] 。

2. 如何實現消費的定位化

案例觀察：移動餐飲——定位化的餐飲服務享受

● 淘寶「淘點點」的移動餐飲服務平臺

2013 年 12 月，淘寶正式推出其移動餐飲服務平臺——「淘點點」，希望重新定義「吃」，希望將餐飲行業做成「淘寶＋天貓」的模式，即每個菜品都是一個 SKU(庫存商品)，一些熱銷的菜品，相當於淘寶中的熱銷款。將餐飲服務變成商品，讓買賣雙方直接交易。淘點點從點菜切入生活服務，使用者透過移動用戶端，就可以對各個餐館的出品和價格一目了然。淘點點主要提供外賣和點菜兩大功能，透過外賣送上門和到店消費來實現。透過「淘點點」可以方便地搜索到附近的盒飯、水果、飲料、蛋糕等外賣資訊。透過淘點點，消費者可以隨時隨地自助下單、付款，留下送貨位址和電話，外賣商戶將在最短時間內把新鮮出爐的美食送上門。

● 騰訊微信訂餐服務

2014 年 2 月，騰訊宣布與大眾點評達成戰略合作，在微信

---

42 海外遊趨向多維度競爭 體驗性旅遊受寵 . 解放日報 .2012 年 11 月 4 日

「我的銀行卡」裡添加了「今日美食」欄目，大眾點評的商戶資訊、消費點評、團購、餐廳線上預訂等本地生活服務未來都將與QQ、微信等騰訊產品合作。騰訊新推出的微信訂餐服務名為「半小時微信訂餐」，做為連接微信用戶與速食外賣店的橋樑，將線下服務與互聯網結合在一起，透過線上攬客，線下服務，達成交易。該服務透過公眾號 banxiaoshi086 或二維碼，讓微信用戶隨手訂閱；透過用戶分組和地域控制，實現精準的消息推送，直指目標使用者；借助個人主頁和朋友圈，透過用戶口碑傳播推廣。

● 企業 APP 移動訂餐

俏江南、海底撈、肯德基、必勝客等餐飲企業均已使用 APP 訂餐，顧客可以隨時查詢門店、提前預訂座位、線上點餐，還可以瞭解最新的市場動態及優惠資訊，並能即時同步到 SNS 社交網站，分享心情與感受。北京金百萬餐飲集團利用手機線上預約、線上優惠等會員制服務在北京已吸納會員 94 萬人，透過發慶生短信、優惠措施終端宣傳等精細化、定向式服務，牢牢抓住了客源。

第 三 章

第四次零售革命
與互聯網思維

第三章

第四次零售革命
與互聯網思維

　　做為依託於現代資訊技術的產業運作的思維模式，「互聯網思維」做為對傳統產業思維的一種突破、創新，甚至革命，對推動第四次零售革命的發展發揮了作用，同時，第四次零售革命的不斷深化又影響了互聯網思維的進化。

一 互聯網思維

（一）何謂互聯網思維

　　關於什麼是互聯網思維，見仁見智，觀點不一。綜合地看，主要有以下認知：

　　廣義上的互聯網思維是指利用互聯網的精神、價值、技術、

方法、規則、機會，來指導、處理、創新、工作的思想。互聯網思維是相對於工業化思維而言的，是一種商業民主化的、用戶至上的思維。一定意義上，互聯網思維就是充分利用互聯網的優勢來指導、改造一切行業的行為準則。[43]

從商業角度來看，互聯網思維就是使用者心理與行為導向、品牌優先先入為主、殺手應用深度體驗、種子用戶黏度形成、口碑相傳直到雪崩、開放創新產業協同。[44]

從技術角度來看，互聯網思維就是由眾多點相互連接起來的，非平面、立體化的，無中心、無邊緣的網狀結構。它類似於人的大腦神經和血管組織的一種思維結構。[45]

企業家也對互聯網思維提出了自己的認知：

2011 年，李彥宏在百度聯盟峰會上表示：「在中國，傳統產業對於互聯網的認知程度、接受程度和使用程度都是很有限的。在傳統領域中都存在一個現象，就是他們『沒有互聯網的思維』。」[46] 這是中國企業家第一次在正式場合提到「互聯網思維」一詞。

騰訊總裁馬化騰認為：「互聯網改變了音樂、遊戲、媒體、

43 互聯網思維 .MBA 智庫百科
44 彪悍的人生需要互聯網思維 . 科技頻道
45 互聯網思維如何制勝後工業化時代？. 逸馬網
46 王冠雄 . 考古互聯網思維 李彥宏的預言和野心 . 新浪科技

零售和金融等行業，未來互聯網將改變每一個行業，傳統企業即使還想不出怎麼去結合互聯網，但一定要具備互聯網思維。」**47**

阿里集團董事會主席馬雲認為：互聯網最有價值的不是自己在產生很多新東西，而是對已有行業的潛力的再挖掘，用創新思維去重新提升或顛覆傳統行業。**48**

2013 年 12 月 9 日，阿里集團宣布對海爾旗團旗下海爾電器 (HK：01169) 進行總額為 28.22 億元港幣的投資。有人認為海爾將放棄製造業，向服務業尤其是現代物流服務業轉型。海爾總裁張瑞敏認為，這是外界的一種誤解：海爾不是放棄製造業，而是換一種思維，用「互聯網思維」做製造業。**49**

索尼集團總裁平井一夫認為索尼不缺互聯網思維，因為他們的很多產品都有網路功能，特別是我們的遊戲，都可以在網上玩。**50**

聯想集團高級副總裁、中國區總裁陳旭東認為企業不要被互聯網思維這個詞的表面含意所迷惑，而是要抓住本質，尋找到最適合自己企業的模式。**51**

科技品牌評論人蘇一壹認為互聯網思維是長階段、直接經營

47　「互聯網思維」的前世今生 . 商業新知 智庫
48　周興斌 . 互聯網思維不是靈丹妙藥 也不是隨意張貼的商業標籤 . 鳳凰科技
49　候繼勇 . 海爾張瑞敏談互聯網思維：這是製造業最好的時代 .21 世紀經濟報導 .2013-12-28
50　索尼 CEO 平井一夫：我們不缺互聯網思維 . 第一財經日報
51　互聯網思維應抓住本質 . 新浪科技

用戶市場的行為。[52]

自媒體人羅振宇覺得互聯網思維只是自由聯合與自動解散的組合而已。[53]

（二）互聯網思維的特徵

對於互聯網的特徵，一般認為「去中心化、用戶至上、極致、民主、免費、消費痛點、大數據研究」等等都屬於互聯網思維範疇。

搜狗 CEO 王小川認為互聯網思維有三個關鍵字：「用戶量」、「連接」、「智慧」。在用戶量的背後是體驗和用戶至上；連接不僅指人與人的連接、人與商品的連接、人與資訊的連接，也指人與服務的連接；智慧是精準滿足人們的需求，幫人們做選擇、做判斷。[54]

線上文檔分享平臺「道克巴巴」認為互聯網思維是「模仿」、「超越」、「創造」。[55]

縱橫網聯付亮認為互聯網思維就是「資源眾籌」、「緊貼線民」、「快速反覆運算」、「沒有第二」。[56]

52 蘇一壹．互聯網思維，遠不是方法論．鈦媒體
53 周興斌．互聯網思維不是靈丹妙藥 也不是隨意張貼的商業標籤．鳳凰科技
54 王小川．互聯網思維的三個關鍵字．中外管理．2014 年第四期
55 王小川．互聯網思維的三個關鍵字．中外管理．2014 年第四期
56 互聯網思維，一場為了生意的詐騙秀．鈦媒體

《商界評論》執行主編胡浩認為互聯網思維就是「使用者體驗，產品為王」。[57]

　　中興手機終端業務負責人曾學忠將互聯網思維總結為「互動分享」、「產品創新」、「與產業鏈協同的開放與合作」三個關鍵字。

　　儘管對於互聯網思維的特徵眾說紛紜，但總結起來主要有以下幾種認知：用戶思維、簡約思維、極致思維、反覆運算思維、免費思維、流量思維、社會化思維。

（1）用戶思維

　　用戶思維是指價值鏈各個環節都要以「用戶為中心」去考慮問題。互聯網的用戶思維有其獨特的含意。用戶思維主要有三方面的含意：

　　一是屌絲思維。研究發現，一些消費能力很高的人，在網上照樣表現出如屌絲一樣的心態與行為習慣，如愛找便宜、愛炫耀、愛成為意見領袖的感覺等，因此，在網上，必須要用與他們一樣的心態去溝通、交流。如宜家所宣導的民主設計，就是人人都買得起的、老百姓愛用的設計，這使它的根在消費者當中可以

57　互聯網思維，一場為了生意的詐騙秀．鈦媒體

繫得很深。其實他們賣的也不是每一種都是大眾化產品，也有一些小眾的設計，一些貴的產品，使它可以滿足不同的需求，具有更高的盈利空間。

二是重視參與感。一種是個性化需求訂製、廠商滿足使用者個性化需求的產品；另一種是使用者參與生產決策當中去優化產品，比較典型的是產品的款式設計都讓粉絲用戶投票來決定，這些粉絲決定了最終的潮流趨勢，自然也會為這些產品買單。如淘寶品牌「七格格」，每次的新品上市，都會把設計的款式放到其管理的粉絲群組裡，讓粉絲投票決定最終的潮流趨勢，自然也會為這些產品買單。

三是體驗至上。好的用戶體驗都是從細節開始的，貫穿於細節，能夠讓用戶感知，並且這種感知要超出用戶的體驗。比如「輕奢」餐飲品牌雕爺牛腩的餐具，專門訂製得非常符合人體工程學原理，人手接觸碗、口接觸碗都是經過專門設計，想得周到、細緻。其所用筷子甄選緬甸「雞翅木」，上面以鐳射蝕刻「雕爺牛腩」LOGO，用餐完畢套上特製筷套，以當作禮物送給顧客。正是因為提供了這種超過顧客心理預期的良好體驗，才使這一品牌得到迅速傳播。[58]

---

58 腹黑版「雕爺牛腩」行銷全解析．道客巴巴

（2）簡約思維

互聯網時代，資訊爆炸，轉瞬即逝，用戶的耐心越來越少，因此，必須在轉瞬間抓住關鍵。簡約思維包括兩方面的含意：

一是專注。蘋果只推出五款產品，足以震撼市場，讓消費者都記住它；雕爺牛腩只推出 12 道菜，在最短時間內做到商場所有餐廳中坪效最高；旺順閣魚頭泡餅一道菜一年賣出 2 億；全聚德一隻烤鴨風靡百年，一直做到上市。網路鮮花品牌 RoseOnly 定位高端人群，買花者需要與收花者身分證號綁定，且每人只能綁定一次，意味著「一生只愛一人」，2013 年 2 月上線，8 月份就做到了月銷售額近 1000 萬元。

二是簡約。簡約並不意味著簡單，Google 首頁永遠都是清爽的介面，蘋果的外觀、特斯拉汽車的外觀都是簡約的設計，簡約代表了純粹、凝練。

（3）極致思維

極致思維就是把產品、服務和使用者體驗做到極致，超越用戶的預期。極致特別表現兩方面：一是打造讓使用者尖叫的產品。二是提供極致的服務。

海底撈的消費者說要將未吃完的西瓜帶走，服務員不肯，但是消費者在結帳離開時，服務員捧了一整個西瓜讓他帶走，說切

開的西瓜打包不衛生。

知名淘寶品牌阿芙精油客服 24 小時輪流上班，使用 Thinkpad 小紅帽筆記本工作，因為使用這種電腦切換視窗更加便捷，可以讓消費者少等幾秒鐘。阿芙精油設有首席驚喜官，每天在用戶留言中尋找潛在的推銷員或專家，找到之後會給對方寄出包裹，為這個可能的「意見領袖」製造驚喜。

雕爺牛腩的碗就是老闆孟醒親自設計的。他說，「設計碗的時候，我是這樣想的，吃麵條你放在嘴上，接觸嘴上越邊緣的部分，越光滑、越薄越好，你的嘴會舒服。而你的手摸到它的部分，越薄越光滑反而越不好，因為你沒有安全感，所以我們那個碗在你接觸嘴的部分就很薄、很光滑，但是在周邊的那個部分就很厚、很粗糙。而且在 8 點 20 的部分會開一個手槽，讓你左手端起這個碗的時候，大拇指剛好卡在這個手槽，在 1 點 20 分的位置，有一個小方槽，使得你喝湯的時候，筷子或者勺不會掉在你的臉上，剛好卡住你的勺……」[59] 這裡既有極致的產品，又有極致的服務，這種思維，就是極致的思維。

（4）反覆運算思維

互聯網產品開發的典型方法論是敏捷開發，這是一種以人為

---

59 互聯網思維都是「扯淡」玩好產品才是關鍵．搜狐 IT

核心、反覆運算、循序漸進的開發方法，允許有所不足，不斷試錯，在持續反覆運算中完善產品。其代表的思維方式就是反覆運算思維。通俗地說，就是原型設計盡快上線，透過用戶互動、回饋迅速調整設計，持續微創新，不斷完善。讓使用者參與產品試驗、驗證，並傾聽用戶的回饋進行改進，這樣的產品研發模式，以往是很難操作的。互聯網思維讓它變成了現實，更重要的是，它還可以與粉絲行銷相結合。

這裡有兩個基本點，一個是「微」，一個是「快」。

「微」主要有兩層含意：一是要求從細微的用戶需求入手。如 Facebook 的第一版本主要目的就是說明哈佛的學生找男女朋友，當時紮克伯格只花了一兩週的時間去程式設計上線，eBay 就是一個程式師為熱愛收藏的女朋友建的可以與其他人進行收藏與交流的管道。二是貼近使用者心理，產品、體驗、服務等在使用者參與和回饋中逐步改進。如海底撈要求全員創新，每個月從全部門店中收集的微創新達 7000 多條，專門有負責創新的部門整理，每個月落實的微創新就有 70 多條，並且在消費者的回饋中不斷完善。

快，既是速度，也是效率。雕爺牛腩的菜單每月更新，雕爺每天花大量的時間盯著大眾點評、微博、微信。使用者只要有對菜品和服務不滿的聲音，都會立刻得到回饋。ZARA 充分運用反覆運算的思想，大大減少了物流、資訊流、資金流在整個價值鏈

體系中的反覆運算時間，從而使 ZARA 走在了時裝行業的前端。

ZARA 品牌導向的急速供應鏈體系，主要表現在以下八個方面：

1、 品牌戰略：既是服裝品牌，也是專營 ZARA 品牌服裝的連鎖店零售品牌。堅持「快速、少量、多款」的品牌管理模式。

2、 運營模式：實現快速設計、快速生產、快速出售、快速更新，專賣店商品每週更新兩次的目標群組合開發新款式，快速退出新產品，而且人為地造成「缺貨」。

3、 組織規劃：ZARA 公司堅持自己擁有和運營幾乎所有的連鎖店網路的原則，投入大量資金建設自己的工廠和物流體系，獲得最大化的供應鏈控制能力。

4、 產品設計：設計專家、市場分析專家和採購人員組成「三位一體」的商業團隊，市場專家都要督責管理一些連鎖店。平均每 20 分鐘設計出一件衣服，每年設計的新款產品將近 4 萬款，1/3 投放市場。

5、 物料採購：ZARA 原材料也盡量從集團內的廠家購買，40% 的布料供應來自於內部。這其中又有 50% 的布料是未染色的，這樣就可以迅速應對夏季顏色變換的潮流。

6、 生產製造：所有產品的 50% 透過自己的工廠完成，但是所有的縫製工作都由轉包商完成。轉包商把衣服縫製好之後，再送回原來裁剪的工廠，在那裡燙平並接受檢查。

7、物流配送：ZARA 超級大的物流倉庫（是 amazon 的 9 倍），倉庫門口都會有無數的貨車每天 2 次將產品運輸到歐洲其他地區或者機場。物流中心的卡車運送依據固定的發車時間表，距離不用千米來衡量，而用時間來衡量，ZARA 資訊系統對分銷過程中的物流配送進行跟蹤管理。

8、終端銷售：總部倉庫裡的所有衣服不會停留超過 3 天，連鎖店通常每週向總部發兩次訂單，產品也每週更新兩次。訂單必須在規定的時間之前下達，季度末會存儲下季度出貨量的 20%。3 週不銷售會退回，但控制在總數的 10% 以下。存貨週轉率比其他品牌高 3-4 倍。

（5）免費思維

免費是指用免費的產品和服務去吸引使用者，然後用增值服務或其他產品收費，已經成為互聯網公司的普遍成長規律。互聯網上免費的商業模式，是延長消費者價值鏈，在別人收費的地方免費，同時創造新的價值鏈來收費。免費模式主要可分為三大類：

一是直接交叉補貼模式。以免費的商品吸引顧客，同時讓消費者掏腰包買收費產品。收費產品與免費產品之間具有剛性聯繫，同時也要求在兩者之中必須要有一項產品能夠強力吸引使用者買單。如騰訊免費提供微信服務，吸引了龐大的用戶群體，透過在微信裡推廣遊戲和推薦商品賺錢。宜家為消費者提供免費咖

啡，無限量續杯。上海宜家餐廳有一個群眾自發的相親活動，每週四下午老爸老媽們到宜家點上免費咖啡後，就開始交換自己子女的資訊，或者自己的資訊，然後尋找未來的女婿或者兒媳婦，或者給自己找個老伴。

二是第三方市場模式。免費經濟建立在三方系統基礎上，透過第三方付費來參與前兩方之間的免費商品交換。第三方能夠圍繞免費的資訊用數十種方式掙錢，包括把客戶的資訊出售給品牌授權商，提供「增值」訂閱服務以及直接經營電子商務。如360採取免費商業模式，透過安全衛士和殺毒軟體，打造安全服務的網路平臺吸引使用者，進而為可能的收益提供了非常廣闊的想像空間。360的盈利來源主要是透過和安全衛士與殺毒的捆綁推廣安全瀏覽器，利用其安全瀏覽器控制用戶接觸互聯網的入口，巧妙地橋接了廣告收入。在廣告收入中，360網址導航是一類來源，其中收取廣告費的網站約占一半左右；另一類來源則是透過搜索框向百度導入流量的搜索分成。

三是免費加收費模式。透過對基本使用者和服務免費吸引消費者，以刺激更多的商品消費。如Skype軟體為消費者提供免費撥打電話的服務，同時推出付費版本可以和手機連通。

（6）流量思維

流量的本質是對用戶注意力的一種佔有，流量是所有商業模

式得以改進的基礎，缺乏流量基礎則一切無從談起。傳統商業模式下，透過地理位置搶佔人流量入口。互聯網經濟下，流量包括註冊用戶數量、活躍使用者數量、使用者訪問頻率等。一個註冊使用者1000萬的互聯網產品，沒有任何盈利，就可估值數億美元。

Google 其核心商業價值的基礎就是「海量用戶搜索」，廣告商因為其海量用戶搜索，原意選擇 Google 的後臺預付費購買各種「關鍵字」的點擊量。Twitter 其核心價值隨著用戶數量的急遽增加也從最初的「閒言碎語」演變成今天的「社交媒體」。QQ 的核心價值隨著用戶數的急遽增加而從最初的即時通信變成了今天的「社交娛樂平臺」，從而使騰訊公司成為網路媒體、娛樂和社交的巨頭。亞馬遜和京東前期花錢砸流量，當其流量達到一定規模，就獲得了更大的與資本方博弈的籌碼，也就有能力去獲取更多的社會資源。宜家透過體驗化的賣場和優質的產品吸引顧客常去消費，透過流量創造銷售業績，無需花錢做廣告。宜家每年宜家有 3000 款新品，可以容許消費者對產品隨意拍照，很多人帶著木匠去，選好了自己喜歡的家具，把每一個細節拍好照，讓木匠照著做。這種開放的思維，為宜家品牌帶來了很高的人氣。

（7）社會化思維

　　隨著微博、微信、Facebook、Twitter 等社會化媒體對人的網

路使用甚至生活習慣造成改變，企業對使用者傳播資訊的行銷方式、企業內部工作流程等正在發生改變。社會化思維是指利用社會化工具、社會化媒體和社會化網路等重塑企業和使用者的溝通關係、組織管理和商業運作模式的思維方式，推動企業商業形態的變革和進化。

截至 2013 年，在全球最大的社交網路 Facebook 上，粉絲最多的品牌是可口可樂，超過 3500 萬人，星巴克屈居第二，達到 3300 萬人。據市場研究機構 Syncapse 在其最近分佈的報告中稱，Facebook 上品牌商粉絲價值自 2010 年以來已增長了 30%，目前平均每個 Facebook 品牌商的粉絲價值達到了 174 美元，如寶馬粉絲平均價值為 1613 美元，星巴克為 177 美元，可口可樂為 70 美元。耐克透過發行移動硬體設備 Fueland 以及 Nick+Running、Nike+Basketball 等 APP 應用，擁有千萬級的鐵桿粉絲用戶。[60]

除此之外，智慧手錶的品牌土曼 T-Watch 透過 10 條微信，近 100 個微信群討論，3 千多人轉發，11 小時預訂售出 18698 隻智慧手錶，訂單金額 900 多萬元。富軍依靠微信朋友圈，賣掉 100000 斤各式栗米，總值接近 200 萬。栗米，從一個默默無聞的有機大米品牌，發展成有 300 個長期客戶，2 萬名潛在高端客戶的大米品牌。

---

60 項建標 蔡華 柳榮軍 . 互聯網思維到底是什麼 移動浪潮下的新商業邏輯 . 電子工業出版社

小米的互聯網思維實踐

小米總裁雷軍認為互聯網思維就是「專注」、「極致」、「口碑」、「快」這七個字。這其中核心是口碑，要把用戶當朋友，而不是把用戶當上帝；怎麼做口碑？靠的是專注，只做一款產品，每一款產品上下的工夫比別人大；專注還不夠，還要做到極致，全力以赴，不給自己留退路。[61]

（一）專注

雷軍認為所謂專注就是把所有的心思集中在一個型號、一個產品上的時候，競爭力是最強的。產品數量會對整個運作效率有巨大的改善，當產品數量少的時候，才能真正下工夫關注整個產品的品質。如小米堅持只做一款 47 寸的電視，設計了一個「尋找遙控器」的功能，只要在小米電視下方按一下「按鈕」，遙控器就會發出聲響，透過一個簡單的產品設計把大家從痛苦中解救出來，足以讓使用者去主動傳播小米電視。

---

61 雷軍談小米的互聯網思維：專注、極致、口碑、快．技術應用

（二）極致

雷軍認為極致就是幹到能力的極限，為使用者提供極致的產品和服務。

一是極致的產品。小米以經營使用者為目的，用成本價銷售產品，用原材料成本價銷售讓用戶尖叫的價格獲取用戶，再透過互聯網服務與應用獲利。小米手機剛推出時，是全球第一的配置：國內首家雙核 1.5G 手機，4 英寸螢幕，待機時間 450 小時，800萬圖元鏡頭。當時這類智慧手機的價位基本都是三、四千左右，多低的訂價會更能製造使用者尖叫成為關鍵，據說發佈會前一週還在討論訂價，最後確定的是 1999 元，這種落差本身就是最好的宣傳賣點。

二是極致的服務。小米的全民客服就是典型。從雷軍開始，每天會花一個小時的時間，小米手機最初規定 7 個合夥人每人每天都必須花至少 1 個小時和粉絲在微博上互動，回覆微博上的評論。包括所有的工程師，是否按時回覆論壇上的帖子是工作考核的重要指標。小米公司有 30 多人名微博客服人員，每天處理私信 2000 多條，提及、評論等四五萬條，透過在微博上互動和服務讓小米手機深入人心。某屌絲買了一部小米手機經常死機，在微博上吐槽一下，15 分鐘就得到微博客服的專業回覆。小米為了提升服務，將微信做為一個重要的客服平臺，並提出一些考核

指標，比如小米每天接收 10000 條消息，如何在 15 分鐘內快速回應，保證在半個小時內完成客戶的要求等。

（三）口碑

小米注重場景化的設計，注重所有的設計從開始就考慮用戶的參與感。小米在小米論壇、微博、微信、百度知道、QQ 空間等社會化媒體擁有近百人的團隊負責新媒體運營。

小米與粉絲互動的平臺主要有兩個：一個是論壇，一個是同城會，小米要求工程師參加和粉絲聚會的線下活動。同城會會自發搞活動。小米官方則每兩週都會在不同的城市舉辦「小米同城會」，根據後臺分析哪個城市的用戶多少來決定同城會舉辦的順序，在論壇上登出宣傳貼後用戶報名參加，每次活動邀請 30-50 個用戶到現場與工程師做當面交流。當然，後來還有微博、微信等管道。小米每週更新四、五十個，甚至上百個功能，其中有三分之一是由米粉提供的。

小米論壇裡有一個神祕的組織──榮譽開發組，簡稱「榮組兒」，這是粉絲的最高級別。「榮組兒」可以提前試用未公布的開發版，然後對新系統進行評價，「榮組兒」甚至會參與一些絕密型產品的開發，比如 MIUI V5。據統計，小米論壇每天新增 12 萬個帖子，經過內容的篩選和分類，有實質內容的帖子大

約有 8000 條，平均每天每個工程師要回覆 150 個帖子。工程師的回饋在每一個帖子後面都會有一個狀態，比如已收錄、正在解決、已解決、已驗證，就相當於一個簡版的 Bug 解決系統。用戶可以明確地知道自己的建議是哪個 ID 的工程師在解決、什麼時候能解決。小米的產品款式設計都讓粉絲用戶投票來決定，小米 QQ 空間的粉絲數量已經超過 1500 萬，小米論壇有 1000 萬用戶，新浪微博粉絲 540 萬，微信粉絲則突破 140 萬。這麼龐大的用戶體系，一方面支撐了小米的快速發展、另一方面又是小米 100 多億美元估值的底氣所在。基於龐大的粉絲群體， 2017 年 12 月 29 日，小米生態鏈旗下智能家居品牌米家官方微博發佈消息：小米生態鏈 2017 年年銷售額突破 200 億人民幣，相較 2016 年銷售額完成了 100% 的增長。2017 年，IDC、Strategy Analytics 兩大知名調研機構資料顯示小米可穿戴設備市場佔有率第一；在今年的京東 618 促銷節上，小米生態鏈產品蟬聯智慧家居類目銷量第一；在今年的天貓雙 11 促銷節上，小米生態鏈產品連續三年奪得智慧設備銷量冠軍，並且包括小米筆記本、小米空氣淨化器、90 分旅行箱等 31 款產品奪得了全網相應類目的銷量冠軍。小米生態鏈可謂霸榜全年各大電商平臺。

2017 年小米生態鏈還完成了在一年內斬獲 iF 金獎、Good Design best 100、紅點 Best of the best 三大設計大獎，完成設計獎大滿貫。目前在全球範圍內最權威的三大設計獎分別是 iF 設計

獎、紅點獎、Good Design Award，這些獎項有著不同的側重點。可以說三大設計獎有著各自擅長的領域以及側重的方向，小米生態鏈在一年間完成三大設計獎高含金量項目的大滿貫，可以說是同時獲得了全世界工業設計界的認可。小米在 2017 年底已啟動香港上市工作，大摩、高盛已入場。知情人士向雷帝網透露，小米 2017 年銷售額應該在 180 多億美元，比較的接近 190 億美元。

小米還透過事件行銷，迅速贏得關注。無論是雷軍讓網友曬出自己玩過的手機（「我是手機控」），還是推廣小米青春版的「150 克青春」，或者是借勢正火的《那些年我們追過的女孩》，由小米七個合夥人拍的微視頻。小米手機青春版發佈會當天，微博轉發創下了去年微博最高的微博轉發數，有 200 多萬轉發，100 多萬的評論。

（四）快

小米公司的開發口號是「快速反覆運算，隨做隨發」，採用敏捷開發 (agile develolment) 的模式，在短時間內完成開發，實現軟體快速反覆運算。在敏捷開發模式中，一個專案被分解為多個部分或多個步驟。在每個階段完成後，專案都可以拿出一定程度可交付的產品。這樣做便於實現產品交付目標，降低整個專案的複雜度，同時在專案早期就能拿出初具雛形的產品。「快速反

覆運算」是小米公司對產品的基本要求，能否做得足夠快已成為衡量一款產品研發是否成熟的標準之一。

在小米內部完整地建立了一套依靠使用者的回饋來改進產品和激勵員工的機制。小米 MIUI 系統早在 2010 年就已經出現，並逐步培養起了一批用戶。最初版本的 MIUI 僅僅只是 Android 系統的一個介面，在過去 3 年的開發過程中堅持每週更新，有相當一部分是為了修復 bug 所做的更新，逐漸加入使用者熟悉的語音助手、應用超市、防打擾功能，甚至手電筒應用。

手機系統 MIUI 開發版每週五發佈──「橙色星期五」：小米的品牌基調色彩是橙色，每週五下午 5 點，小米的手機系統 MIUI 會有升級。該活動已經持續了 3 年多，它一直深刻影響、左右著小米產品的設計和完善。很多核心用戶自己能夠很清楚地知道手機的電話功能是哪位元工程師做的，短信某個功能是誰做的。很多次更新內容的使用者意見徵集，都會有將近 10 多萬用戶參與投票，週二看回饋上週六哪些功能有問題，哪些功能做得非常好。小米內部設置爆米花獎，根據使用者對新功能的投票產生上週做的最好的項目，然後給員工獎勵。

MIUI 的 ROM 發佈是其互動式開發和快速反覆運算的集中體現，ROM 是 Read Only Memory 的意思，也就是說這種記憶體只能讀，不能寫，斷電後能保證資料不會丟失，一般保證比較重要的資料。小米公司官方網站及合作論壇發佈（包括 Alpha、 beta、RC 及正式版），以最大限度地讓粉絲和用戶參與來保證更及時全面的收集 ROM 中存在的問題，雖然這種方式並不能保證 ROM 的穩定性，但卻極大地激發了小米公司粉絲群中技術粉的創新熱情，大家集思廣益一起回饋對平臺的改進意見。MIUI 開發人員花大量時間（6 天 72 小時工作）在 ROM 反覆運算以及各途徑收集到的問題回覆與解決，而不是閉門自己做開發和測試，這種開放式互動模式，大大降低了研發的人員投入，且產品可以更快發佈上市搶得先機。小米公司手機的研發團隊，由多個角色組成，包括：專案經理、產品、UE 設計、前臺開發、後臺開發、測試、運維。以一週為一個固定的反覆運算開發週期，這一週時間包括了團隊一次完整的各個角色的研發協作過程：反覆運算前有特性規劃、反覆運算後有回顧，其中反覆運算過程也會包括反覆運算規劃、開發、測試、發佈等過程，且並非在反覆運算結束時進行交付，而是能夠在一次反覆運算中完成多次交付和發佈過程。這種開放式互動開發模式其實對團隊的綜合研發能力是一個巨大的挑戰，要求團隊成員工作咬合能力高，自運轉能力高，需要長期默契配合。前臺開發、後臺開發、測試人員都能夠高效率地溝通，順暢地協作。[62]

---

[62] 李愛新 . 小米靠什麼贏 . 企業管理雜誌

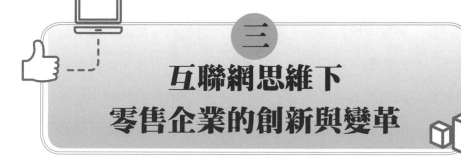

三

互聯網思維下
零售企業的創新與變革

　　儘管企業家、學者、政府對於互聯網思維從各個不同的角度、不同層面給予了不同的定義及特徵，但本人認為互聯網思維不是因為互聯網才產生的，而是因為互聯網的發展而集中爆發，它基於互聯網影響下的產業發展、消費行為變遷，對整個企業商業模式的重新思考，對內部管理體系、業務流程的再造和升級，對商業「以人為本」的商業理念的一種回歸，不只適用於互聯網企業，而是適用於所有企業。

　　相對於以大規模生產、大規模銷售和大規模傳播為特徵的工業化思維而言，互聯網思維透過對市場、使用者、產品、企業價值鏈乃至整個商業生態的審視和重構，讓人們跳出了傳統的思維窠臼，讓產業的邊界變得模糊，讓創新成為企業發展的恆久動力，更將改變甚至顛覆零售業傳統的商業模式，對零售業產生了深遠的影響。

　　互聯網思維下企業的行銷思路、採購原則、價值觀念、思

想意識、人才管理、競爭戰略、企業追求乃至市場地位都發生了或正發生著根本性的變化。零售企業一定要有互聯網思維，這是零售創新的起點。我們認為，在消費者的生活方式、消費習慣已經向互聯網遷徙的消費環境下，如何把顧客消費體驗轉化成零售端銷售，創造新的零售盈利模式，是實體零售企業未來佈局的關鍵，也是零售業互聯網思維的創新核心。

（一）變經營商品為經營用戶

互聯網思維下，零售行業的價值鏈各個環節都要以「用戶為中心」，改變過去工業化思維下以經營商品為核心的經營理念，一切以用戶為核心，經營好用戶。

Google 其核心商業價值的基礎就是「海量用戶」，廣告商因為其海量用戶搜索，原意選擇 Google 的後臺預付費購買各種「關鍵字」的點擊量。Twitter 其核心價值隨著用戶數量的急遽增加也從最初的「閒言碎語」演變成今天的「社交媒體」。QQ 的核心價值隨著用戶數的急遽增加而從最初的即時通信變成了今天的「社交娛樂平臺」，從而使騰訊公司成為網路媒體、娛樂和社交的巨頭。亞馬遜和京東前期花錢砸流量，當其流量達到一定規模，就獲得了更大的與資本方博弈的籌碼，也就有能力去獲取更多的社會資源。

經營用戶主要表現在以下兩個方面：

1. 注重用戶參與

經營好用戶的方法之一就是想辦法讓用戶參與進來。使用者參與生產決策當中去優化產品，廠商可以根據使用者個性化需求訂製，提供滿足使用者個性化需求的產品。

宜家所宣導的民主設計，就是人人都買得起的、老百姓愛用的設計，這使它的根在消費者當中可以紮得很深。其實他們賣的也不是每一種都是大眾化產品，也有一些小眾的設計，一些貴的產品，使它可以滿足不同的需求，具有更高的盈利空間。NIKEID 線上平臺集合「體驗行銷」、「個性化行銷」、「線上行銷」等於一身，消費者可以任意選擇一款 NIKE 產品，透過DIY 的形式改變每一個環節的顏色，想人所未想，設計出一款屬於自己的獨一無二的 NIKE 產品。還可以在這款產品上標明自己的個性化簽名。

銀泰網上線後，打通了線下實體店和線上的會員帳號，在百貨和購物中心鋪設免費 WiFi。當一位原已註冊帳號的客人進入實體店，他的手機連接上 WiFi，與銀泰的所有互動記錄會一一在後臺呈現，銀泰就能據此判別消費者的購物喜好，實現商品和庫存的視覺化，並達到與用戶之間的溝通。

2. 良好的用戶體驗

在物質豐饒、個人基礎物質條件滿足的前提下，使用者對產品的感知，已經不再滿足於功能需求、而更多地追求來帶來極致的用戶體驗。杭州的甘其食，透過「包子重量是 100 克，60 克皮、40 克餡料，誤差範圍不能超過 2 克」的方式，讓使用者體驗到了他們對產品標準的苛刻。加上其實的一些用戶體驗手段，以及事實上不錯的口味，從而得以迅速發展到近 200 家門店。

（1）超出用戶的預期

好的使用者體驗都是從細節開始的，透過產品的細節設計，能夠讓用戶感知，並且這種感知要超出用戶的體驗。

一是超越用戶想像。宜家基於對用戶需求的深度認知，為每一位進入宜家的消費者製造驚喜，如沙發可以隨便坐的，床可以隨便躺的，兒童產品可以隨便玩的，雪糕只要一塊……

二是製造驚喜。超出使用者預期另一個辦法就是在你的產品設計中設計一些貼心的細節，讓用戶為之驚叫。比如三隻松鼠可愛的專用物流外箱，被許多用戶譽為「神器」的開箱器，防水牛皮紙外包，真空鋁塑內包、「鼠小夾」，針對不同品類的堅果附送的開殼工具，還有一系列的輔助品、贈品、試吃裝等等。雕爺牛腩透過產品層的高性價比、體驗層的驚喜重重、客戶心理層的滿懷期待，實現完美的體驗。

表 3-1 雕爺牛腩的用戶體驗

產品層 高性價比	食品品質	食神牛腩，讓客戶充滿期待
	獲取成本	選址多在 shopping mall 中，逛街順便就能吃
	性價比	150 元就能享受到的高端大氣上檔次
體驗層 驚喜重重	進店	服務員著裝奇特，統一蒙面的黑衣人
	落座後	粗紫砂的筷架、雞翅木的筷子，雖然說不上高端，但是一般白領還是能唬住
	點菜前	贈送精美的小菜、茶水（男性 4 種，女性 3 種，味道由輕到重）
	點菜時	菜品名字的新奇比如：「三人行必有……榴槤」
	上菜時	每道菜服務員都會為你介紹，這種服務，這個價位的餐廳很難有
	用餐時	服務員很有眼力，不用叫，主動添水、傳菜，同等價位裡面也算服務較好的
	買單後	用過的雞翅木筷子會洗淨裝袋送給客戶留念
	二次到店	菜單可能已經更換（一月以小換，三月一大換） 其 VIP 客戶還可能會拿到各種禮品
心理層 滿懷期待	飢餓效應	宣傳攻勢配合為期半年的封測，讓大家充滿期待
	名人效應	封測去的都是大 V、明星，草根階層自然嚮往
	羊群效應	看很多人在排隊，一般人都會認為很好吃，也想試試
	新聞效應	新聞都在說，自然想去體驗一下
	愛得瑟（自行銷的關鍵）	女生們看到菜品漂亮的外形，很多都會從頭拍到尾，然後發微信，促進屬地內的宣傳

（2）讓用戶為功能之外買單

增強用戶體驗除了超出用戶預期，還可以透過產品體驗設計，賦予產品功能之外的價值，讓用戶超越功能之外，為產品背後的功能買單。比如 Roseonly 專愛花店以皇家矜貴玫瑰斗膽訂製「一生只送一人」離奇規則。他們主打的既不是花有多新鮮，也不是送達速度有多快，Roseonly 的成功在於他們出售一種「專愛」的概念。用戶花 1000 多買的不是一束鮮花，而是這花背後承載的情感「一生只送一人」。2013 年 2 月上線，8 月份就做到了月銷售額近 1000 萬元。

（二）打造極致的產品和服務

傳統工業化思維因為用戶眾多、需求各異，產品研發上往往採用機海戰術，不斷推出新產品，但產品差異不大，同質化嚴重。而互聯網思維則是把產品、服務和使用者體驗做到極致，超越用戶的預期。極致特別表現兩方面：一是打造讓用戶尖叫的精品。二是提供極致的服務。

1. 打造讓用戶尖叫的精品

互聯網思維是精品路線、產品思維。指的是聚焦優勢兵力，於一點形成突破，指的是要有爆點思維，將產品、服務、行銷等

各個方面做到極致，形成爆點，製造口碑，最終形成精品。

互聯網思維用精品路線使得企業可以將更多的優勢資源投入，打造超越使用者需求的產品，才能成為行銷的亮點，最終打動消費者。

如蘋果採取的是精品、明星路線，要能讓用戶尖叫。1997年蘋果接近破產，賈伯斯砍掉了70%產品線，重點開發4款產品，使得蘋果轉虧為盈，即使到了5S，iPhone也只有5款。旺順閣魚頭泡餅一道菜一年賣出2億；全聚德一隻烤鴨風靡百年，一直做到上市。

如雕爺牛腩以500萬元從香港食神戴龍手裡買斷了食神牛腩的配方，同時又聘請了4位世界頂級酒店的廚師長進行菜品的研發。食神咖喱牛腩所配送的米飯，三碗分別為高品質的越光米、蟹田糙米、泰國香米，無限量免費續添。越光米，丹東移植的越光米，日本國寶級大米，不對外出口。蟹田糙米，這種米，從不施人工肥，純靠水田中的螃蟹形成生態迴圈。糙米還因為不深度加工，保留了更多營養物質，口感粗獷豪邁。

2. 提供極致的服務

互聯網思維將服務做為產品的重要組成部分，提供極致的服務，超越消費者預期。

海底撈的消費者說要將未吃完的西瓜帶走，服務員不肯，但

是消費者在結帳離開時，服務員捧了一整個西瓜讓他帶走，說切開的西瓜打包不衛生。

知名淘寶品牌阿芙精油客服 24 小時輪流上班，使用 Thinkpad 小紅帽筆記本工作，因為使用這種電腦切換視窗更加便捷，可以讓消費者少等幾秒鐘。阿芙精油設有首席驚喜官，每天在用戶留言中尋找潛在的推銷員或專家，找到之後會給對方寄出包裹，為這個可能的「意見領袖」製造驚喜。

雕爺牛腩針對不同性別的顧客分別提供不同的茶飲，專門針對男性顧客提供西湖龍井、凍頂烏龍、茉莉香片、雲南普洱四種茶水，女性顧客在餐廳則能同時享受到洛神玫瑰、薰衣草紅茶、洋甘菊金蓮花三種花茶，且均不用付費，免費續杯。

（三）培養消費者粉絲經濟

傳統工業化思維下產品的研發和設計，基本上是閉門造車，從自我出發去設計產品，雖然也有調研環節，但樣本太小基本很難代表用戶需求，完全是靠設計師的靈感迸發。

互聯網思維是真正從用戶需求的角度去設計產品。透過將產品快速推向市場，然後依靠群眾，依託粉絲社區，積極收集使用者對產品的意見和建議，不斷優化產品，形成不斷反覆運算，不斷完善的產品設計路徑。如研發聽取粉絲意見，設計要引入粉絲

創意，銷售採取眾包，售後更是聽取粉絲意見的最好環節等等。

1. 與粉絲積極積極互動

傳統的零售企業對使用者是單向推銷的方式，主要的接觸節點是行銷、銷售和售後環節，在行銷和銷售是單向的推銷環節，而售後則是能躲則躲的消極原則，企業和消費者的關係就是買賣關係。

互聯網思維透過建立粉絲互動的平臺，積極與粉絲互動，全流程依靠群眾。在行銷和銷售環節，將每個粉絲變成宣傳的陣地，依靠口碑來實現滾雪球的宣傳和推廣。在售後環節，透過每個粉絲的積極交流，收集粉絲對於產品的問題，導入到產品研發和設計環節，進行完善產品，然後進入流程的正向良性迴圈，企業與消費者成為朋友關係。

2. 以粉絲為核心開展行銷

傳統行銷路徑是先告知、再購買、後沉澱忠實用戶。零售企業的推廣方式以傳統類媒體為主，主要是花數百萬做線下的新品宣傳發佈會、評測、導購、體驗為主。

移動互聯網讓資訊流的傳播方式發生了改變，人們獲得資訊的管道方式不再是原來的主流媒體單向傳播模式，而是去中心化的傳播方式。傳播的路徑是：先到達忠實用戶、再讓用戶擴散、

後沉澱更多的忠實用戶。因此，互聯網時代，應該變傳統行銷的方式為使用者主動傳播，深入到粉絲中去，與粉絲溝通，讓每個粉絲變成正向宣傳的陣地，透過新媒體、事件行銷、口碑效應的方式，真正的與最終用戶零距離，依靠粉絲的力量，實現爆發式傳播。

宜家有會員專屬的產品和區域、會員專屬的活動和刊物。全球範圍內，宜家會員貢獻的銷售額是非會員的三倍。從 1951 年開始，宜家就透過全球發行目錄冊來宣傳自己的產品和設計理念，提供富有創意的家居解決方案，為生活提供新點子，讓人們輕鬆的獲得更多貼近大眾生活的居家靈感。在歐洲，每個家的門口有一個郵箱，有的在上面會掛「請不要投廣告」的牌子，到了一年一度宜家發放目錄冊的日子，他們會把這個牌子拿掉，以免收不到這本三百多頁的冊子。**63**

（四）提供個性化訂製服務

互聯網尤其是移動互聯網開放、互動的特性，以及大數據、雲計算等技術手段的應用，使得大量的中小企業和注重個性化需求的個別消費群體，成為了商業中的主要顧客。而在此前，除了

63　在前互聯網時代，宜家就有這些「互聯網思維」. 品途網

大客戶、大眾市場受到重視外，企業雖然也強調「個性化」「客戶力量」和「小利潤大市場」等理念，但是，由於資料獲取、精準定位、柔性生產以及點對點行銷等技術手段的缺乏，企業很難滿足這些小眾市場的需求。互聯網思維將有助於企業將產品做得更加柔性化，更加適合個體的個性化需要。

紅領建立了全球第一家全面資訊化的個性化生產線，整個工廠完全用資訊流來統帥工業流水線和驅動後臺的供應鏈。流水線上每一件衣服都有一個電子標籤，每一個電子標籤背後記錄著真實顧客在每個工序個性化訂製的全部生產資料。

NIKEID 線上平臺的推出是建立在 NIKE 已經積累了足夠龐大的高黏性消費者群體和廣泛品牌認知以及無所不在的管道基礎上的。該平臺集合「體驗行銷」、「個性化行銷」、「線上行銷」等於一身，消費者可以任意選擇一款 NIKE 產品，透過 DIY 的形式改變每一個環節的顏色，想人所未想，設計出一款屬於自己的獨一無二的 NIKE 產品。還可以在這款產品上標明自己的個性化簽名。這種個性化的經營形式，契合了「雲消費」時代消費專屬化、體驗化的特徵，商家從銷售方成為消費者俱樂部的成員，因此得到年輕族群的高度認可。

亞馬遜和淘寶為每一個註冊用戶推出個性化首頁，就是一次重大的轉折。海爾集團針對互聯網時代的日益個性化的 80 後、90 後消費人群而推出的量身訂製的家電品牌。

第 四 章

第四次零售革命中的資訊技術與大數據

第四次零售革命中的資訊技術與大數據

資訊技術和大數據是推動第四次零售革命的重要力量。在傳統上，資訊技術對零售業的發展極為關鍵。當前的零售革命中，資訊技術對於提升顧客購物體驗、提升商品搜索效率、便捷購物過程、創新自助提貨方式等都發揮了決定性的作用。而大數據的產生是在充分利用資訊技術的基礎上，重新定義了各類零售資料的價值和利用程度，同樣為零售革命發展提供必要的資料支援。

一 傳統零售業中的資訊技術

（一）零售業中資訊技術的應用

資訊技術（Information Technology，簡稱 IT）是指以電腦、

微電子和現代通信為基礎，獲取、加工、傳遞和利用資訊的技術。

二十世紀 60 年代，以美國市場為代表的零售業高速發展。零售過程中產生了大量商業資料，其中蘊含著豐富的商業資訊，涉及消費者行為特徵、信用度、消費能力，生產或供應商的供貨能力、商品週轉率等眾多內容。但是這些資料多以紙質報表形式存在且非常分散，難以高效進行分析和利用。

20 世紀 70 年代，以電腦、微電子和現代通信為基礎進行資訊獲取、加工、傳遞和利用的資訊技術（Information Technology，簡稱 IT）進入商用階段，零售業擁有了採集、存儲、挖掘商業資料的技術手段。以資料為依據的經營決策，使新型零售企業獲得了較強的競爭優勢，有力的推動了零售業的發展。

為了清晰的釐清資訊技術與零售革命的關係，有必要回顧近四十年來資訊技術在零售業中的應用模式及其重要作用。

零售商競爭愈發激烈，他們將資訊技術應用於零售經營。70年代後期，零售商採用銷售執行資訊系統和條碼技術，將庫存資訊和銷售資料數位化，獲得核心競爭力。

零售商掌握了比製造商或供應商更多的商品資訊，透過對銷售資料進行分析處理，再與供應商進行資訊交換開展合作，獲得主導權。零售商也從單純的銷售者轉化為市場行銷者。

沃爾瑪的全球採購戰略、配送系統、商品管理、電子資料系統、天天平價戰略在業界都是可圈可點的經典案例。可以說，所

有的成功都是建立在沃爾瑪利用資訊技術整合優勢資源，將資訊技術戰略與零售業整合的基礎之上。沃爾瑪的發展代表了資訊技術在零售業中應用的軌跡。沃爾瑪應用資訊技術不僅透過規模效益把價格壓得更低，還為供應商創造價值，幫助他們統籌生產，從而獲得更高利潤。

1969 年，購買第一臺電腦用於支援日常業務。

1975 年，沃爾瑪自建電腦網路，管理庫存並記錄銷售點數據（POS Data）。

1979 年，建立資料中心，開始安裝銷售終端機。

1983 年，使用條碼（UPC Code）和條碼掃描器（Scanning Register）。

1990 年，建立資料倉庫，存儲歷史銷售資料。

1992 年，零售連結系統（Retail Link），為供應商提供銷售和庫存資訊。

1996 年，開始將 Retail Link 接入互聯網，並在互聯網中使用電子資料交換系統（EDI）。

2006 年，採用 Web 2.0 和社交網路工具，重新設計購物網站。

2007 年，網站與實體店鋪同步銷售，允許線上支付，線下提貨。

目前，已經成為全美第二大網路零售商。

上述關鍵事件反映了沃爾瑪資訊化過程的清晰脈絡，可以歸納為四個階段、兩大工程：第一階段（1969—1979）資訊化重

點是內部日常的關鍵作業系統；第二階段（1980—1993）資訊化重點是建立與供應商之間的業務資料共用，達到存貨和物流的高效、低成本管理；第三階段（1994—2001）以電子商務 (沃爾瑪的線上購買業務) 做為資訊化重點；第四階段（2001—2007），該階段以輔助性活動部門為資訊化重點。

　　沃爾瑪公司的成功證明了零售業透過有效的資訊化戰略規劃獲取超額持久的競爭優勢的可能性和巨大的運作空間。

（二）資訊技術對零售業發展的影響

　　資訊技術的發展無疑對零售業產生了巨大的影響，從傳統的小商鋪到大型百貨商店，從線下超市到線上網路零售，零售業經歷了震驚全球的數次關鍵創新，每一次都給人類帶來諸多便利，而每一次都離不開資訊技術的支撐。 近年來，資訊技術對零售業的影響主要表現在網路零售運營模式中。傳統百貨、購物中心、超市、品牌店、便利店等都紛紛借助互聯網，為用戶提供更多的便捷體驗，網路正給零售行業插上騰飛的翅膀。

　　1995 年創辦的亞馬遜有著絕對的資訊技術優勢，流淌著的都是最新技術的血液。做為網路零售業的新生代，亞馬遜有著全新的運營模式。

1. 提升顧客購物體驗

利用互聯網的交互性可展示商品，連接資料庫提供有關商品資訊的查詢，跟顧客進行雙向溝通，收集市場情報等。亞馬遜給我們展示的正是網路技術的魅力。對於「人性化」的客戶體驗，其公司高級編輯瑞克艾依瑞這樣注解：「雖然科技正在提供只有科技才有能力提供的物質、利益以及服務給人類，搜尋引擎等功能就是其一，但人類不應該感受到科技的存在。」人性化服務應該滲透在每一個細節之中，一切應以顧客友善的立場優先，進而創造最高的服務價值。亞馬遜早已深諳「無店鋪行銷」的奧祕：沒有面對面的親切笑容，就更加需要以無微不至的人性化貼心服務來征服消費者。

2. 提供商品搜尋引擎

亞馬遜曾把讀者分為「瀏覽者」（無目標）和「找書者」（有具體目標），相應設計各種全方位的搜索方式，有書名搜索、主題搜索、關鍵字搜索和作者搜索，同時還提供一系列如當天最佳書、暢銷書目、讀書俱樂部推薦書，以及著名作者的近期書籍、得獎音樂、最賣座影片等導航器，以滿足兩類讀者的需求。這樣的搜索裝置書店每一個頁面都有提供，方便用戶搜索，引導用戶進行選購。除搜尋選項外，顧客也可同時瀏覽 20 多種不同主題，

貨比三家變得輕而易舉，完全迎合顧客的購物心態，同時節省了上網時間，提高搜尋速度。在亞馬遜的書店主頁上，精美的多媒體圖片，讓人不禁有種身臨其境的感覺，每個細節都充滿樂趣。

同時，亞馬遜數年前還推出了書內搜索功能，即能在 12 萬本書的 3500 萬頁內容中搜索任何詞句，並可免費閱讀關鍵字附近幾頁內容再決定是否購買。這其實是一項非常艱鉅而耗費很高的工作，因為必須將每一頁內容都掃描成文本並彙編成索引，存入資料庫。推出不久，入庫圖書的銷量比其他圖書高出 9%。該技術影響力也日益擴大。

3. 輔助購物

除傳統網路購物模式外，亞馬遜仍在不斷探索更加便捷的購物方式。為迎合不斷增長的客戶需求，亞馬遜又推出了直接購物的輔助硬體工具，如條碼、語音等。Dash 是它面向旗下生鮮購物網站 Amazon Fresh 用戶提供的限量免費配件。這款設備是一根 6 英寸長的塑膠棒，其內置掃描條碼的鐳射掃描器和語音搜索的麥克風，使用者可透過這兩種方式添加物品至購物車。Dash 透過 WiFi 連接至伺服器，用戶可瀏覽自己的購物車清單並下訂單。

4. 自助提貨

做為以客戶體驗至上的電商企業，幾年前，亞馬遜就已著手在西雅圖、紐約和華盛頓特區附近配置亞馬遜自助提貨櫃 (Amazon Locker)，為消費者存儲網購商品提供類似實體店購物的體驗。該服務聯手 7-11 便利店，推出 24 小時收貨系統，使用者只需在便利店中收取貨物。該物流系統的工作流程如下：

（1）亞馬遜接收訂單。

（2）亞馬遜將商品發送至用戶指定 7-11 便利店。

（3）亞馬遜向用戶發送郵件通知收貨，並將條碼發送至用戶手機。

（4）使用者去 7-11 便利店掃描條碼提取貨物。

這一新型物流收貨系統為使用者提供了極大便利。網購使用者往往需要提前計算好收貨時間，以免貨物在工作時間送到了家裡，或是相反在雙休日送到了公司。如果該 7-11 便利店 24 小時營業，那麼用戶完全可以隨時取貨。

5. 雲計算服務（AWS）

亞馬遜是雲計算的開拓者，在搭建網上購物平臺時，部署了大量伺服器和存儲資源，以確保在開展大型促銷活動時使用者能順利訪問和交易。但在沒有大型促銷時，這些硬體設備往往被閒

置，為此，善抓商機的亞馬遜將閒置基礎設施包裝成「雲」服務商品，在 2006 年推出了亞馬遜網路服務（Amazon Web Service，簡稱 AWS），為企業用戶尤其是中小企業提供按需分配的計算和資料存儲服務，提高了資源利用率。AWS 實質上提供了一整套雲計算服務，讓使用者能夠建構複雜、可擴展的應用程式。透過互聯網提供存儲、計算、訊息佇列、資料庫管理等雲服務。從電子商務到雲計算領域的過程，對亞馬遜而言水到渠成，卻註定會成為亞馬遜的大未來。

資訊技術發展

（一）互聯網的新進展

1. 高速互聯網

　　資訊技術和互聯網正逐漸改變消費者的購物模式，也改變了消費者對零售商的期望值，透過互聯網，產品價格等資訊彈指之間即可獲得，消費者可輕而易舉地達成理想交易。阿里巴巴馬雲曾預測，未來電子商務將像使用自來水一樣方便。網上購物群體數量持續飆升，線上交易量增速已超過傳統零售業的增速，互聯網與零售業的融合步伐明顯加快。

　　然而，諸如「雙11」等購物促銷季帶來網購銷量的飆升，但同時也帶來了高訪問量下的資料洪流。因此，必須用高速互聯網來保證滔滔資料洪流順利通過，在零售業尤其是網路零售業中，高速互聯網的應用需求日益迫切。

　　思科在2009年宣布推出新一代運營商級路由器CRS-3，以大幅提高的速度及傳輸能力「刷新」互聯網，它能夠在不到4分鐘的時間傳輸完成迄今為止所問世的電影。這個不可思議的結

果，其背後的含意是：高速互聯網時代已經到來。思科的高速路由器能以每秒 322T 的速度傳輸聲音、資料和視頻等，如果此類高速設備廣泛為電話和網路設備商所採用，據稱能在略高於 1 秒鐘的時間下載美國國會圖書館全部藏書，或者能讓每個中國人同時進行視頻通話。

新興的零售模式正需要高速運行的互聯網才能保證網路零售業各環節的順利進行。思科的案例證明，高速互聯網使得新興的零售模式得以保障。

2. 移動互聯網

3G、4G 以及高速 WiFi 網路建設為移動智慧終端機地普及應用奠定了堅實的網路通信基礎，推動了移動互聯網的發展。移動互聯網的業務特點不僅體現在其移動性上，即「隨時、隨地、隨心」地享受互聯網業務的便捷，還表現在更加豐富的業務種類、個性化的服務以及更高服務品質的保證。

2018 年 1 月 31 日，中國互聯網路資訊中心（CNNIC）在京發佈第 41 次《中國互聯網路發展狀況統計報告》[64]。報告顯示，截至 2017 年 12 月，中國手機線民規模達 7.53 億，線民中使用手機上網人群的佔比由 2016 年的 95.1% 提升至 97.5%；與此同

64　CNNIC 第 41 次《中國互聯網路發展狀況統計報告》

時，使用電視上網的線民比例也提高 3.2 個百分點，達 28.2%；臺式電腦、筆記型電腦、平板電腦的使用率均出現下降，手機不斷擠佔其他個人上網設備的使用。以手機為中心的智慧設備，成為「萬物互聯」的基礎。移動互聯網服務場景不斷豐富、移動終端規模加速提升、移動資料量持續擴大，為移動互聯網產業創造更多價值挖掘空間。

移動互聯技術讓消費者隨時隨地查詢和購買商品成為可能，其購物行為呈現短暫性、碎片化和高頻化。消費者能在多個螢幕和實體店間遊走轉化，頁面、店鋪展示、視頻、資訊推送等成為商家與消費者的溝通管道，電子商務的入口不再僅限於 PC 端，而呈多元化趨勢。未來，移動互聯時代商業發展特點的重要變革趨勢將是碎片化、多場景觸發購買需求、需求產生時即得到滿足以及去中心化等。

（1）消費更加個性化、多樣化、簡單化

消費者將更加追求個性化、更加注重消費體驗、更需要表達與交互。移動互聯讓人們獲取產品和服務的資訊更加便捷，讓個性化訂製成本大幅降低，讓消費者盡可能地展現獨立個體價值。精準訂製下的個性化、多樣化和簡單化，即將客戶最喜歡的商品和收藏在客戶需要時呈現出來，這將是未來商家在品類推廣上努力的方向。

（2）體驗需求更勝於消費需求

移動互聯豐富了顧客與顧客、顧客與商家間的交互維度，購物體驗大幅提升。商業價值愈發依賴購物環節中娛樂模式的實現；移動互聯讓人們時刻處於社交圈中，而消費將成為一種存在方式和心理安全保護機制，成為樹立個人形象、反映精神世界、添加個性宣言的重要管道。網路社交分享中產生消費需求，而且更容易得到即時購物回饋，加深商品印象，重複多次後便養成習慣，從而形成客戶黏性。

未來消費者更加注重用戶體驗，消費過程中的自我滿足感往往大於滿足需求本身，例如環境、服務、便利等主觀因素能夠成為消費的決定性因素，為獲得更好的用戶體驗和個人滿足，人們樂意為產品的高附加值買單。他們在消費之前往往會透過主觀感覺對消費定位，定位直接決定是否消費，即便產品的創新和性價比很高，但如果消費過程中形成了負面的體驗，消費最終也不會成功。負面體驗可能包括網購頁面過於複雜、支付方式過於繁瑣、網路連接不夠穩定等。

總之，移動互聯網時代，傳統的資訊產業運作模式正逐漸被打破，新的運作模式正在形成。對手機生產廠商、互聯網公司、消費電子公司和網路運營商來說，既是機遇，也是挑戰。

3. 物聯網（IoT）

近年來零售企業市場競爭不斷加劇，零售業產品品質的多樣性、服務態度、營業範圍和時間等方面都發展進入一個瓶頸，單純從傳統方面找到太大的突破點已不合時宜，要想進一步完善整個零售行業的運行品質，必須應用新技術和新辦法。

2005 年，資訊社會世界峰會上，國際電信聯盟發佈了《ITU 互聯網報告 2005：物聯網》，正式推出了「物聯網」概念。物聯網是指透過射頻識別（RFID）、紅外感應器、全球定位系統（GPS）、地理資訊系統（GIS）、鐳射掃描器等資訊傳感設備，按約定協定，把物品與互聯網連接起來，進行資訊交換和通信，以實現智慧化識別、定位、跟蹤、監控和管理的一種網路。[65]

物聯網主要由三個要素構成，一是傳感設備，即用二維碼、射頻標籤和感測器來識別物體；二是傳輸網路，即透過現有互聯網、廣電網路、通信網路，實現資料的傳輸與計算；三是處理終端，是指輸入輸出的控制終端，手機、電腦、通信基站以及其他移動終端等。[66]

除了與物聯網有關的網路技術外，涉及的關鍵技術主要包括以下幾個方面：RFID、GPS、GIS 和零售業應用系統。

65　李玉玲 . 物聯網在零售業中的應用決策研究 [J]. 商業研究 .2013(13):68.
66　張 萍 , 徐 紅 , 張宗國 . 物聯網在零售業中的應用 [J]. 福建電腦 .2011(1):18-19.

RFID（Radio Frequency Identification) 是一種非接觸式自動識別技術，透過射頻信號自動識別目標物件並獲取相應資料，識別工作過程無須人工干預，可在各種惡劣環境下工作。RFID 技術可識別高速運動的物體並同時可識別多個標籤，操作快捷、方便。RFID 是一種簡單的無線系統，用於控制、檢測和跟蹤物體。由閱讀器和 RFID 標籤組成。RFID 技術在零售業中廣泛應用的前提是，各廠商生產的商品出廠前必須已經貼有 RFID 標籤，該標籤中包含盡可能詳細的商品資訊，如商品重量、生產日期、保質期、目的地、生產廠商等。

GPS(Geographical Information System) 全球定位系統，常見的信號接收設備是可攜式信號接收儀，包括 GPS 接收卡或外接設備，由天線、接收單元和電源組成，可方便地裝載在汽車等交通工具上。持有可攜式信號接收儀，就能接收到衛星發出的特定信號。

GIS(Geographical Information System) 地理資訊系統，主要以地理空間資料庫為基礎，在電腦軟硬體支援下，實現對空間資訊的採集、存儲、管理、操作、分析類比和顯示，採用地理模型分析類比和顯示，採用地理模型分析方法，適時提供多種空間和動態的地理資訊。

透過物聯網，零售業可以對商品的運輸、倉儲、銷售、顧客付款等各環節進行管理。

（1）商品運輸環節

將運輸車輛安裝 GPS 定位系統，實現運輸過程的透明化。即時獲取車輛行駛位置和狀態，與車輛貨櫃上的無線資料獲取器相結合，可有效預防和及時有效地發現貨物運輸過程中的丟失、被盜事件，使得運輸管理更準確、高效。而且，獲取車輛的即時資料，能幫助應對突發事件，例如，與路況資訊相結合，面對塞車、修路等情況，便能夠及時調整行車路線，保證商品運輸過程通暢。

（2）商品存儲環節

入庫環節：待入庫商品到位時，帶標籤的商品透過倉庫入口的閱讀器，閱讀器獲取入庫資訊並進行傳輸以更新資料庫，隨後把商品放入適當儲位。

出庫環節：倉庫管理員按照系統生成的出貨單，找到待出庫商品，並將商品下架，搬運至運輸工具。當載滿貨品的運輸工具透過倉庫出口時，閱讀器獲取出庫信號，並上傳至系統。系統資料庫隨後寫入新資訊，將該貨位狀態重置為零。

盤點環節：盤點時，倉庫管理員使用手持設備逐一掃描商品，透過無線網路一一核對所有商品資訊與系統記憶體儲資訊，並返回盤點結果。零售業的最大難題是商品缺貨。利用物聯網，當庫存商品低於系統設置的數量時，即發出缺貨警告，可盡早督促供

應商進行補貨，防止缺貨，提高商品銷量。

（3）商品銷售環節

將商品放置於可讀 RFID 標籤的貨架上，可對商品進行即時監控，並及時提醒工作人員補貨。此外，還可以發現放置錯誤的商品，使之及時歸位。零售業商品的失竊現象也十分嚴重，利用物聯網可有效防止盜竊的發生。當商品被非正常攜帶出安全區域，系統會發出警示，告知何種物品被竊，同時對商品進行定位，附近的工作人員可很快制止商品被帶出。利用物聯網可及早發現已經或者即將到期的貨品，以便進行相應的處理，明顯提高商品品質特別是食品安全。還能快速準確地統計滯銷產品，可以很方便地提供降價決策加速產品銷售。

除此之外，在超市現有購物車的基礎上，增設彩色液晶屏，利用 RFID 技術、媒體播放技術、無線網路等，完成集廣告輪播、貨架商品及相應廣告智慧自動點播、商品資訊檢索、賣場導航、促銷資訊查詢、賣場周邊便民資訊查詢、計算器等多種互動功能於一體的商品資訊互動智慧終端機。智慧購物車為顧客提供了時效性及便利性，更重要的是還帶來了商家與顧客的互動，從而提高銷量。

（4）顧客付款環節

顧客選好所需商品後，可推著購物車進入可讀 RFID 標籤區域，直接得知商品價格，並利用帶 RFID 功能的信用卡（可代表客人身分並進行無現金支付）進行付款。這樣能夠提高付款效率，減少顧客排隊付款時間，提高顧客購物滿意度。

物聯網的應用遠不只這些。根據 IDC 最新研究結果，2016年全球物聯網市場的總投入為 7369 億美元，2018 年全球物聯網支出總額將達到 7720 億美元。而到 2020 年該數字將達到 12899億美元，年複合增長率約為 15.02%。未來幾年，物聯網將在全球範圍內快速擴張 [67]。物聯網正處於持續增長階段，一個全球化的智慧互聯時代已經到來。根據中國產業資訊網預測，未來五年國內物聯網市場將從 2016 年的 9300 億元人民幣增長到 2020 年的 18300 億元人民幣，整體規模將以倍數增加。

消費者將繼續在他們的家庭、汽車乃至日常生活中的許多方面體驗和接觸物聯網。從全球範圍看，以個人為中心的網路正逐步創建一種高度緊密的關係，即全天候連接，這使得消費物聯網成為一個引人注目的趨勢。各企業也對物聯網解決方案所能帶來的效率、業務流程影響以及收入機會備感興趣。企業正在採取必要措施，更深入地瞭解物聯網及整體價值。技術性廠商則在一個

---

67 http://www.sohu.com.

供應驅動的市場中不斷發展他們的解決方案，這個市場正朝著一個以需求為主導的方向發展。

（二）移動智慧終端機

1. 可攜式電腦

近十年來，Android、IOS 等移動智慧終端機作業系統的快速發展，極大促進了移動智慧終端機的發展。手機從功能為導向逐漸向智慧機導向過渡，平板電腦開始成為人們日常生活、辦公、娛樂的又一種新型且重要的電子工具。智慧手機、平板電腦等移動智慧終端機是在功能機、筆記本出現消費疲軟之後，在消費電子產品領域新出現的備受人們狂熱追求和青睞的電子產品。

人們逐漸習慣了使用 APP 用戶端的上網方式，而目前國內各大電商均已擁有了自己的 APP 用戶端。這標誌著，APP 用戶端的商業使用，已經開始嶄露鋒芒。然而，不管是何種 APP 軟體，都需要手機、iPad 等可攜式電腦做為載體。未來，智慧手機和平板電腦等移動智慧終端機的普及應用將極大激發中國居民的資訊消費需求。

2. 穿戴式設備

隨著移動互聯網的發展、技術進步和高能低耗處理晶片的推

出，部分穿戴式設備已經從概念化走向商用化。谷歌、蘋果、微軟等諸多科技公司也都開始了這個全新領域的深入探索。市場研究公司 IDC 發佈的可穿戴設備季度追蹤資料顯示，2018 年第一季度，全球可穿戴設備出貨量為 2510 萬臺，同比增長 1.2%，基礎型可穿戴設備出貨量同比下降了 9.2%，隨著消費者偏好更加智慧的設備，來自蘋果、Fitbit 和眾多品牌時尚、價格更高的智慧可穿戴設備增長了 28.4%。手錶和手環佔第一季度全球可穿戴設備出貨量的 95%。預計 2018 年全球可穿戴設備的總出貨將達到 1.25 億，同比提升 8.2 個百分點。隨著可穿戴技術的逐漸成熟，應用場景持續拓展，2020 年全球可穿戴設備出貨量將達到 2 億。

穿戴式設備的本意是要探索人和科技全新的對話模式，為每個人提供專屬的、個性化的服務，然而設備的計算方式無疑要以當地語系化計算為主，因為只有這樣才能準確定位和感知每個使用者的個性化、非結構化資料，形成個人隨身移動設備上獨一無二的專屬資料計算結果，並以此找準用戶內心真正有意義的需求，最終透過與中心計算的觸動規則來展開各種具體的針對性服務。綜合歸結上述兩個角度來看，時下業界討論最熱的大數據的價值，不僅僅在於目前主流的建立資料中心去集中計算。每個人的智慧終端機，都將成為自主計算中心；資料分析也將發生戲劇性的變化，那就是從中央計算模式向本地計算轉移，最核心的計算是在去中心化的地方完成。

Google Glass 是目前穿戴式設備中最被廣為討論的例子。它配有常見感應器，包括陀螺儀、加速器，可追蹤用戶臉、頭的朝向和角度。Google 給出了 Glass Enterprise Edition 的一些使用案例，包括農業機械、製造業、醫療以及物流公司等，通常都是透過眼鏡上傳輸工作上所需的視頻、圖像，例如飛機維修、病人病歷資訊。新版的眼鏡已經有了包括 GE、農業機械公司 AGCO、物流公司 DHL、波音等 50 家企業客戶。

也許十年後，穿戴式設備設備將成為人體的一部分，就像人的皮膚、手臂一樣，無需時刻惦記它，它卻與你如影隨行。在更久的未來，手機可能只需要向人體植入晶片，它能夠直接透過對話幫你打電話、訂餐館，瞭解你的一切隱私，跟你的親密度甚至超過你的家人……未來穿戴式設備可能都不再是植入人體的晶片了，它們已經成為人體基因的一部分，甚至參與人類的繁衍和進化。

3. HTML5 與 APP

（1）HTML5

HTML5 正在快速發展成熟，該標準的重要目標是要建立一個全新的開放的 WEB 環境。HTML5 之所以有非同一般的應用價值，是因為能解決當前移動互聯網上存在的諸多問題。隨著

HTML5 的普及，Web APP 的跨平臺特性將成為左右開發者的決定性因素。傳統移動終端上的 Native APP，開發者研發工作必須針對不同作業系統分別進行，成本很高；而後續用戶端的升級更新也必須重新封裝後才能傳遞給使用者，步驟相當繁雜。並且，Native APP 對使用者來說還存在管理、存儲以及性能消耗成本。

HTML5 標準做了諸多關於瀏覽器的規定，為了解決不同瀏覽器之間的相容性問題，HTML5 對檔解析演算法進行了很大改變。像其他程式設計工具一樣，瀏覽器在接到文檔後要對其進行斷句處理、劃分成元素、屬性、注釋等因子，之後轉換成 DOM 樹的層次型構造物件。HTML4 則對這些處理沒做任何規定，而 HTML5 做得很好。它對 DOM 樹的生成做了嚴格規定，防止了同一事物在不同瀏覽器上不同展現的情況。

HTML5 儼然成為主流瀏覽器的標配，基於統一 HTML/JavaScript/CSS 語言的開發應用只要一次開發就能進入所有瀏覽器進行分發。即使走傳統 APP Store 或者 Google Play 應用商店管道，將底層用 HTML5 開發的應用「封裝」成為 APP，多出來一個步驟，時間和資金成本也遠小於 Native APP 的跨系統移植。

同時，HTML5 又一次詮釋了基於標籤實現的多媒體概念。透過對 video 和 audio 標籤的使用，實現了視頻和音訊的直接播放，擺脫了長久以來 Web 網頁對 Flash 的依賴，以往必須在 Flash 外掛程式幫助下才可播放的網頁出現在了手機螢幕上。

（2）APP

　　各種移動終端 APP 的應用成為移動互聯網的標誌。HTML5 的成熟則徹底推動了移動互聯網的發展，優化了 APP 開發應用過程。例如搜索產品、社交產品、新聞資訊產品以及遊戲產品等注重使用者體驗的 APP 應用均適合利用 HTML5 開發。

　　例如，利用移動終端 APP，必勝客便成功做到了精準行銷。必勝客 2009 年發佈的點餐應用，下載量在剛發佈兩週就已超 10 萬次，3 個月內為必勝客帶來收入高達 100 萬美元，驚人的數字讓必勝客的應用程式成為同行中的佼佼者。必勝客將點餐的每個細節都做得樂趣十足。如顧客可以選擇自己喜歡的調料添加到雞翅中，甚至能選擇螢幕上的辣椒份量——「微辣」和「勁辣」口味，放好調料後，搖一搖手機，美味雞翅做好了……種種娛樂性的細節無疑是必勝客應用 「必勝」的真正理由。2017 年 7 月，必勝客推出「必勝客超級 APP」應用後，迄今累積下載量達到 900 萬。必勝客忠誠度計畫會員數量在第一季度已經超過 4000 萬，相較去年同期增加 2000 萬。

　　無獨有偶，星巴克也在 APP 行銷中大費心思，並成功在服務客戶的同時巧妙促銷。具有創新意識的星巴克曾推出一款別具匠心的 APP 鬧鈴，用戶在設定的起床鬧鐘響起後，只需按提示點擊起床按鈕，即可得到一顆星，如果能在一小時內走進任一星巴克店裡，就能買到一杯打折咖啡。這款小小的 APP，對星巴

克來說，卻擔負著品牌推廣與產品行銷的雙重重任。清晨的一杯折扣咖啡，反映的是星巴克多年來積極建立使用者對話管道的縮影，意在提醒用戶從睜開眼睛那刻便起與這個品牌發生關聯，同時還很好的兼具了促銷的功能。清晨是人記憶力較強的時段，人在睡一晚醒來的清晨記憶力最強。星巴克利用記憶力最強的時段讓人記住其品牌，輕鬆實現了行銷。

好玩、有用、互動、分享將是企業 APP 商業模式未來的主要方向，如：360 度的產品展示、不同顏色和款式產品的介紹，帶遊戲感、互動性、功用價值的 APP 則增強用戶興趣，同時可以隨時隨地分享至社交媒體，發散性傳播給企業帶來更多客戶的同時也提升了企業的品牌形象。

（三）地理資訊系統與室內定位

1. GIS

GIS，全稱 Geographic Information System， 地理資訊系統，是用於採集、模擬、處理、檢索、分析和表達地理空間資料的電腦資訊系統。它做為集電腦科學、地理學、測繪遙感學、環境科學、城市科學、空間科學、資訊科學和管理科學為一體的新興邊緣學科而迅速地興起和發展起來。1963 年，加拿大測量學家 R.F.Tomlinson 首先提出了地理資訊這一術語，並建立了世界上

第一個 GIS——加拿大地理資訊系統 (CGIS)，用於自然資源的管理和規劃。GIS 的重要特點是將屬性資料與空間資料關聯，並可進行複雜的空間分析，可為各類行業應用提供服務。

在零售領域，GIS 的應用主要應用方向有以下幾個方面：

● 商業資料當中有不少是與空間位置有關係的，GIS 應用的最大好處在於能夠將商業資料與地理空間資料關聯起來，以形象地表徵和展示商業資料。

● 將複雜的商業問題圖形化視覺化，有利於共用交流和決策，降低溝通成本。

● 手工製圖非常麻煩，耗費時間和人力成本，在應對大量且變更頻繁的與空間位置有關的資料時已顯得力不從心。

● 基於建立的評估模型，可高效進行重複性的計算任務，減少主觀性和隨意性。

而從國內外的應用實踐來看，主要有以下應用領域。

（1）輔助選址決策

主要用於新店拓展的選址及門店網點的佈局優化。在過去的選址中，人們往往運用直覺經驗及現場測算等方式進行選址。這樣的成功性往往受個人經驗的影響比較大，資料依據比較少。而運用 GIS 進行空間分析，可以在基礎調研資料收集的基礎上，對大量資料按照某種或者多種模型進行綜合分析，進而為人們選址

提供更為科學客觀的決策依據，減少決策的主觀性，降低錯誤決策及錯誤決策帶來的損失。對於已經存在的門店，則可以透過周圍人口地理環境資料及競爭對手的綜合分析，分析門店間與商圈之間的相互關係和影響，對佈局點進行優化。比如對於加盟商與分銷商的申請，連鎖商可以透過 GIS 軟體分析評估該分銷商於此處建店的合理性，避免惡性競爭和重複建設，減少不必要的網點現場拜訪。

（2）調研分析消費者

經常會見到一些零售門店在日常經營過程中，組織人員對顧客進行問卷調查，對周邊的同類門店暗訪等。其目的在於隨時瞭解市場競爭環境和消費者喜好的變化進行分析並及時做出調整。透過基於 GIS 的消費者調研，可形象地描繪出當前的市場環境，分析出區域顧客的特點，透過綜合分析比對，進一步調整行銷策略和經營策略，維護客戶關係，提高銷售額和銷售利潤。

（3）供應鏈管理

現代大規模的零售企業離不開高效的物流配送。物流配送路線規劃設計與車輛調度的科學性、合理性極大的影響了企業的運營效率，影響到是否能夠及時回應顧客需求。利用 GIS 的相關軟體可以有效進行配送路線的規劃和管理，減輕工作人員司機的工作壓力，結合 GPS 進行全程跟蹤即時監控，降低運輸風險。除

此之外，還可以為顧客提供基於空間位置的資訊服務，隨時瞭解顧客的關注點，調整商品擺放，適時提供推薦購買服務。

2. iBeacon

2013 年 9 月蘋果公司發佈的手機作業系統——iOS 7 上配備了一項全新功能——iBeacon。簡單的說，它的工作原理是，具有低功耗藍牙（BLE）通信功能的設備透過 BLE 技術向附近發射自己獨有的 ID，接收到此 ID 信號的應用軟體會根據該 ID 信號內容執行某些指令，透過它可將手機等移動終端精確定位到英尺。在店鋪裡安裝 iBeacon 通信模組，即可讓持有 iPhone 和 iPad 進入店鋪顧客的移動終端上的應用軟體將顧客已經進入店鋪這一資訊發送至伺服器，或者伺服器將折扣券和進店積分透過顧客持有的移動終端發送給顧客。此外，如果家電關聯了 iBeacon，當其發生故障或停止工作時，還可利用 iBeacon 向家電使用者的移動終端上的應用軟體發送消息，通知故障情況。

除此之外，商家還將 iBeacon 做為行銷的重要管道，例如，當觀眾走進美國職業棒球大聯盟比賽球場內部時，應用程式會向他們指示對應的座位和提供特許零售攤位的位置資訊。iBeacon 不但可以依據用戶的偏好參數和歷史紀錄為使用者推薦個性化的產品和服務，還能取代近距離無線通訊技術（NFC），採用前期存儲的信用卡資訊實現支付功能。從技術實施的角度來看，

iBeacon 的應用並不昂貴，一個約 17.5 萬平方英尺的商場只需三個發射器即可覆蓋，而發射器的單價僅為 30 多美元。為了提高用戶體驗，多家零售企業表示將嘗試部署 iBeacon 系統。

購物應用軟體 Shopkick 與美國梅西百貨公司 (Macy' s) 達成合作意向，計畫在商場中部署 iBeacons，此次部署將同時在位於紐約市海諾德廣場和三藩市聯合廣場的兩家梅西百貨同時進行。期望實現的效果是：安裝了 Shopkick 應用軟體的顧客，只要走進這兩家商場，便能立即收到問候消息，同時可以獲得商家正在進行的優惠活動和商品促銷資訊。當消費者靠近某件他感興趣的商品時，便可同步在手機等移動終端上觀看到商品的詳細介紹和打折資訊。更為激動人心的是，顧客還能事先在家中挑選好心儀的商品，在他到達梅西百貨時 Shopkick 應用軟體就會自動向消費者指示該商品的具體位置。

除了商場，iBeacon 還步入了球館。日前，美國職棒大聯盟（MLB）也內部測試並啟用了 iBeacon 技術。借助 iBeacon 技術，MLB 對他們原有的 At the Ballpark（在球場裡）的應用進行升級，升級後將使安裝了該應用軟體的觀眾在到達指定的球館後，即刻收到該球館的詳盡資料，並能免費獲取該球館附近飯店的電子優惠券。

MLB 的開發工程師馬克說：「我們一直期待在應用軟體中增加球館內部定位功能，由於 GPS 無法在室內定位，特別是在

金屬結構的建築內部。如今採用 iOS7 的藍牙和 iBeacon 功能就能完美解決這個問題。」

2015 年 12 月，智石科技為中國 138 個高鐵站推出 iBeacon 服務，說明高鐵媒體與乘客互動，促進數位化行銷。透過 iBeacon 設備連接廣告屏，讓廣告更加精準。

3. Datzing

日前，前 Vertu 設計師 Nuovo 發明出了一款應用軟體名為 Datzing，它無需特殊硬體設備便能實現 iBeacon 的功能：向基站信號區域內的顧客推送相關資訊。

Datzing 的工作模式與 iBeacon 十分類似：商家設好基站後，當用戶進入一個 Datzing 基站的信號區域範圍時，他們的手機等移動設備終端將會收到推送消息，提示下載 Datzing 應用程式，並提供相應的服務。這些資訊可以是文字、圖片或連結，它們被稱為 Zing。商家便可利用該管道向顧客推送各種促銷資訊和優惠服務，還能實現便捷支付功能。

從運行原理上看，Datzing 有點類似於信標，但與 iBeacon 不同的是，其並不受蘋果 IOS 作業系統的限制，無須任何商家或者組織採購專用硬體設備來架構基站，而任何 WiFi 或者藍牙設備，甚至例如舊手機，只要具備藍牙模組，都能成為 Datzing 基站，實現資訊廣播功能，因此在部署 Datzing 環境方面，幾乎不

需要任何硬體方面的投資。

目前來說，技術方面，Datzing 最大的挑戰在於專利申請，而對於大眾及其關注的個人的資訊和隱私是否會被洩漏出去的質疑，Datzing 研發團隊稱，在接收推送的廣播中，服務端不會截獲任何個人資訊。而應用推廣方面，Datzing 的最大困難則在於如何讓用戶註冊他們的帳號，並讓他們瀏覽推送的廣播資訊。

Datzing 的目的是成為商業機構和行銷公司投放廣告和行銷資訊的工具。Datzing 計畫免費向商戶提供免費軟體和有限的硬體基站：應用程式本身免費發放，第一個 beacon 基站也能免費使用，但若想繼續添加 beacon，則需要收費，但價格暫時未定。目前，Datzing 正在進行內部測試，預計將於近期正式推出。現今，Datzing 只能為安卓終端提供服務，在不久的未來有望擴展到 iOS 平臺。

（四）雲計算服務

1. 什麼是雲計算

狹義雲計算是指 IT 基礎設施的交付和使用模式，指透過網路以按需、易擴展的方式獲得所需的資源；廣義雲計算是指服務的交付和使用模式，指透過網路以按需、易擴展的方式獲得所需的服務。這種服務可以是 IT 和軟體、互聯網相關的，也可以是

任意其他的服務，它具有超大規模、虛擬化、可靠安全等獨特功效。

「雲」是一些可以自我維護和管理的計算資源集合，通常為一些大型伺服器集群，包括計算伺服器、存儲伺服器、寬頻資源等等。雲計算將所有的計算資源集中起來，並由軟體實現自動管理，無需人為參與。這使得應用提供者無需為繁瑣的細節而煩惱，能夠更加專注於自己的業務，有利於創新和降低成本。

有人做了個比喻：這就好比是從古老的單臺發電機模式轉向了電廠集中供電的模式。它意味著計算能力也可以做為一種商品進行流通，就像煤氣、水電一樣，取用方便，費用低廉。最大的不同在於，它是透過互聯網進行傳輸的。

雲計算是平行計算 (Parallel Computing)、分散式運算 (Distributed Computing) 和網格計算 (Grid Computing) 的發展，或者說是這些電腦科學概念的商業實現。雲計算是虛擬化 (Virtualization)、效用計算 (Utility Computing)、IaaS(基礎設施即服務)、PaaS(平臺即服務)、SaaS(軟體即服務) 等概念混合演進並躍升的結果。

雲計算具有以下特點：

(1) 超大規模。「雲」具有相當的規模，Google 雲計算已經擁有 100 多萬臺伺服器，Amazon、IBM、微軟、阿里雲等的「雲」

均擁有幾十萬臺伺服器。企業私有雲一般擁有數十至成百上千臺伺服器，如圖 4-1 所示。「雲」能賦予用戶前所未有的計算能力。

圖 4-1 「雲」架構

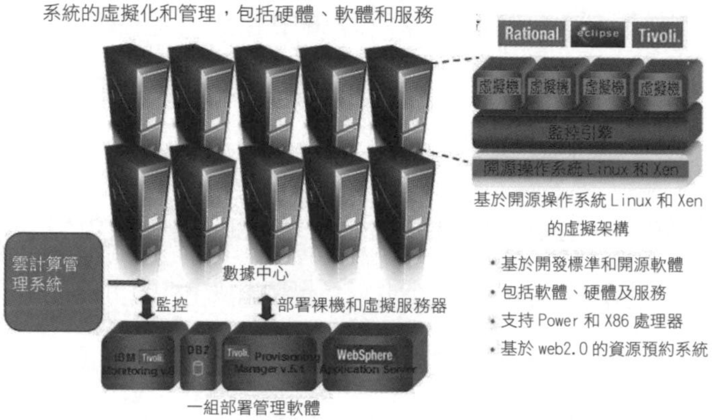

(2) 虛擬化。 雲計算支援使用者在任意位置、使用各種終端獲取應用服務。所請求的資源來自「雲」，而不是固定的有形的實體。應用在「雲」中某處運行，但實際上用戶無需瞭解、也不用擔心應用運行的具體位置。只需要一臺筆記本或者一支手機，就可以透過網路服務來實現我們需要的一切，甚至包括超級計算這樣的任務。

(3) 高可靠性。 「雲」使用了資料多副本容錯、計算節點同構可互換等措施來保障服務的高可靠性，使用雲計算比使用本地電腦可靠。

(4) 通用性。 雲計算不針對特定的應用，在「雲」的支撐下

可以構造出千變萬化的應用，同一個「雲」可以同時支撐不同的應用運行。

(5) 高可擴展性。「雲」的規模可以動態伸縮，滿足應用和使用者規模增長的需要。

(6) 按需服務。「雲」是一個龐大的資源池，你按需購買；雲可以像自來水、電、煤氣那樣計費。

(7) 高性價比。由於「雲」的特殊容錯措施可以採用極其廉價的節點來構成雲，「雲」的自動化集中式管理使大量企業無需負擔日益高昂的資料中心管理成本，「雲」的通用性使資源的利用率較之傳統系統大幅提升，因此用戶可以按需享受「雲」的低成本優勢，經常只要花費幾百美元、幾天時間就能完成以前需要數萬美元、數月時間才能完成的任務。

(8) 潛在的危險性：雲計算服務除了提供計算服務外，還必然提供了存儲服務。但是雲計算服務當前壟斷在私人機構（企業）手中，而他們僅僅能夠提供商業信用。對政府機構、商業機構（特別像銀行這樣持有敏感性資料的商業機構）選擇雲計算服務應保持足夠的警惕。一旦商業用戶大規模使用私人機構提供的雲計算服務，無論其技術優勢有多強，都不可避免地讓這些私人機構以「資料（資訊）」的重要性挾制整個社會。對資訊社會而言，「資訊」是至關重要的。另一方面，雲計算中的資料對於資料所有者以外的其他使用者雲計算用戶是保密的，但是對於提供

雲計算的商業機構而言確實毫無祕密可言。所有這些潛在的危險，是商業機構和政府機構選擇雲計算服務、特別是國外機構提供的雲計算服務時，不得不考慮的一個重要的前提。

2. 網路店鋪搭建

（1）系統總體框架

系統採用 B/S 架構設計，WEB 應用程式是一種分散式的應用程式，它是由伺服器端的 WEB 程式和用戶端的瀏覽器程式之間相互交換資料來實現其功能，所以這種結構被稱為 B/S（Browser/Server）結構，它與傳統的 C/S（Client/Server）結構有區別的是，B/S 結構中大多數功能是伺服器端根據用戶端瀏覽器發送的請求資訊，經過伺服器端對應的運算和處理後，向用戶端瀏覽器發送 WEB 頁面資料，頁面是由標準的 HTML 文本和 JavaScript 用戶端指令碼寫成。因此，所有 Web 應用軟體都必須實現控制用戶端瀏覽器正常顯示頁面的功能。另外，Web 應用程式一般都要連接後臺資料庫，所以其也必須具備與資料庫進行資料交互的功能模組。B/S 架構如圖 4-2 所示。

圖 4-2 B/S 架構圖

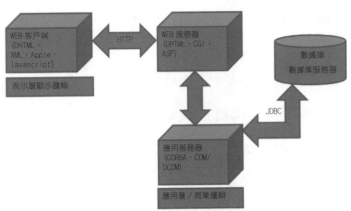

根據 WEB 應用程式和 ASP.NET 技術兩者的特點，系統採用基於 B/S 架構的三層 WEB 應用程式開發設計模型，其結構如圖 4-3 所示。

圖 4-3 基於 B/S 架構的三層 WEB 應用程式開發設計模型

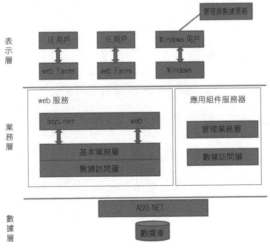

①展示層：用途是在用戶端瀏覽器顯示使用者介面，這一層要以合適的頁面形式顯示出由業務層動態傳送過來的資料資訊，

該功能的實現要透過使用對應的 HTML 標記和 CSS 模式。同時，展示層還需具備獲取使用者錄入資料的功能，實現對錄入資料的校驗，然後將錄入的資料傳遞至業務層。

②業務層：整個三層模型的中間層，也是三層中最為重要的一層。該層為展示層提供功能的調用，同時它又能調用資料層訪問資料庫的功能。該層要根據整個模型的構架，建立模型中幾個關鍵的物件，進而實現模型中大部分的控制功能。

③數據層：整個三層模型的底層，它的主要功能是實現與資料庫的資訊交互，即實現對資料庫中資料進行增、刪、改、查的功能。資料層為業務層提供服務，它將根據業務層的需求從資料庫中讀取資料或修改資料。

（2）功能要求

①系統可以對新使用者註冊、每次登錄資訊進行資料管理和資訊核對，包括查詢、修改和刪除使用者資訊等功能。

②系統可以對商品資訊進行管理，包括查詢、增加、修改和刪除商品等功能。

③系統可以對購物車進行管理，包括將商品加入購物車、把商品從購物車中取出、顯示購物車中已存商品和清空購物車中所有商品等功能。

④系統能夠對訂單進行管理，包括生成、查看、刪除、修改

訂單資訊和處理訂單。

（3）業務流程

①用戶註冊：使用者填寫相應的資訊，以便登錄。

②用戶登錄：使用者輸入正確的用戶名和對應的密碼，校驗通過後，登陸網上商店進行商品瀏覽和購買操作。

③瀏覽商品：用戶瀏覽網上商店的商品，挑選自己所需的商品。

④購買商品：使用者根據瀏覽的結果選定所需商品，加入購物車。

⑤購物車處理：用戶對購物車進行操作，包括查看、清空購物車和從購物車中有選擇地刪除商品等。

⑥結帳：根據購物車自動計算後顯示的全部商品總金額，使用者從網上商店提供的若干種支付方式中選擇自己方便的支付方式進行貨款支付，包括線上支付、公司轉帳、郵局匯款等。

⑦訂單生成：生成的訂單由購買的商品資訊、金額和訂單的處理狀態等資訊組成。

⑧訂單處理：系統根據訂單是否支付情況先檢查訂單的有效性，根據訂單的有效性對訂單進行組織發貨或取消訂單處理，自動修改商品資訊表中的庫存數量和即時更新訂單清單中的訂單配送狀態。

（5）系統性能

①系統方便性的需求

系統方便性的主要考核指標是用戶購物體驗的滿意度，目的是向使用者展現一個輕鬆、便捷、安全的網上交易平臺，讓更多的潛在用戶可以比較輕鬆地掌握網上商店購物的相關操作，同時使商家也能夠很方便的管理自己的商品，實現商品上架、修改、下架、交易等，使顧客能夠快捷、準確地搜索到自己所需商品並進行購買活動。

②系統可靠性的需求

系統可靠性主要是指系統運行的穩定性以及網上商店商品資訊的可靠性。所有商品的相關資訊必須及時、迅速地更新，確保給顧客提供一個安全穩定的購物環境以及最新最及時的商品資訊。

三 大數據

（一）大數據的內涵與發展

1. 大數據的內涵

　　大數據（Big Data）又稱為巨量資料或海量資料，指的是所涉及的資料量規模巨大，無法透過目前主流軟體工具，在合理時間內達到擷取、管理、處理、並整理成為幫助企業經營決策更積極目的的資訊。美國國家科學基金會（NSF）認為，大數據是指由科學儀器、傳感設備、互聯網交易、電子郵件、音視頻軟體、網路點擊流等多種資料來源生成的大規模、多元化、複雜性、長期性的分散式資料集。[68]

　　當今中國，從資料規模的角度來看，大數據時代已經來臨。據 ZDNet 分析報告，2013 年中國產生的資料總量超過 0.8ZB（相當於 8 億 TB），2 倍於 2012 年；到 2020 年中國產生的資料總量預計將超過 8.5ZB，10 倍於 2013 年。就單個企業而言，2013 年百度數據總量接近 1000PB，阿里巴巴近 100PB，騰訊在

68　鄭淑蓉 . 零售業大數據：形成、應用及啟示 [J]. 理論探索，2014（2）.

100PB 左右。天貓和淘寶體系中已經沉澱了上億會員的資料，類似周大福這樣的品牌也有百萬會員的資料資訊。[69] 據市場研究公司 IDC 的統計，全球在 2010 年正式進入 ZB 時代，2011 年全球產生的資料量為 1.82ZB，相當於全球每人產生 200GB 以上的資料，2015 年全球產生的資料量達到 8.61ZB。未來，全球數位資訊將呈現驚人增長，互聯網（社交、 搜索、電商等）、移動 APP（微博、微信等）、物聯網、安全監控、金融（銀行、股市、保險）都在瘋狂地產生著資料，2012-2020 年全球資料總量年增長率將維持在 50% 左右，預計到 2020 年全球資料使用量將達到大約 35.2ZB[70]。全球流量快速增長。40ZB 相當於整個世界人口（到 2017 年為 76 億）全年每天觀看 14.5 小時的高清視頻流所產生的的資料量。

　　資料量的大小是用電腦存儲容量的單位來計算的，基本的單位是位元組（Byte），每一級按照千分位遞進，具體如表 4-1 所示。

69　王東華．智慧零售時代的大數據分析 [J]．資訊與電腦，2014（3）．
70　黃升民，劉珊．"大數據"背景下行銷體系的解構與重構 [J]．現代傳播，2012（11）．

表 4-1 資料規模的衡量單位

量級	數量關係	注釋
B(Byte)	--	相當於一個 8 位二進位數字
KB（Kilobyte）	1KB=1024B	相當於一則短篇故事的內容
MB（Megabyte）	1MB=1024KB	相當於一則短篇小說的文字內容
GB（Gigabyte）	1GB=1024MB	相當於貝多芬第五樂章交響曲的樂譜內容
TB（Terabyte）	1TB=1024GB	相當於一家大型醫院中所有的 X 光圖片內容
PB（Petabyte）	1PB=1024TB	相當於 50% 的全美學術研究圖書館藏書資訊內容
EB（Exabyte）	1EB=1024PB	5EB 相當於至今全世界人類所講過的話語
ZB（Zettabyte）	1ZB=1024EB	使用現在最快的寬頻，下載 1ZB 的信息量需要至少 110 億年
YB（Yottabyte）	1YB=1024ZB	相當於互聯網的全部信息量總和

資料來源：趙剛 . 大數據 – 技術與應用實踐指南 [M]. 北京：電子工業出版社，2013.

2. 大數據的主要特徵

大數據具有如下四個方面的主要特徵，簡稱「4V」特徵[71]。

資料體量巨大 (Volume)。大數據首先是必須具有海量資料。但究竟多大才算海量？目前並沒有一個確定的數字，有人認為一般應該達到 10TB 數量級左右的規模。在數位化世界中，消費者

---

71 中國企業評價協會，中色金銀貿易中心 . 中國電子商務企業發展報告 2013[M]. 北京：中國發展出版社，2013.

每天的生活（通信、上網瀏覽、購物、分享、搜索）都在產生著數量龐大的資料。

資料類型繁多 (Variety)。資料可分為結構化資料、半結構化資料和非結構化資料。相對於以往便於存儲的以文本為主的結構化資料，非結構化資料越來越多，包括網路日誌、音訊、視頻、圖片、地理位置資訊等，非結構化資料量佔比達到 80% 左右，這些多類型的資料對資料的處理能力提出了更高要求。

價值密度低 (Value)。價值密度的高低與資料總量的大小成反比。大數據的體量很大，但是平均到單條資訊的價值卻很低，即價值密度很低。如何透過強大的機器演算法更迅速更準確地完成資料的價值「提純」，成為目前大數據亟待解決的難題。

流動速度快 (Velocity)。這是大數據區分於傳統資料採擷的最顯著特徵。資料的價值除了與資料規模相關，還與資料處理週期成正比關係。在海量資料面前，需要即時分析獲取需要的資訊。資料處理的速度越及時，其價值越大，發揮的效能越大。

3. 大數據的發展

在 20 世紀 90 年代後期，當氣象學家在做氣象地圖分析、生物學家在建立基因圖譜分析等過程中，由於資料量巨大，已經不能再用傳統的電腦技術來完成任務時，大數據的概念被人們所發現。早在 1980 年，著名未來學家阿爾文托夫勒就在其所著的《第

三次浪潮》寫到「如果說 IBM 的主機拉開了資訊化革命的大幕，那麼大數據則是第三次浪潮的華彩樂章」。2008 年，隨著互聯網和電子商務的快速發展，傳統的手段已經不能解決大型互聯網和電子商務公子的業務問題時，大數據的理念和技術被這些公司實際應用。2010 年全球進入 Web 2.0 時代，Facebook、博客、微博等社交網路、移動互聯網等快速發展，資料量進一步暴增。大數據技術和應用空前繁榮起來。[72]2011 年 5 月，以宣導雲計算而著稱的 EMC 公司在「雲計算相遇大數據」的年會上拋出大數據的概念；同年 6 月，IBM、麥肯錫等機構發佈大數據相關研究報告予以積極跟進。至此，「大數據時代」做為一個正式的概念逐步進入公眾的視野並引發一系列的社會影響。[73]

　　美國政府在推動大數據研發和應用上最迅速和積極。2012年美國聯邦政府率先推出大數據行動計畫，全面部署大數據關鍵技術研發。英國、日本、澳大利亞等國家也在積極推動大數據發展。英國將大數據列為戰略性技術，2013 年，英國撥款 1.89 億英鎊用於大數據研發，是撥款最多的領域。[74]

　　2012 年以來，中國國內互聯網公司和運營商率先啟動大數

72　趙剛．大數據 - 技術與應用實踐指南 [M]．北京：電子工業出版社，2013.
73　賈利軍，許鑫．談「大數據」的本質及其行銷意蘊 [J]．南京社會科學，2013（7）.
74　何寶宏，魏凱．2013 大數據產業回顧與發展 [J]．電信技術，2014.1.

據技術的研發和應用，如新浪、淘寶、百度等企業紛紛啟動了大數據試點應用專案。2015 年 8 月，國務院印發《促進大數據發展行動綱要》，首次明確提出建設資料強國；2015 年 10 月，黨的十八屆五中全會提出「實施國家大數據戰略」，將大數據上升為國家戰略。2016 年「十三五規劃」中明確提出實施大數據戰略，把大數據做為基礎性戰略資源，全面實施促進大數據發展行動，加快推動資料資源分享開放和開發應用，助力產業轉型升級和社會治理創新。發改委、工信部及農業部、運輸部等部委先後頒布相關後續政策，推動大數據產業發展。隨著大數據產業的進一步落地，預計未來將有更多部門出臺具體政策，推動大數據行業的發展。

正如美國歐巴馬總統委員會的科學技術（PAST）顧問、Teradata 公司首席技術官 Stephen Brobst 告訴《商業價值》記者的那樣，「過去 3 年裡產生的資料量比以往 4 萬年的資料量還要多，大數據時代的來臨已經毋庸置疑。我們即將面臨一場變革，新興大數據將成為企業發展的當務之急，而常規技術已經難以應對 PB 級的大規模資料量。這一變化所帶來的挑戰，是成功的企業在未來發展過程中必須要面對的。只有那些能夠運用這些新資料型態的企業，方能打造可持續的重要競爭優勢。」

（二）大數據推動零售革命

　　大數據時代，將改變企業生存發展的生態環境，轉變企業的價值創造和分配方式。根據麥肯錫的估計，如果零售商能夠充分發揮大數據的優勢，其營運利潤率就會有年均60%的增長空間，生產效率將會實現年均0.5-1%的增長幅度。[75] 大數據推動零售業革命主要體現在大數據推動行銷創新、大數據推動管理創新、大數據推動業務創新等方面。

1. 大數據推動行銷創新

　　行銷的核心理念是激發需求、掌握需求和滿足需求。在市場經濟中，由於參與交易的主體是多樣的，因此每個客戶的需求也是多樣的。只有為不同的客戶提供符合其個性的產品和服務，才能夠創造更大價值。行銷大師菲力浦·科特勒指出：「如果一個品牌不能在人文精神層面跟它的消費者引起強烈的精神共鳴，不管這個品牌大小如何，在未來5年，它將退出歷史舞臺。」傳統的行銷是透過抽樣與普查等方法得到的資料，瞭解客戶的需求，然後激發和滿足需求。大數據時代，這些資料包含大量由互聯網路技術帶來的接近實查行為紀錄，受眾所使用的這些終端就相當

75　盛沿橋. 大數據槓桿撬動零售價值 [J]. 資訊與電腦，2012（11）.

於一個記錄儀器，將消費者所有真實行為和資訊都一一記錄下來。企業可以更加精確地瞭解到客戶的心理特點和消費習慣，預測客戶需求，甚至可以做到比客戶更知道他們需求什麼，將會在提供標準服務的基礎上增加新的個性化的附加值，從而更有效率地激發和滿足顧客需求，而這將是未來企業利潤最重要的來源。

[76] 據有關統計，電子商務企業亞馬遜近 1/3 的收入來自基於大數據相似度分析的推薦系統的貢獻。eBay 定義了超過 500 種類型的資料，對顧客的行為進行跟蹤分析。其中就廣告投放優化項目而言，自 2007 年以來，eBay 產品銷售的廣告費降低了 99%，頂級賣家佔總銷售額的百分比卻上升至 32%。因此，在大數據時代，企業接受、分析和利用好大數據，可以創造更大的業務價值。此外，大數據給行銷體系帶來的影響，不僅僅是資料量幾何級的增長，還有從量變到質變的顛覆性變革，大數據從媒體、消費者、廣告與行銷戰略策劃、效果評估等層面影響了傳統行銷體系，使建構全新的全媒體行銷成為可能。[77]

---

[76]　于曉龍，王金照. 大數據的經濟學涵義及價值創造機制 [J]. 中國國情國力，2014（2）.

[77]　黃升民，劉珊.「大數據」背景下行銷體系的解構與重構 [J]. 現代傳播，2012（11）.

2. 大數據推動管理創新

　　大數據時代，改變了長期以來依靠經驗和理論的管理決策方式，直覺判斷讓位於精準的實際資料分析。從產品設計、行銷策劃、人員配置到公司戰略調整等等，都將以資料做為決策依據，將公司管理進一步引向科學化。大數據背景下，公司決策參與者的角色發生了很大變化。傳統的決策中，由於資料稀缺，重要的決策往往依賴企業高層的經驗和判斷。大數據時代，企業一般管理者和員工，可以更方便地獲得市場實際資訊，決策能力大大增強。因此企業重要決策，則需要領導者與一線員工並肩作戰，提高決策的科學水準。大數據背景下，由於企業管理決策環境發生很大改變，導致管理決策資料獲取方式、決策參與者、決策組織和決策技術都發生了改變，因此，需要企業不斷創新管理決策方式。**78**

3. 大數據推動業態創新

　　牛津大學互聯網研究所維克托邁爾 - 舍恩伯格教授指出，「大數據」所代表的是當今社會所獨有的一種新型的能力——以一種前所未有的方式，透過對海量資料進行分析，獲得有巨大價值的

78　何軍 . 大數據對企業管理決策影響分析 [J]. 科技進步與對策，2014（2）.

產品和服務，或深刻的洞見。資料的價值鏈由資料本身、技能和思維三部分組成。以這三部分為基礎，將形成一個新的行業。大數據的使用，將會對一些行業的整個產業鏈帶來破壞，推動產生新的產品、服務和商業模式。[79] 比如，人們所接受的服務，將以數位化和個性化的方式呈現，借助 3D 列印技術和生物基因工程，零售業和醫療業亦將實現數位化和個性化的服務；將會出現資料運營商和資料市場，以資料和資料產品為物件，透過加工和交易資料獲取商業價值，資料和資料產品將會像淘寶集市上的商品一樣被售賣和交換。[80]

（三）大數據面臨的挑戰

1. 技術應用方面的挑戰

大容量和多種類的大數據處理將帶來企業資訊基礎設施的巨大變革，也會帶來企業資訊技術管理、服務、投資和資訊安全治理等方面的新挑戰。傳統的關係型數據庫（RDBMS）和結構化查詢語言（SQL）面對大數據已經力不從心，需要更高性價比的資料計算與儲存技術和工具不斷湧現。一方面，大數據時代的

---

79 于曉龍，王金照. 大數據的經濟學涵義及價值創造機制 [J]. 中國國情國力，2014（2）.

80 周濤. 大數據：商業革命與科學革命 [J]. 半月談網，2013-07-24.

資料量遠遠超過單機所能容納的資料量，需要系統具有擴展性的分散式存儲方式。另一方面，傳統資料庫比較適合結構化資料的存儲，而以半結構化和非結構化為主的大數據，需要從新理念出發，將使用者從複雜的資料管理中解脫出來，設計一種更新的資料存儲管理方式。[81]

2. 保護隱私方面的挑戰

很多時候消費者有意識把自己的行為隱藏起來，以達到保護自己隱私的目的。政府或者企業又渴望得到一些有價值的資料，從而更好的瞭解國民經濟的運行情況以及客戶的消費行為，進而推出更具針對性的產品或服務。任何企業或機構從各個管道提取私人資料，將使用者的隱私資料用於商業行為時，都需要得到使用者的認可和同意。然而，目前中國乃至全世界對於用戶隱私應當如何保護、商務邏輯應當如何制訂、法律規範應當如何制訂等一系列管理問題，都大大滯後於大數據的發展速度。[82] 因此，未來世界各國需要對大數據的應用安全問題、保護消費者隱私問題等進行規範管理。

---

81 鄭淑蓉. 零售業大數據：形成、應用及啟示 [J]. 理論探索，2014（2）.
82 中國企業評價協會，中色金銀貿易中心. 中國電子商務企業發展報告 2013[M]. 北京：中國發展出版社，2013.

3. 統計分析方面的挑戰

傳統意義上的資料分析主要針對結構化資料展開，並且已經形成了一套行之有效的分析體系。而大數據時代的到來，半結構化和非結構化的資料量迅猛增長，給傳統的統計分析技術帶來了巨大的衝擊和挑戰。[83] 另外，大數據可以從資料分析的層面上揭示各個變數之間可能的關聯，但是資料層面上的關聯如何具象到行業實踐中，如何制訂可執行方案應用大數據的結論等等問題，要求執行者不但能夠解讀大數據，同時還需深諳行業發展各個要素之間的關聯。[84] 從多個行業資料關聯分析中，更加準確和全面地分析資料背後的規律和價值。

83　孟小峰，慈祥 . 大數據管理：概念、技術與挑戰 [J]. 電腦研究與發展，2013（50）.

84　周錦昌 . 限制大數據 [J]. 21 世紀商業評論，2013（15）.

第 五 章

零售革命中的
O2O 模式

第五章

零售革命中的 O2O 模式

一

網路零售的興起及其發展侷限

　　馬克思說過，各種經濟時代的區別，不在於生產什麼，而在於怎麼生產，用什麼勞動資料生產。手推磨生產的是封建主為首的社會，蒸汽磨生產的是工業資本家為首的社會。互聯網將生產資訊經營者為首的社會，電子商務的蓬勃發展為網路零售的興起奠定了基礎。

（一）網路零售的蓬勃發展

　　1999 年 11 月當當網創辦，2003 年 5 月淘寶網成立，從當當網等一批中國電子商務企業誕生至今，網路零售與電子商務幾乎同步發展，電子商務領域保持年均 30% 的速度增長，而網路零

售平均年增速約 60%，詳見表 5-1 所示。

表 5-1 2008-2018 中國電子商務及網路零售的相關資料 [1]

年份	電子商務交易額（萬億）	增幅 %	網路零售總額（萬億）	增幅 %	佔社會消費品零售額比 %	線民規模（億人）
2008	3.1	-	0.126	-	1.09	2.98
2009	3.8	21.7	0.259	105.8	1.94	3.84
2010	4.5	22	0.513	97.3	3	4.57
2011	6	33	0.8	56	4.36	5.13
2012	7.85	30.83	1.32	64.7	6.3	5.64
2013	10.2	29.9	1.88	40	8.04	6.18
2014	13.4	31.4	2.82	49.7	10.6	6.49
2015	18.3	36.5	3.8	35.7	12.7	6.88
2016	22.97	25.5	5.3	39.1	15.9	7.31
2017	29.16	26.95	7.18	35.4	19.6	7.72

2017 年中國電子商務交易規模 29.16 萬億，比上年增長
26.95%，自 2008 年以來的 10 年複合增長率超過 25%。交易標的
範圍已經從最初的標準產品、長尾產品、耐用品、廉價產品向個
性訂製產品、大眾化產品、快速消費品、奢侈品、汽車、房地產、
服務（尤其是金融服務）等領域擴展。網路購物已經從分散化購
買階段進入規模化購買階段，無論從絕對規模還是相對規模，網
路零售都完成了規模化積累。網路零售額佔社會消費品零售總額
的比例從 2006 年的 0.4% 快速上升到 2017 年的 19.6%，未來還
將進一步擴大增長，因為網路零售的經營方式是技術驅動，以機

器設備來替代人工，而機器設備的工作優勢對人工而言是顯著的，可以完成人類不能完成的工作，使得工作效率大幅提高。

（二）網路零售在發展中的侷限

雖然網路零售發展勢頭迅猛，但網路零售商也不是萬能，也有自身不可克服的缺點。

1. 適用範圍有限

並非所有商品都適合網路零售，商品的品質特性會影響消費者購物管道的選擇；雖然從理論上講任何商品都可以進行網上交易，但在實際操作中，仍有許多產品不適合網路銷售，這涉及到產品的屬性與特點。目前線上銷售最成熟的實物商品包括電腦硬體、影像製品、家用電器以及書刊等。這些商品的物理性質決定其在配送過程中不易破損，長期以來，人們已習慣於這類商品的郵寄購買與配送過程。適合網路零售的商品一般具有低價值、低風險、高品牌知名度、標準化程度高以及易配送等特徵。從美國、英國、法國、韓國、中國等國家的網路零售市場結構來看，標準化程度較高的 3C 類、服飾飾品類和圖書影像類產品的比重較大。

2. 物流與配送

在網路零售中，交易成功與否的標準就是商品是否及時完

好送到顧客手中，這在很大程度上取決於物流配送。雖然現在傳統商務模式中的物流、資訊流、資金流可透過電子商務實現「三流合一」，但是受區域經濟差異大、物流配送能力低，以及 B2C 客戶群分散、客戶每次購買量小等因素的影響，物流配送一直存在成本高、環節多、不及時、服務差等問題，使得網路零售快速、便捷的優勢得不到發揮。

3. 誠信

在傳統的銷售市場上，交易行為通常是透過面對面地進行錢物交換活動得以實現，容易解決誠信問題。但由於網路零售是遠端銷售和運輸，買方和賣方不見面，顧客對商品的價格、品質、售後服務和商家的信用沒有直接的瞭解，而且一旦出現商品品質問題或對購買後的商品不滿意，退貨和換貨都有一定難度。顧客對售後服務問題能否得到圓滿解決還心存疑慮。

4. 缺少購物感覺和人性化的溝通

在傳統銷售狀態下，顧客透過看、聽、聞、摸等多種感覺對商品進行判斷和選擇。網路零售只提供了看和聽，對消費者的綜合刺激大大減弱。對部分客群而言，身臨其境的購物是一種社會實踐，是一種接觸社會的機會，是一種享受。網上購物相對傳統

購物失去了悠閒逛店的樂趣。傳統店面零售所營造的友好和諧的購物環境，是網路購物所沒有的。

5. 心理滿足程度低

在中國，上街購物仍然是許多居民主要的休閒方式之一。在傳統購物過程中，由於群聚關係的影響，人們喜歡在服飾、化妝等方面展示自我的個性和生活狀況。而在網購方式下，沒人知道你的長相、穿著打扮、富裕程度，所以這種購物心理上的滿足感是無法達到的。

6. 網路環境的問題

上網做為一種消費行為，用戶必須支付一定的費用。對眾多上網用戶來說，由於目前的環境與技術的不完善，上網仍是一件耗時的事。一方面寬頻不足導致網速較慢，另一方面，網上提供的精彩內容與便捷服務常使線民的購買注意力下降，線民容易沉溺於網路之中。消費者選定商品後，除了其實際價格以外，還要付商品郵寄、傳遞的費用，這中間還不包括購物的精神成本。儘管互聯網給人們帶來了休閒、輕鬆的體驗，人們仍需要承受一定的精神壓力和代價，例如，人們必須耗費精力去判斷網上資訊的真實性、判斷網路交易是否安全等。

二　O2O 模式的創建及其運營體系

　　實體店的零售模式與網路零售模式各有利弊。隨著互聯網技術、資訊技術和智慧手機的廣泛應用，一種把線下實體門店與線上網路零售商店結合起來的新型零售模式——O2O 模式應運而生。2012 年蘇寧雲商集團開展了「店商＋電商＋零售服務商」的一體兩翼的商業運營模式，即 Offline（線下店商）To Online（線上電商）。蘇寧這一創舉開啟了中國零售業 O2O 運營的大幕。

（一）O2O 商業模式的內涵

　　2006 年，沃爾瑪推出「網上訂購＋門店取貨」服務模式，該模式集中體現在先後推出的 site to store（定位商店）和 pick up today（今天取貨）兩項服務上。site to store 服務允許顧客網上下單後，到最近的沃爾瑪門店自提商品。該項服務引起了很大反響，當時超過 50% 的顧客透過 site to store 服務開始了他們的第一次沃爾瑪的網購 (因為美國運費太貴)，僅 4 個月，該服務模式所產生的銷售額就佔了沃爾瑪線上銷售的 1/3。2011 年沃爾瑪

將 site to store 服務升級為 pick up today 服務，加速了物流效率，把門店的產品管理系統與電商打通，允許顧客在網上訂購商品的當天到門店提取購買的貨品，大大提高了消費者獲得商品的及時性。這種線上與線下融合的模式為沃爾瑪網上商城帶來了巨大的客流和銷量，其線上購物業態銷售額排名也從全美第 13 名上升到第 4 名。

該模式就是 O2O 的原型。O2O 即 Online To Offline，泛指透過有線或無線互聯網提供商家的銷售信息，聚集有效的購買群體，並線上支付相應的費用，再憑各種形式的憑據，去線下的實體商店或服務供應商那裡完成消費，讓互聯網成為線下交易的前臺。 O2O 模式充分實現移動互聯網的便利，融合線上和線下資源，最大化地實現資訊和實物之間、線上和線下之間、網購店與實體店之間的無縫銜接，從而創建一個全新的商業模式。 O2O 模式在 Online 環節與傳統電子商務相似，即消費者透過互聯網，瀏覽商品和服務資訊，甄選購買，並完成線上支付，但是獲取商品和服務環節，則需要消費者到線下實體經濟中去消費或者享受服務，需要一個親臨的 Offline 的過程。

O2O 的內涵，是指零售商借助互聯網資訊技術，為消費者在選擇商品、支付、配送、退換及售後維修與保養的全方位零售服務中提供實體門店和網路的交互服務，被廣泛稱為 Online To Offline，或 Offline To Online，即 O2O 模式。O2O 模式更加強調

對消費者服務的周到，本質上是一種服務模式，提升零售商的服務附加值，讓零售商在競爭中更具優勢。

根據零售商業模式理論，O2O 並沒有改變零售商業模式的核心要素，即零售企業的經營模式和盈利模式[86]。O2O 是一種服務的創新，這種創新具有可模仿性，但模仿成本大，且企業在運營 O2O 模式是一種伴隨個性化創新。

（二）O2O 商業模式的運行

運營 O2O 模式需建立多個獨立子系統，且不同子系統之間需要透過資訊技術打通彼此業務關係，這樣才能保障 O2O 的無縫連結。比如：線上運營系統、線下實體店運營系統、線上和線下的支付系統、線上和線下的服務系統、物流與配送系統等。這些子系統構成零售的產業鏈，是一種透過互聯網技術和資訊持術進行的跨界連結。

1. 線上與線下自由切換

從 Online 到 Offline，互聯網資訊技術是打通 O2O 的關鍵。線下實體零售商可借力線上電商的大數據分析能力、流量、供應商資源、移動支付，線上電商可借力線下實體零售商的會員資

---

86 張豔 中國零售商業模式研究 [J]. 北京工商大學學報，2013（4）：31-35

源、物流、區域供應商資源，雙方能夠互惠互利。

運營 O2O 模式的零售企業採取以下方式做為線上流量入口（見圖 5-1）。以電腦和手機為主的電子設備是連通互聯網的必備工具。和電腦相比，用手機連結線上和線下更為便利，特別是 4G 牌照的正式發放大大刺激 O2O 的發展。

圖 5-1 O2O 商業模式運行圖示

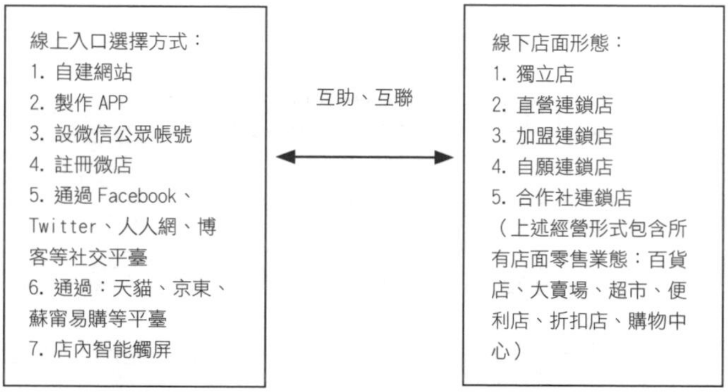

線上入口選擇方式：
1. 自建網站
2. 製作 APP
3. 設微信公眾帳號
4. 註冊微店
5. 通過 Facebook、Twitter、人人網、博客等社交平臺
6. 通過：天貓、京東、蘇甯易購等平臺
7. 店內智能觸屏

互助、互聯 ←→

線下店面形態：
1. 獨立店
2. 直營連鎖店
3. 加盟連鎖店
4. 自願連鎖店
5. 合作社連鎖店
（上述經營形式包含所有店面零售業態：百貨店、大賣場、超市、便利店、折扣店、購物中心）

以傳統百貨店 O2O 運行為例，銀泰旗下的 35 家門店和阿里合作推出「銀泰＋天貓」的 O2O 模式。天虹百貨和北京王府井百貨分別透過微店和 APP 等途徑上線。天虹微店實現訂閱式一人一店、全管道購物、多維度互動行銷、全員線上客服等多種功能集一體的移動平臺，帶給顧客線上零售便捷，並透過店員聊天功能，保證了線下服務的品質和體驗感。北京王府井百貨在門店部署無線 WiFi 系統，同時發佈了王府井客服系統 APP，實現門店品牌搜索、查詢定位、店內導視、電子會員卡、會員積分查詢、功能商戶對接等功能。

2. 線上線下業務融合

供應商供貨可以線上線下互動，透過SCM供應鏈系統（Supply chain management）+OA自動辦公系統+ERP系統+WMS倉庫管理系統(Warehouse Management System)四個系統集成後，實現線上線下的互動。例如[87]：供應商在SCM（線上）提交新品入場申請→推送到OA（線下）內部審批→回送到SCM（線上）供應商查詢結果資訊→推送到內部ERP(線下)採購錄入新商品與下訂單→推送到SCM（線上）供應商確定訂單並預約送貨→推送到內部ERP系統和WMS倉庫管理系統(線下)倉庫或閘店收貨。透過線上線下的多次互動完成新品供應。

透過線上線下融合共用商品品類。不論是線下門店還是線上產生的資料和商品訂單等經營資訊，由系統集成到ERP系統中，實現各管道間的資訊共用和線上線下倉庫的統一，網路銷售可以就近倉庫發貨或取貨，解決了物流配送效率的問題。這是O2O的一個明顯例證。

實現線上線下會員的融合。透過CRM客戶關係管理系統對線上線下客戶資源進行管理，整合線下線上客戶資料資訊，提高對線上線下會員的服務水準，包括門店服務、配送服務及退換貨處理等。統一線上線下會員積分的積累，會員積分可以同時線上

---

87 毛祖鐵.從廣百購物到O2O變局.[J].實踐，2014

上或線下消費，形成線上移動服務臺。

3. 支付系統多樣化

O2O 的支付技術不僅領先，而且支付手段多樣。以京東為例：京東支付涵蓋了卡支付、白條支付、小金庫支付等多種支付方式，還支援二維碼支付以及 NFC 支付。尼爾森調查顯示，目前消費者使用手機購物概率達 81%，隨時隨地下單是移動端購物的最大優勢。

國內線上第三方支付前三強為支付寶、財付通和銀聯的 Chinapay。目前，受市場追捧的移動支付是微信的二維碼支付和支付寶支付，還有線下實體門店的「刷臉」支付。

應用於 O2O 的微支付或支付錢包和刷卡相似，相當於每個消費者攜帶一部 POS 機，一旦客戶熟悉了這種購物方式，便會喜歡它帶來的便利，百貨店的收款員也可以減少。比較「當面付」和「微信支付」發現，支付寶錢包推出的「當面付」需要去收銀臺排隊付款，微信支付不需要排隊只需要掃碼即可完成支付。微信支付能減小門店收銀壓力，讓消費者體驗更好，付款效率更高，因此，微信支付比當面付更加具有市場前景，用戶黏度更高。從手續費的收費進行比較，微信支付對實體商戶的手續費率為 0.6%，保證金為 2 萬元；支付寶的手續費率在 PC 端為 0.7% 到 1.2%，在移動端為 2%~2.5%，無保證金。微信支付的費率要

低些，會更受市場青睞。

有些企業並不借助於第三方支付平臺，而是創辦自己的支付系統，例如蘇寧、京東等大型零售企業。蘇寧易購的支付工具易付寶除了線上的支付功能之外，還將會被用作線下支付。使用者進入蘇寧線下店之後，透過電子手段自由選擇商品，購物車資訊會直接到前臺結算，此時用戶可以選擇現金支付，也可以選擇易付寶支付。支付成功之後，蘇寧的自動化設備會完成自動揀選和包裝 [88]。

支付做為購物過程的最後一公里，決定著購物是否成功。傳統的付款方式需要消費者排隊，很多商機就在等待中流失，因排隊等候問題年均產生約 20% 的失單率。移動支付的方式降低了失單率，提高了用戶黏度高，滿足了快速結帳的購物需求。

4. 服務系統

前文已闡述 O2O 的本質是一種服務模式，就是為了讓消費者更舒服、更便利地體驗購物。專業的客服系統必不可缺，針對顧客的回饋、體驗評價，每週改進，周而復始地改進。會做線上和線下的會員管理。服務系統除了傳統的服務範圍外，O2O 模式還強化了電話服務、網路服務、網路行銷。O2O 模式下的服

88　張豔 田志英 . 中國零售商業模式的演進機理實證研究 .[J.] 商業時代，2014（17）25-26

務更具有針對性，能夠做到精準行銷甚至「私人訂製」的服務。具體體現在以下幾方面：

（1）「私人訂製」服務

當一個顧客線上下店或者微購物平臺與一個導購建立起聯繫，並在未來保持這種聯繫，導購將成為該顧客的私人導購，為其進行定期的商品推薦。顧客方面，一則可以透過微購物平臺主動徵求導購的意見，再則還可以提出自己的商品購買意向，提前透過微購物預約到店體驗，導購則提前準備好商品和試衣間等設施，減少用戶到店再挑選擇的時間成本。

（2）無限貨架 (endless aisle) 服務

當使用者無法在特定的實體店找到想要的產品時，或當門店的品類不能滿足用戶需求時，該門店的導購員就會主動拿著平板電腦推薦用戶上公司的網店購買，網上購物額將劃歸到該實體店的財報中。導購員和門店會拿到相應的佣金，不會再將網店視為競爭對手。

（3）手機 APP 精準行銷

當「店內模式」啟動時，使用者可以透過 APP 看到本店最新的優惠商品手冊，也可以用這個程式掃描條碼進行比價，透過手機 APP 讓使用者在實體店和網站之間進行選擇，創造出一種「混合管道」的體驗。

利用手機 WiFi 定位功能的應用對客戶基礎資料的掌握，充分獲取客戶在店內的資料（包括：年齡、性別、收入情況、店內停留時間 (WiFi+ibeacons 連續時間)、品牌的傾向、消費習慣等），可以對客戶進行更加精準的分類，並透過 APP 的推廣，向每個客戶提供更有針對性的個性化行銷（如對於常在店內吃飯的客戶提供餐廳優惠券資訊的推送）。

（4）線下、線上會員融合

O2O 模式讓線上線下會員基礎資料資訊互通，將線下服務（資訊查詢和修改、申請業務等）延伸至線上，實現了會員線上上線下的互動。

(5) 物流與配送

物流環節要保障產品品質，對線上的訂單進行科學生產。由於很多零售企業自有物流基礎較弱，因此，協力廠商物流配送方式被廣泛採納，來滿足客戶的多樣化需求，比如：客戶網購後無人在家收貨；收貨時間無法自由安排；要求自提商品；客戶購物後還不需要立刻攜帶商品回家，需要門店或網店配送到家等。

（三）O2O 模式的競爭優勢

1. O2O 模式提供了以顧客為中心的消費體驗

O2O 模式結合線上和線下消費優勢於一體，滿足了不同消費者的需求。有效地融合了經濟性與便利性、虛擬性與實用性，可為顧客提供更加高效、經濟、便捷的服務。一旦顧客發現網購的商品有品質問題，可透過實體店辦理換貨或退貨，消除顧客「隔山買牛」的疑慮，消除售後服務之憂。顧客從線上到線下，或從線下到線上的互動，個性化與便利性需求均得到滿足，增強了客戶與零售店的黏性。

2. 突出資訊的完整性

透過社會化行銷廣泛傳播品牌資訊，使會員與非會員透過各種媒體隨時查看店鋪新品、折扣、搭配推薦、銷量排行等，及時瞭解商品資訊；會員間資訊分享，組團砍價等。店內斷貨、過季商品透過網路預訂或拍二維碼訂貨；顧客獲取所在位置資訊以便選擇最近的實體店鋪體驗消費。

3. 大數據分析

結合不同客戶的年齡、性別、職業、收入等，不同的購買方式、購買頻率、所在位置、平均單價、關注興趣等等，多維度對顧客的購買行為進行分析，從而對生產環節、訂價環節、訂貨環節、配送環節、促銷環節等提供精準的資料支援，形成精準的行銷體系。每筆交易可跟蹤，推廣效果可追查。一方面，透過線上平臺為商家導入更多客流，並提高使用者購買資料的收集力度，

說明商家實現精準行銷；另一方面，充分挖掘線下商家資源，使使用者享受更加便捷的產品和服務。

4. 成本可控

可以大幅降低運營、物流成本和 POS 刷卡排隊的時間，提升店內關聯銷售。

5. 解決線上支付的信用問題

顧客可選擇在任意相關實體店面對面購物和支付費用，很大程度上消除了顧客對線上支付系統安全問題的顧慮，也符合人們一手交錢、一手交貨的消費習慣。

6. 可解決物流問題

顧客網購後選擇就近的門店取貨，或由門店人員送貨上門，既體現網路購物方便和快捷的特點，又很好地解決電子商務的物流問題。由實體門店完成「最後一公里物流」的模式，縮短了物流配送時間，實現快捷和低成本的雙重目標。

根據市場研究機構 IDCRetail Insights 最近的研究結果，全管道消費者是標準的黃金消費者。相對於單管道消費者，多管道消費者平均要多消費 15%-30%。而相較於多管道消費者，全管道消費者平均要多消費 20%。更為重要的是，全管道消費者的顧客忠誠度要遠遠高於前兩者，還會透過社交媒體和線上活動影響更多的顧客。

蘇寧雲商從線下到線上的一體兩翼 O2O 模式

蘇寧雲商成立於 1990 年，經過 28 年的發展，先後經歷蘇寧空調、蘇寧電器和蘇寧雲商三個階段[89]，自 2009-2012 年連續位居中國連鎖百強之首。2012 年在中國率先提出「店商＋電商＋零售服務商」兩翼一體的蘇寧雲商模式，亦即 O2O 融合創新的全管道模式。

（一）蘇寧 O2O 融合運營的舉措

1. 全管道建設

(1) 線下實體店網路建設

蘇寧的線下實體店網路建設是不斷創新的過程，門店管理逐漸精細化。線下擁有自營店面 3，867 家，覆蓋中國大陸 297 個

張豔，田志英.中國零售商業模式的演進機理實證研究 [J] 商業時代，2014（17）25-26

第五章 零售革命中的 O2O 模式

244

城市，以及香港、澳門及日本。目前店面形態涵蓋家電3C、母嬰、超市、社區便利店以及鄉鎮市場蘇寧易購直營店，形成了不同場景下的店面經營業態。為 O2O 無縫融合打下堅實基礎。

從 WiFi 部署、下載獎勵、移動支付與掃碼推廣等各環節加大移動端在門店的應用，在訂單、支付、服務等基本購物環節實現線上線下完全融合；優化激勵考核，提升員工的線上線下協同意識，調動工作積極性，培訓員工運用互聯網社交工具，提高員工互聯網經營技能。

(2) 線上全面提升互聯網業務的用戶體驗與轉化率

蘇寧與阿里巴巴彼此擁有股份的緊密合作，打通雙方的線上線下通道，彼此優勢互補，為全球消費者提供更加完善的商業服務。蘇寧易購天貓旗艦店日銷穩步提升。2017 線上平臺實體商品交易總規模為 1,266.96 億元，同比增長 57.37%。

2. 全品類、專業化的商品經營戰略

商品經營和管理能力是零售商形成核心競爭力的重要因素。全品類、專業化的商品經營戰略是 O2O 落地的必要條件。目前蘇寧已經形成了蘇寧電器、蘇寧母嬰、蘇寧超市三個專業商品經營單元。商品 SKU 數量快速增長。截至 2016 年底蘇寧自營與平臺商品 SKU 數量達 4400 萬（同一商品來自不同供應商、同一商品

被公司自營和開放平臺協力廠商商戶銷售均計入同一個 SKU）。

3. 不斷提升資訊技術應用

資訊技術是使得 O2O 無縫融合的紐帶；蘇寧 IT 建設也是圍繞「搭建線上平臺、打通線上線下的資源和流程」這個核心工作，聚焦系統架構優化、基礎資料運維、服務產品應用等方面，為內部管理提供支撐，有效推動全方位業務的創新發展。

資訊技術的開發和應用沒有最好只有更好，就像一場沒有終點的競技。跟阿里的密切合作，能使蘇寧在該領域獲得更大的支持。阿里旗下天貓 8 年「雙 11」銷售額從 2009 年的 0.52 億到 2017 年的 1682 億，增長了 3234 倍；每秒訂單創建筆數從 2009 年的 0.04 萬筆到 2017 年的 32.5 萬筆，增長 812 倍；每秒支付筆數增長從 2009 年的 0.02 萬筆到 2017 年 25.6 萬筆，增長了 1280 倍。這背後都是資訊技術的支撐結果。

4. 不斷優化供應鏈

自動補貨推進到全品類；開放 SCS（Supply Chain System）與供應商對庫存進行共同管理。透過 C2B 打造反向訂製能力，促進上游研發新產品。推出眾籌、預售、大聚惠、特賣等一系列互聯網運營產品，在產品研發、新品上市、尾貨銷售為供應商打造全流程解決方案。

供應鏈的優化同樣沒有止境。世界級零售企業從沃爾瑪、家樂福到新進世界前 30 名的 Inditex，皆因其優秀、高效的供應鏈體系。

5. 持續物流建設與投入

物流和配送的覆蓋力是 O2O 得以順利運營的基本保障。蘇寧持續物流投入和建設，2017 年 1 月，蘇寧斥資 42.5 億收購天天快遞 100% 股份，快速整合倉儲、幹線、末端快遞網路資源。2017 年 12 月末蘇寧物流及天天快遞擁有倉儲及相關配套合計面積 686 萬平方米，擁有快遞網點達到 20，871 個，物流網路覆蓋全國 352 個地級城市、2，908 個區縣城市。同時，蘇寧物流圍繞品牌商、蘇寧易購平臺商戶、菜鳥網路用戶端提供倉配一體服務，社會化業務穩步提升。2017 年蘇寧物流社會化營業收入（不含天天快遞）同比增長 136.24%。

目前，各大零售商的物流建設都加入「智慧、智慧」的元素，科技物流和智慧物流使供應鏈更加高效。

（二）蘇寧 O2O 運營成效

蘇寧轉型 O2O 模式始於 2012 年，但其 2012 年銷售額同比增長僅 4.76%，扣除當年 CPI 的影響因素，增長甚微。這樣的成

長過程持續三年，直到 2015 年增幅達 24.4%。值得注意的是，蘇寧 2013 年以來的淨利潤與此前相比差距甚遠，不及以前的三分之一。2014 年蘇寧透過對 11 家自有門店開展類 REITs 運作為公司帶來 19.74 億的稅後淨利潤，使得 2014 年轉虧為贏；2015 年蘇寧又對其 14 家自有門店進行類 REITs 運作帶來 13.88 億的稅後淨利潤；2016 年蘇寧又對其自有的 6 處倉儲物流中心物業進行類 REITs 運作，帶來 5.1 億的稅後淨利潤。蘇寧類 REITs 的資產運作不僅為其運營 O2O 提供了充沛的資金，還修正了利潤狀況，O2O 融合之艱辛可見一斑。（詳見表 5-2）。

表 5-2 蘇寧雲商 2007-2017 年銷售額、利潤資料表 [90]

年份	銷售額（億）	銷售額增長率 %	淨利潤（億）	淨利潤率 %
2007	401.5	53.8	15.2	3.79
2008	499	24.3	22.6	4.53
2009	583	16.8	29.9	5.13
2010	755.1	29.5	41.1	5.44
2011	938.9	24.3	48.9	5.2
2012	938.57	4.76	26.76	2.72
2013	1052.92	7.05	3.71	0.35
2014	1089.25	3.45	8.66	0.79
2015	1355.47	24.44	8.72	0.64
2016	1485.85	9.62	7.04	0.47
2017	1879.27	26.48	42.12	2.24

[90] 資料來源：蘇寧雲商集團 2007-2017 年公司年報

（三）蘇寧 O2O 創新發展的經驗

1. 在 IT 方面的高成本持續性投入

　　自 2012 年起，蘇寧公司年報開始設立「研發支出」項，專指 IT 人員工資和相關硬體投入，該項支出僅在 2015 年度就高達 10.07 億元，IT 員工人數亦多達 4589 人，資訊體系核心軟體團隊比 2012 年的 2000 人增長 2.5 倍。因而零售企業走 O2O 融合創新之路，所需投入的高額成本是中小零售商難以承受的。

2. 高成本投入轉化為高效率產出

　　O2O 的融合發展非一日之功，筆者經研究發現：蘇寧自 2010 以來圍繞 O2O 融合運營投入逐年加大。2010 年銷售費用和管理費用兩項費用總額年投入 80.59 億，到 2017 年，年投入已增加到 259 億（詳見表 5-3 所示）。

表 5-3 2010-2017 年蘇寧銷售費用和管理費用投入情況[91] 單位：億元

費用 年	銷售費用和管理費用							合計
	人員費	租賃費	其他	廣告促銷	物流費	水電費	裝潢費	
2010	22.13	26.10	9.54	11.46	3.88	4.63	2.81	80.59
2011	35.85	36.15	13.97	11.91	5.56	6.35	4.73	114.55
2012	41.09	45.06	19.05	15.80	6.53	7.21	6.83	141.61
2013	45.95	45.58	24.45	16.11	10.60	7.293	5.43	155.45
2014	57.626	46.805	27.32	20.65	10.09	7.262	4.849	174.61
2015	66.159	52.767	31.96	29.63	14.687	7.564	6.591	209.36
2016	63.41	55.86	29.42	32.74	18.83	7.103	6.592	213.97
2017	78.48	54.03	34.16	46.62	28.47	6.66	6.55	259

從蘇寧集團 2010-2017 年三大費率的變化情況來看，扣除 CPI 的影響因素，銷售費用率和管理費用率始終保持合理水準（詳見表 5-4 所示），這反映了蘇寧的高成本投入已轉化為產出，形成規模經濟或者至少是規模報酬不變的健康狀態。由於 O2O 融合運營涉及的組織和部門眾多，系統龐大，容易出現矛盾和銜接空白，且沒有前車之鑑，完全是創新、探索之舉，能取得這樣的業績實屬不易，畢竟還是有大量的零售企業倒在創新的路上。蘇寧 O2O 的運營得以平穩落地，直接體現出蘇寧的管理團隊的精明強幹，組織和部門之間的配合和協同是融合融洽，管理團隊的力量並毫不亞於資訊技術、智慧物流、全品類商品、全覆蓋連鎖門店等核心要素，高效的管理團隊有力整合了 O2O 融合的所有要素，把高成本投入化為高效率產出。

表 5-4 蘇寧雲商集團 2010-2017 年三大費用率的變化 [92]

年度費用率項[93]	2010	2011	2012	2013	2014	2015	2016	2017
銷售費用率 %	9.17	10.13	12.18	12.26	13.15	12.43	11.92	11.15
管理費用率 %	1.68	2.26	2.42	2.7	3.13	3.21	2.6	2.63
財務費用率 %	-0.49	- 0.44	- 0.19	- 0.14	0.06	0.08	0.28	0.17
CPI[94] %	3.3	5.4	2.6	2.6	2.0	1.4	2.0	1.6

91 資料來源：蘇寧雲商 2010-2017 年年報
92 資料來源：蘇寧雲商集團 2010-2017 年年報
93 注：費用率係費用佔主營業務收入的比例
94 資料來源：國家統計局 2010-2017 國民經濟和社會發展統計公報

3. 跨界運營

（1）跨界金融運營

掌控巨量現金流歷來都是大型零售商的天然優勢。金融的力量毋庸置疑，零售商跨界到金融領域施展才能，優勢得天獨厚，比如：支付、理財、眾籌、個人消費信貸等等。京東和阿里的發展，很大程度上都受益於金融的發展。同樣，金融業務也是蘇寧的一大支柱。商業的繁榮必然會衍生商業金融產品，開創新的商業模式。

（2）跨界商業地產運營

零售商透過自建物業進入商業地產的情況非常普遍。大部分零售商都有一部分產權物業門店，蘇寧自有物業門店有 29 家，與蘇寧電器集團和蘇寧置業集團等房地產商合作的租賃門店 75 家。在當今物業自身升值和租賃價格不斷創新高的情勢下，零售商更有自持物業的動力。

綜上所述，蘇寧成功地實施了 O2O 一體化戰略，不僅是其在零售產業鏈全面發展的成功，還在於其在金融、地產等領域跨界經營的成功，實現了多產業的協同發展。

京東從探索 O2O 到踐行無界零售

（一）京東商城背景資料概述 [95]

京東（JD.com）是中國最大的自營電商企業，自 2004 年初正式涉足電子商務領域以來，一直保持高速成長，2004 年 GMV 為 1000 萬人民幣，2017 年 GMV 高達 1.3 萬億人民幣，14 年增長 13 萬倍，平均年複合增長率高達 131.9%[96]（見圖 5-2）。2014 年 5 月 22 日，京東在納斯達克掛牌上市，是僅次於阿里巴巴、騰訊、百度的中國第四大互聯網上市公司。

圖 5-2 京東 2004 年 -2017 年 GMV

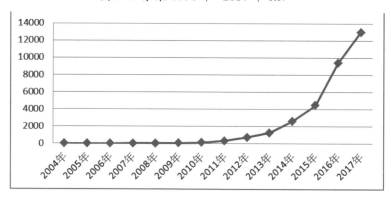

95　資料來源：京東商城官網
96　資料來源：京東商城發佈以及作者的計算

京東的物流能力和科技水準堪稱全球領先，京東因此能夠為消費者提供一系列專業服務，如：211 限時達、次日達、夜間配和三小時極速達，GIS 包裹即時追蹤、售後 100 分、快速退換貨以及家電上門安裝等服務。截止到 2017 年年底，京東物流運營的大型倉庫增加到 486 個，總面積達 1000 萬平方米。除了物流基礎設施，京東在物流技術上也有突破。2017 年 6 月起，京東無人機在江蘇宿遷、陝西省多個地區都實現了常態化配送運營。期間，全球首個全流程智慧化的無人機智能機場在江蘇宿遷投入使用，全球首個無人配送站在陝西西安落成並投入使用，投資 100 億元的無人車智慧產業基地專案落地長沙。京東無人機重點解決的不是給客戶送包裹，而是解決偏遠地區、農村地區物流成本高的問題。這些智慧化設施和技術，是未來供應鏈最核心的基礎設施，也是未來零售提升效率、降低成本、滿足用戶消費體驗最根本的來源。

根據中國電子商務研究中心資料顯示，2017 年中國 B2C 網路零售市場（包括開放平臺式與自營銷售式，不含品牌電商），天貓在市場中的份額佔比為 52.73%，較 2016 年降了 4.97%；京東佔 32.5%，較上年提高了 7.1%，增長勢頭強勁，見圖 3 所示。

圖 5-3 2017 年網路零售 B2C 市場交易份額圖示

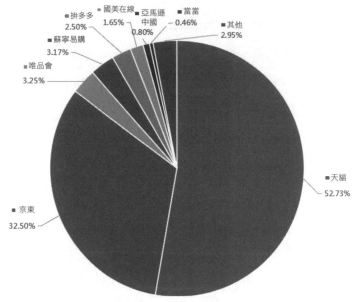

拚多多
2.50%
國美在線
1.65%
亞馬遜
中國
0.80%
當當
0.46%
其他
2.95%
蘇寧易購
3.17%
唯品會
3.25%
天貓
52.73%
京東
32.50%

（二）京東與便利店合作探索 O2O 運營

　　京東做為一家技術驅動的公司，從成立伊始就投入鉅資開發完善以電商應用服務為核心的自有技術平臺，並且不斷增強技術平臺實力，以便更好地提升內部運營效率，同時為合作夥伴提供卓越服務。

　　2014 年京東與全國 15 餘座城市的上萬家便利店建立 O2O 合作，其中包括快客、好鄰居、良友、每日每夜、人本、美宜佳、中央紅、一團火、今日便利、利客、國大 365、普羅雲等知名連鎖便利店品牌。在簽約萬家便利店的同時，京東和零售業的主流 ERP 軟體服務商 SAP、IBM、海鼎、富基融通、宏業、海星、長

益等也簽訂了戰略合作協定，共同實現零售業 ERP 系統和京東平臺的無縫對接，滿足門店庫存全管道銷售所需的所有環節的視覺化，支援京東電子會員卡和手機支付功能。京東選擇便利店開展 O2O 線下部分業務，合作雙方均能優勢互補（詳見表 5-5）

表 5-5 京東與便利店的合作共贏價值點

京東透過 O2O 合作獲得的利益	便利店透過 O2O 合作獲得利益
1. 便利店幫助京東實現管道下沉，成為京東獲取二、三級市場用戶的觸角，幫助京東的產業價值鏈條擁有更廣泛的使用者覆蓋和規模經濟	1. 京東提供線上入口和流量
2. 便利店幫助京東持續擴展延伸品類到生活類商品，盤活更多品類的增量和銷量，完善全品類經營目標	2. 擴大便利店品類和商品結構，打造成網上大賣場，降低線下成本，提高營收
3. 借助便利店擁有的冷鏈運輸系統，做生鮮電商	3. 借助京東提供的資訊系統和供應鏈優勢，透過大數據分析，提前判斷商品銷售情況，為進貨提供依據，減少尾品庫存節省成本，未來還可延伸出預售模式，實現零庫存
4. 配送服務當地語系化，增加生鮮、零食等京東不擅長的品類	4. 京東協助便利店實現 O2O 服務，推出更個性化物流服務，如「1 小時達」、「定時達」、「15 分鐘極速達」等，提升用戶體驗
5. 實現了線上線下會員體系的共用，將積分優惠等活動全面打通，把線下會員導流到線上，增加京東的銷售額	5. 便利店 IT 化的建設情況。對接便利店在倉儲資料庫上的資訊，使用者可以購買便利店所陳列的商品，還能透過京東網站購買便利店倉儲庫存的商品。延伸銷售
6. 京東對接便利店的物流倉儲系統和會員系統，雙方並共用使用者	6. 京東基於大數據分析，協助便利店對用戶進行定向 EDM 投遞，實現精準行銷
7. 雙方合作的收費模式，類似於京東開放平臺的入駐費和銷售分成	7. 門店接收京東分配的訂單並以京東的服務標準進行「最後一公里」配送

根據京東發佈的有關資料，唐久便利店在京東上已經試運行

一個多月，目前每天訂單將近 1000 單，平均客單價 100 左右，流量轉換率在 7% 左右，賣得最好的是油鹽醬醋等生活用品。京東與唐久合作的運作流程和具體內容如下：

第一、京東幫助唐久便利店擴展和梳理 SKU，但不參與商品採購

原來唐久便利店一共只有 3000 個 SKU，京東幫助唐久擴展至 30000 個，唐久為此專門建倉。除了原有實體便利店裡有的商品，其他商品都將在京東網站的唐久專區裡展現，京東並不參與商品採購。

第二、京東整合 O2O 供應鏈

京東在 O2O 合作中進行供應鏈整合，將唐久和自己的資訊系統、商品系統、供應鏈系統、服務系統、支付系統以及會員系統進行深度打通。比如移動端、WiFi 端伺服器的提供，改造 ERP 銷售系統以及 POS 銷售系統等。但京東不參與物流而是借助唐久已有的供應鏈體系，在唐久倉庫裡生產，每天配送訂單到唐久門店，由門店後營業員負責送貨。整個過程採用零售業的做法，不做包裹，節省了包裝紙箱耗材，物流成本僅是電商物流成本的三分之一。

第三、京東幫助唐久實現送貨

由於採用門店合作，能夠實現 1 小時送貨上門。京東目前正在開發這個系統，預計 2014 年年底可以運營。

第四、將線下流量引導京東線上

600 家唐久便利店一天的進店數大概是 30 萬左右，流量遠遠大於線上的流量，京東希望把這部分流量轉換到京東網站上來。在唐久便利店裡，京東做了很多海報、DM，類似於家樂福裡發的商品宣傳單，並且提供二維碼掃描購物，說明京東移動端吸引流量。

第五、京東創新自身利潤增長點

在與唐久便利店合作的商業模式裡，京東靠銷售收入返點獲利。以唐久便利店舉例，如果每天一家店有 100 單就是 60000 單，客單價平均 100 元一天就是 600 萬銷售，一個月就是 2 億元，一年就是 20 多億元，目前唐久線上的目標是做到 5 億元，如果京東在各二三線城市佈局成功，這將是一筆巨大的收入，也將成為京東新的盈利增長點。

第六、佈局本地生活平臺

在電商所有品類都已經競爭激烈的情況下，本地生活服務由於具有地域性還是一片藍海。京東以唐久便利店做為合作樣本，透過平臺來做本地生活服務平臺，比如藥店、花店、蛋糕店等，當然唐久便利店由於自身做電商的條件很好，無需京東在物流方面的幫助，而在藥店花店這些沒有送貨能力的項目上，京東會幫助他們提貨送貨。京東也探索用傳統零售業的供應鏈優勢做電商。如果生鮮產品採用電商的作業模式操作，物流成本很高，而

便利店有自己的冷鏈運輸系統，這樣生鮮電商就不僅僅是進口水果和蔬菜，一般用戶家庭蔬菜水果也能夠做電商。

（三）京東踐行無界零售

1. 無界零售的提出

2016 年 10 月阿里巴巴董事長馬雲提出了「新零售」概念後，率先以盒馬鮮生門店開業為標誌掀起「新零售」的改革熱潮。京東在這場新零售變革中正是不可或缺的供應鏈實踐者。

2017 年京東董事長劉強東提出「無界零售」理念，認為無界零售已經超越線上和線下的技術融合，強調以消費者為中心，在任何時間、任何地點、任何場景，只要有消費需求就能被滿足。無界零售致力於打造「開放、共生、再生、互生」的零售共同體，高度整合供應鏈體系，從而降低成本、提升效率，為社會創造更大價值。

隨著物聯網、人工智慧、AR/VR 等新一代資訊技術應用以及消費升級，消費和零售場景的多元化、碎片化、即時化，人們的消費行為不再侷限於電商網站、實體商店等特定零售場合。未來，人們甚至可以透過網路社交、媒體、影視作品、智慧家居、無人商店，甚至平面廣告、實物標籤、照片等介面，隨時、隨地、隨心地觸發並達成消費交易，零售進入無處不在、無時不有的狀

態，從跨界到無界。

2. 人工智慧的廣泛應用是無界零售的核心能力

(1) 智能供應鏈

在工業經濟時代，傳統零售業供應鏈的最高水準是實現了數位化管理。隨著無界零售的到來，供應鏈的物件，顆粒度會更細，即時性要求會更高，商品品類、數量、來源、權屬、狀態等會更加複雜，傳統的供應鏈管理遠遠不能滿足新的變化，因此智慧化成為供應鏈的必然選擇。

在過去的十幾年，京東從軟體、硬體兩個方面持續對供應鏈進行大量投入。包括無人機、續航 1000 公里的無人大飛機、無人駕駛重型卡車貨車、無人配送車、無人倉等。2017 年，京東在上海建成了全球第一個全流程、全系統智慧化的 B2C 無人倉庫。在西安成立了第一個無人配送站，整個配送站上面飛的是無人機，下面是配機器人，裡面全部是自動化的機器、智慧的裝置。京東的無人機已經在多個省市實現了常態化運營，無人機從載重 5 公斤飛行 15 公里，一直到最近測試的載重 200 公斤的貨物飛行 200 公里。

目前京東在中國運營超過 500 個物流中心，在庫 SKU 接近 500 萬種，庫存週轉天數是 30 天左右，57% 的產品訂單，從採

購到倉庫間的調撥、到銷售預測，都由人工智慧來完成，這是一套非常複雜的體系，京東 2018 年的目標是 94%—95% 的 SKU 實現用人工智慧進行採購、訂價，以及倉庫間調撥、補貨的決策和管理。

(2) 智能客服

京東的人工智慧客服發展了 6 年，現在 52% 的服務背後是機器人在做，京東第二代人工智慧客服可以精確地對人的情緒進行感知，分析的精準程度已經超過人工客服。

(3) 智能賣場

京東借助人工智慧技術建構智慧賣場，刷臉識別技術、支付技術、智慧購物車等一系列智慧設備在京東線下實體店的應用，打造出與傳統實體門店截然不同的智慧賣場。

2017 年 5 月，首家京東之家在上海楊浦區大連路 588 號寶地廣場 B1-119 號商鋪盛大開業。京東之家的經營理念是以客戶為中心，以愉悅客戶為導向，用簡樸、親民場景化的形式，提供 3C 全品類的新、熱、特品體驗、銷售和服務，它能透過迅速定位、正品、低價、場景、內容、教育、活動、社群來建構獨特的高品質、有溫度的售前、售中、售後客戶連接。

2017 年 12 月，京東首家生鮮超市——7FRESH 亦莊大族廣場店正式開業。7FRESH 是「無界零售」在生鮮品類的落地，京

東在倉儲、配送、資料、行銷等方面賦能 7FRESH，透過效率、科技、體驗等優勢，為消費者打造別開生面的零售服務。

隨著京東之家、7FRESH、京東專賣店、京東母嬰體驗店、京東快閃店、京東無人超市、OPPO 京東無界零售店等多種形態的線下實體店紛紛落地，具有互聯網和高科技基因的京東智慧賣場，利用高科技的新穎和便捷，為消費者提供更專業的購物體驗。

(4) 利用感知技術和智慧演算法，精準理解消費者的個性化需求

京東透過與上游品牌商協同實現訂製化生產，差別化地服務於每個消費者個體，使得消費市場由「大眾市場」變為「人人市場」。在這個過程中，零售商、生產商與消費者有了更多的互動，實現了價值共創。比如， 2017 年雙十一期間，京東平臺上的設計師品牌銷售額增長了 170%，服飾訂製品類增長了 260%。體現了消費者更加注重個性化，更願意參與到產品的設計、生產和銷售過程中。

3. 無界零售助力品牌商門店數位化改造，實現「比你懂你」

京東與品牌商合作，一方面把線上流量引到線下，另一方面幫助品牌商門店進行數位化改造，將其商品、訂單、會員體系等

全部線上化、數位化。京東擁有 3 億活躍用戶，也擁有最完整、價值鏈最長的零售資料，而品牌商門店只掌握消費者對某類商品的喜好，京東則有完善的用戶畫像。與京東合作後品牌商門店可以打通線上線下資料，更精準地洞察消費需求，實現以用戶為中心的全時段精準行銷與全管道數位化行銷，讓線下門店做到「比你懂你」。

4. 追求高品質服務是無界零售的終極目標

隨著物質生活的改善，消費者願意多花錢買有品質的產品，這種高品質的消費會帶動上游生產高品質的產品，產生的溢價可以讓品牌商有更好的利潤，從而投入更多的研發，生產更好的產品。提供高品質服務意味著能夠滿足消費者更加多樣化的需求。京東用技術打造更高效的供應鏈服務體系，透過全面開放賦能，與所有合作夥伴共同創造無界零售新時代。

綜上所述，京東從單純的網路零售商起步，到協同線下實體店聯合打造 O2O 零售，再到自創具有多種形態的線下智慧賣場，利用高科技將線上與線下的融合變得更為平滑順暢，開創線上＋線下＋人工智慧的無界零售，讓 O2O 零售又上了一個新臺階。

五

O2O 模式：
未來零售業的發展方向

O2O 模式結合線上和線下消費優勢於一體，有效融合了經濟性與便利性、虛擬性與實用性，滿足不同消費者的需求。這是一種先進的零售服務模式，是資訊時代下新的商業模式。資訊技術的日新月異導致 O2O 的應用模式層出不窮，零售企業 O2O 將會隨資訊技術的發展變化而改進升級。

O2O 模式涉及到金融支付、物流配送、人工智慧設備、資訊技術等多個行業的協同與合作，根據亞當斯密的分工理論，可以預期在上述領域可能會形成行業領導者，引領 O2O 運營的相關領域。

當前零售市場的 O2O 模式包含了像蘇寧雲商這樣從線下發展到線上，即 Offline（線下店商）To Online（線上電商），整合自有線上、線下、物流和支付等資源打造縱向一體化 O2O；也包含像京東這樣從線上發展到線下，即 Online（線上電商）To Offline（線下店商），整合企業獨有的智慧供應鏈和資訊技術優勢打造縱向一體化 O2O；還包含像阿里巴巴這樣打造高效率資

訊科技平臺，利用企業獨特資訊技術和支付技術整合外部資源打造橫向一體化 O2O。

除了 O2O 模式，零售業始終未停止尋求跨界生長，未來零售商業模式還會推陳出新，不斷創新。目前，無論是線上還是線下，均依靠供應鏈能力在競爭中勝出，從商品採購、銷售、WMS 管理、到物流配送形成一體化作業鏈條。或許，未來零售業將由供應鏈零售世界向產業鏈零售世界發展 [97]。比供應鏈更高級的零售產業鏈漸行漸近。比如，阿里係透過其壟斷地位，在商業流量、支付體系、銷售系統、資料分析、行業人才培訓等方面全線出擊，上升到產業鏈的格局，挑戰和變革傳統的金融業、軟體業、服務業等幾乎所有行業。所以，變革與創新，是推動零售業發展的引擎。

97　莊帥 . O2O：傳統零售業的救命稻草？《IT 經理世界》2013 年 1 月 25 日

本章文獻參考

[1] 邁克爾·利維 巴頓·韋茨．著 零售管理 [M] 北京：人民郵電出版社，2011 年 7 月

[2] 張豔．中國零售商業模式研究 [J]．北京工商大學學報（社會版），2013（4）

[3] 億邦動力網．綾致時裝講述 O2O 細節：野心在「私人訂製」，來源：億邦動力網 2014-01-06

[4] 張豔、田志英．中國零售商業模式的演進機理實證研究．[J]．商業時代，2014（17）：25-26

[5] 莊帥．O2O：傳統零售業的救命稻草？《IT 經理世界》2013 年 1 月 25 日

[6] 毛祖鐵．從廣百購物到 O2O 變局．[J]．資訊與電腦，2014

[7] 2013 年度中國 B2C 電商 10 強，2014-03-14 08:05:02　來源：創業邦

[8] 蘇寧雲商官方網站

[9] 京東商城官方網站

第 六 章

第四次零售革命與傳統零售創新

第六章

第四次零售革命與傳統零售創新

在第四次零售革命中，傳統的實體零售商業毋庸置疑受到了最嚴重的挑戰。但正如前文所分析的，傳統零售商業有優勢、有機會、有潛力，其應對挑戰的有效方式不僅僅是簡單地開關線上管道，更應該透過夯實實體零售根基、創新經營模式、提升顧客體驗、創新並拉近顧客接觸面，從而吸引並留住顧客。

一 傳統零售企業的創新

（一）零售商業巨擘的深耕：沃爾瑪

沃爾瑪百貨公司由美國零售業的傳奇人物山姆•沃爾頓先生於 1962 年在阿肯色州成立。1972 年，沃爾瑪在紐交所掛牌上市。

經過五十餘年的發展，沃爾瑪公司已經成為世界最大的私營雇主和最大的連鎖零售商。截至 2016 年，沃爾瑪連續四年排名《財富》世界 500 強第一位，2016 年營業收入達 4,858.7 億美元。沃爾瑪目前在中國的經營業態主要有四種：「一站式」購物綜合體沃爾瑪購物廣場，針對會員開放的倉儲式商場山姆會員商店，貼近生活區的沃爾瑪社區店，定位於二、三線城市低收入家庭的中型超市。

1. 沃爾瑪的戰略定位

定位戰略起初用於產品的行銷活動，後來拓展至包括零售行業在內的諸多領域。市場定位戰略是零售公司整體行銷活動的重要組成部分，也成為各企業用來吸引顧客的重要因素。

（1）價格定位

每日低價（EDLP：Everyday is low price）

基於對目標顧客的購買行為分析，沃爾瑪公司對自身的定位點的認知在於價格屬性，即每日低價（EDLP：Everyday is low price）。第一家沃爾瑪店鋪開業時，在牌匾兩旁就分別寫有「每天低價」和「滿意服務」的標語。長期以來，沃爾瑪一直宣導「每日低價」和「為顧客節省每一分錢」的經營理念。

每天低價定位點的選擇有三大好處：一是透過薄利多銷控制

供應商；二是透過穩定價格而非頻繁的促銷獲得可觀的利潤；三是透過誠實價格贏得顧客的信任。

（2）利益定位

為顧客節省每一分錢

山姆·沃爾頓曾教導他的員工：「我們注重每一分錢的價值，因為我們的服務宗旨就是幫助每一位進店購物的顧客省錢，當我們為顧客省下一塊錢，我們就贏得顧客的一份信任」。

為顧客節省每一分錢，體現在經營中的各個方面：在沃爾瑪，消費者可以體驗「一站式」購物（One—Stop Shopping）的新概念。在商品結構上，它力求富有變化和特色，以滿足顧客的各種喜好，使顧客能夠在店中一次購齊所有需要貨品；為了顧客購物的方便高效，沃爾瑪為顧客推出的山姆會員卡、購物卡等服務，工作人員會引領顧客辦理適合其消費習慣的專案，一卡在手，省錢省心；另外，沃爾瑪還提供免停車，消費額滿免費送貨上門等優質服務，為顧客生活精打細算。

（3）屬性定位

天天低價

低價經營策略不是沃爾瑪的始創，但卻是沃爾瑪一貫堅持的，甚至只要人們提及沃爾瑪，就會想到「物美價廉」。沃爾瑪的低價策略不以商品品質為代價，而是在保證商品品質的情況

下，想盡一切辦法從進貨管道、分銷方式、行銷費用以及行政費用等方面節約開支，努力做到「天天平價」；沃爾瑪的低價策略也不是常常在原有的基礎上進行降價銷售，而是在核定成本等各種因素的基礎上訂立低價，只有在極少數情況下與廠商共同促銷時標註特價商品（限時），做到「始終如一」，贏得顧客的信賴。

（4）價值定位

做家庭好管家

沃爾瑪經營的每一種零售業態都有自己的目標顧客群。四種零售業態的目標顧客雖有一定的差異，但都有一個共同的消費特徵：注重節儉。省錢、省心、好生活是沃爾瑪致力於為顧客創造的購物體驗，以為顧客提供當地價格便宜、品質最好、最適宜使用的商品為使命，從而使他們購物更愉快，生活得更好。

（5）行銷要素

① 零售公司行銷組合

零售商店有著獨特的行銷組合要素，零售行銷組合要素包括產品、價格、店址、溝通、服務和購物環境，即目標顧客關注且有比較競爭優勢的一個零售行銷組合所需的要素，諸多對中國消費者的調查結果顯示，上述六個方面是影響消費者購買行為最重要的因素。因此零售商店的行銷組合就需要由傳統的 4P 增加服務和環境這兩個因素。

② 零售公司消費者關聯工具

美國的一項研究顯示：在每一筆交易當中，消費者關注五種利益，它們是價格 (Price)、產品 (Product)、易接近性 (Access)、服務 (Service) 和體驗 (Experience)。世界上最為成功的公司僅僅把其中一個方面做得出色 (5 分)，另一個方面做得優秀 (4 分)，其他三個方面不過達到行業平均水準 (3 分)。這種站在消費者角度進行行銷要素組合的能力被稱為「消費者關聯」(Consumer Relevancy)。參考消費者關聯工具和前述的零售行銷組合要素，建立零售公司消費者關聯的工具 (見下表)。運用這一工具，對沃爾瑪各行銷要素的表現進行打分，分數在 5 分者即為定位點 (目標顧客關注且具有比較競爭優勢的某個行銷要素)，低於 5 分者為非定位點。

表 6-1 零售公司消費者關聯的工具打分表

等級 ＼ 要素	產品	服務	價格	便利	溝通	環境
消費者追逐 (5 分)	產品出色或豐富	超越顧客期望	顧客的購買代理	到達和選擇很便利	溝通親切體現關懷	令人享受
消費者偏愛 (4 分)	產品值得信賴	顧客滿意	價格公平可信	到達和選擇較便利	關心顧客	使人舒適
消費者接受 (3 分)	產品具有可信性	適應顧客	價格誠實，不虛假打折	便利進出，容易尋找	尊重顧客	安全衛生
消費者抱怨 (2-1 分)	產品品質低劣	顧客不滿意	價格誤導和欺詐	進出困難，找貨不易	沒人情味，不關心顧客	不想停留

③ 六大要素

a. 商品

產品組合。「一站式」購物是沃爾瑪的特有經營理念之一，合理高效的產品組合使廣大顧客有更多的挑選空間和機會。不僅商品涵蓋衣、食、住、行各個方面，顧客想買的在一家商場就可以買到，而且不管走進沃爾瑪的哪家分店，我們都可以感受到這是一個集購物、飲食、娛樂、休閒、服務為一體的商業群，其中包括商業圈、速食店、理髮店、遊戲廳等。沃爾瑪超市還備有臨時托兒所、膠捲沖洗店以及信用卡支付和銀行存款等完備的銷售服務。

產品採購。沃爾瑪實行直接進貨＋全球採購的形式，直接從全球個工廠直接採購商品。每一個供應商都要經過前期嚴格的准入篩選和後期持續的績效評估，不僅包括商品品質和規格，還包括公司內部管理，對沃爾瑪文化的認同度，是否誠信經營，商品價格最低，手續正規，按時供貨等等。以保證在沃爾瑪出售的商品品質可信，價格最低。

當地語系化策略。每進入一個新地方，創建一個新門店，沃爾瑪要做的第一件事就是認真調查各類商品的流通量，其他同行所售商品裡有哪些是本地產品，最後與各類供應商進行談判，這是沃爾瑪在世界各國新建門店時的標準操作手法。保證了所售商品符合當地消費者的需求。

b. 服務

零售業要在顧客心中樹立品牌形象，光靠質優價廉是不夠的，還需要熱情周到的服務。

沃爾瑪承諾：顧客如果買到不滿意的商品，可以在一個月之內退回商店，並獲得全部退款。山姆‧沃爾頓曾對他的員工說：「你以為你在為你的上司服務，實際上他也和你一樣，在我們的組織外面有一個大老闆，就是顧客。」在沃爾瑪的店內也有這樣的廣告「1、顧客永遠是對的；2、顧客如有錯誤，請參看第一條」。

沃爾瑪的服務原則就是：不斷瞭解顧客需要，設身處地為顧客著想，最大程度為顧客提供方便。

c. 價格

價格是沃爾瑪行銷戰略組合中最關鍵的因素，將自身定位為顧客的購買代理。

沃爾瑪始終站在消費者採購代理的立場上，苛刻地挑選供應商，頑強地討價還價，目的就是做到在商品齊全，品質有保證的前提下向顧客提供價格低廉的商品。為此，公司要求採購人員必須強硬，因為他們不是為公司討價還價，而是為所有顧客討價還價，為顧客爭取到最好的價錢，而不必對供應商感到抱歉。沃爾瑪不搞回扣，不需要供應商提供廣告服務，也不需要送貨，這一切沃爾瑪自己會搞定，唯一要的就是要得到最低價。

d. 溝通

與顧客的溝通。消費者在沃爾瑪購物發生糾紛時，將第一時間得到專業人士的投訴處理。維權站的工作人員由市消委會和企業內部人員共同組成，參與維權工作的企業人員必須是企業有權有職的管理人員。為謀求社會各方面的信任和支持，樹立企業信譽，塑造良好的企業形象，沃爾瑪將回饋社會做為自己的職責，透過向社區捐款捐物，組織員工到社區義務勞動，透過直接的溝通，瞭解顧客的生活狀態和需求，做為公司進步的基礎。

企業內部溝通。沃爾瑪公司總部的行政管理人員每週花費大部分時間飛往世界各地的商店，通報公司所有業務情況，讓所有員工共同掌握公司的業務指標。在任何一個沃爾瑪商店裡，都要定時公布該店的利潤、進貨、銷售和減價的情況，並且不只是向經理及其助理們公布，也向每個員工、計時工和兼職雇員公布各種資訊，鼓勵他們爭取更好的成績。

e. 店址

相較於服務、價格、產品等，選址可以說是零售戰略組合中靈活性最差的因素，沃爾瑪單店規模較大、位置固定、資金投入量大、合同期長，不會輕易搬遷。所以在新店選址的時候就會特別謹慎，雖然在 1992 年就已經獲批進入中國，但是沃爾瑪在 1996 年才在深圳落戶，在此之前，沃爾瑪對深圳羅湖區商圈的交通、人口、競爭情況和市場發展格局等進行了長期的詳細的調查。

在新店選址的過程中，沃爾瑪有自己的一套選址經驗。即從連鎖發展的計畫出發，防止選址太過分散妨礙到人力、物力、財力的經濟性，做到每一家門店都要為整個企業的發展戰略服務；選擇經濟發達的城鎮，經濟發達的城鎮人口密度大，收入高需求旺盛，工商業發達，在這裡沃爾瑪折扣店有更多的客源；選擇城鄉結合部，這裡租金相對較低又符合城市發展軌跡，既有充足的客源，又能降低投資風險。

f. 環境

沃爾瑪的賣場裝修講究簡樸實用，簡潔明快。商品陳列從顧客角度出發，體察顧客購買商品時的心理和尋找方式，設置很多銷售專區，各產品區域之間輪廓分明、界限清晰，顧客能夠很快很方便地找到自己所需要的商品，讓顧客感覺方便隨意。店鋪內的燈光設計力求顧客舒適，所有人員站立服務以表示對顧客的尊敬。

2. 沃爾瑪的創新舉措

（1）企業服務

對消費服務的極致追求是沃爾瑪在中國牢牢抓住消費者之心的原因。

面對幅員遼闊、經濟發展水準地區差異明顯、不同年齡段

顧客消費觀念差異明顯的問題的中國市場，沃爾瑪選擇利用規模效應，連鎖可複製性帶來的更低成本和更大規模。在全球範圍內集中、複製全部用標準化的流程，同時還留一部分空間給當地市場，讓它更適應當地市場的需求。

沃爾瑪獨創的微笑法則、日落原則、沃爾瑪下午茶、沃爾瑪無障礙退換貨等等日漸成為了零售行業的消費服務標準。在下雨的時候為顧客提供傘，把顧客接送到汽車站，送貨到家，沃爾瑪在細節上為顧客提供支援和服務。隨著同行業的競爭，不停的標高服務行業的要求，沃爾瑪的優勢就在於員工持續保持熱情，並讓所有人都保持熱情。

（2）行銷手法

沃爾瑪做為一個以低價著稱的零售商，為了能夠維持低價，吸引和留住顧客，沃爾瑪用自己獨特的經營方式征服了一個又一個市場。

① 少而有效的廣告

沃爾瑪在花錢做廣告上可以說是極其吝嗇的，2012 年花在廣告上的費用僅佔營業額的 0.52%。但是沃爾瑪廣告投入少並不等於廣告效應停止，只不過轉向另一種形式而已，每一家新店開張時，都會大做廣告，但當熱潮退去，就立即大幅度削減廣告量，相應的廣告行銷費用將轉化為低價和顧客的忠誠度。

沃爾瑪的廣告不會用很多故事情節渲染氣氛，一般都比較直接：「沃爾瑪的價格是採取最低價位的政策，並且將始終如此」、「沃爾瑪總是以最低的價格供應給你最好的、你最信賴的品牌——一如既往」的廣告語會出現在沃爾瑪的燈箱上、宣傳單上，甚至購物小票上，這樣簡單直接的廣告總能留給顧客很深刻的印象，同時吸引了大批的客源。

② 服務行銷

沃爾瑪相信，服務態度、服務品質直接影響著顧客的滿意度，決定著回頭客的多少，把規定之外的工作做得更細緻一點，顧客的麻煩就少一點，滿意度信任度就高一點。讓顧客感受到低價不等於廉價，低價照樣有高服務。

③ 堅持低價

沃爾瑪的幾種零售業態，雖然目標顧客不同，但經營戰略卻是一致的，即「天天平價」，為顧客節省每一美元。在沃爾瑪，任何一位，哪怕是身分最低的商店員工，如果他發現任何地方賣的東西比沃爾瑪便宜，他都有權將沃爾瑪的同類商品降價。最難得的，不是沃爾瑪的天天低價，而是「始終如一」。

（3）建立電商平臺

沃爾瑪公司的網路零售系統 www.walmart.com 於 1996 年 2 月開始運行，網上出售的商品數量有限，主要是大件產品。2000

年年初，沃爾瑪公司重新改版了它的網上商店，網上商品分 24 大類，包括器具、寵物、玩具、旅遊等，網上經營取得了較好的成績，目前在美國電子商務中排名第三，2010 年 walmart.com 銷量為 60 億美元。2011 年，沃爾瑪首次將全球電子商務提升到戰略目標中，並啟動了 WalmartLabs 專案，同時開始併購一些社交網站和移動技術領域的傑出者，透過對社交網路資料的深度挖掘，使 walmart.com 與實體零售店和移動應用整合起來，構成協同效應。

即使是做電商，沃爾瑪也要做到與眾不同。2007 年，沃爾瑪率先推出 site to store 服務，該服務容許顧客網上下單並線上支付後，到就近的沃爾瑪門店自提商品。Site to store 服務一推出就引起了很大反響，當時，超過 50% 的客戶透過 site to store 服務開始他們的第一次沃爾瑪網上購物旅程。該服務推出 4 個月後，就佔了沃爾瑪網路銷售的 1/3。

據 Internet Retailer 報導，20% 的客戶在門店提取他們的網購商品時，會在實體門店購買至少 60 美元的商品。不同於其他網店的送貨上門，沃爾瑪將商品統一送到門店，開源節流的同時也提高了工作效率，據計算，沃爾瑪每週可節省 1000 加侖汽油和 5000 個包裝箱。Site to store 不僅為用戶省去運費，同時也為沃爾瑪減小繁雜的配送服務產生的壓力，透過更加頻繁地來往於倉庫和門店之間便可獲得可觀的收入。之後，沃爾瑪又乘勝追

擊，推出了「pick up today」專案，該服務允許客戶在網上訂購商品，並在當天到門店提取購買的貨品。這種線上與線下融合的模式，為沃爾瑪引來了新客戶的同時也提高了銷售額。線上零售的優勢是，使傳統零售商透過對消費者購買資料的收集，進而達成精準行銷的目的，更好地維護並開拓客戶，提高客戶黏性。

迄今為止，沃爾瑪在電子商務領域的總投入超過1.5億美元。其在美國、英國、加拿大、墨西哥和巴西均擁有相對獨立的電子商務平臺，其中尤以美國的 walmart.com 和英國的 asda.com 最為成熟。在美國，沃爾瑪的線上點擊率僅次於亞馬遜，名列第二。目前正積極努力開拓中國電子商務市場，2011 年 6 月成立的上海電子商務中國區總部，控股 1 號店並在深圳和北京推出的網上商城。業內人士認為，沃爾瑪擁有強大的全球採購體系、供應鏈整合能力和價格優勢，極有可能改變國內電子商務市場的格局。

建立電商平臺對沃爾瑪帶來了諸多積極影響。

第一是對企業組織結構的影響。電子商務減少了經濟活動的中間層，縮短了相互作用和影響的時間滯差，加快了經濟主體對市場的反應能力。使資訊傳遞效率明顯提高，市場競爭力隨之顯著提高。

第二是對企業採購帶來的影響。利用外部資源，尤其要發揮好網路的作用，透過互聯網使自己與合作夥伴、供應商互通互連，做到資訊資源即時共用，最大限度地提高運作效率，降低採

購成本。

第三是對企業人力資源管理的影響。人工成本無疑一直是傳統零售業最高費用之一。電商不受貨架限制，在商品供給上是無邊界的，而爭奪有限的用戶需求是商家第一要務，透過經營更多品類而獲得更多用戶，可分攤其運營成本，提高運營效率，發展電商將成為零售業提高人效的另一途徑。

第四是對宣傳的影響。電子商務可以降低企業的交易成本。電子商務模式主要是透過互聯網進行廣告宣傳及市場調查，構築遍及全球的行銷網路，使企業宣傳優質高效。

第五是對企業客戶服務的影響。第一，電子商務使企業與客戶之間產生一種互動的關係，極大的改善客戶服務品質。第二，密切用戶關係，加深用戶瞭解，改善售後服務。第三，促使企業引入更先進的客戶服務系統，從而提升客戶服務。

（4）商品定位

沃爾瑪宣導「一站式」購物（one-stop shopping），在商品結構上力求富有變化和特色，以滿足顧客的各種喜好，經營項目繁多，小到玩具零食，大到家用電器，應有盡有，讓顧客感到在沃爾瑪購物的方便和舒適。

沃爾瑪的商品以「物美價廉」著稱。從工廠進貨，商品的中間環節大大減少。採購員總是進行艱苦的討價還價，力圖把價格

壓至最低，使顧客感覺實惠，加深顧客對沃爾瑪的信賴。

（5）產品管理

① 採購

一是在全球範圍內直接採購最便宜的產品，僅 20 世紀 80 年代早期實行的取消中間商制度就使採購價格降低 2%-6%；二是透過中央採購使便宜的產品更便宜，取得大批量低價格的優勢；三要求供應商提供自己最好的產品。沃爾瑪採購 4 標準：提高沃爾瑪已有商品品質、降低沃爾瑪價格水準、增加沃爾瑪的價值、豐富沃爾瑪商品品種。

② 配送

談到沃爾瑪的庫存系統，讓其引以為豪的當屬它的配送設施。沃爾瑪採用的是交叉配送的獨特作業方式，即貨品不進行入庫儲存與分揀作業就直接發往各地門店。強大的配送隊伍也是沃爾瑪快速補貨提高效率的關鍵，其擁有超過 3500 輛卡車為配送中心提供運輸服務，專有的車隊保證沃爾瑪兩天內完成從配送中心到門店的配送任務。沃爾瑪每天至少送貨一次，而其競爭對手每五天配送一次。這樣的配送方式，也讓沃爾瑪達到零庫存的狀態。另外，沃爾瑪實行無縫連接式的運轉物流策略，在供應商那裡進行分揀，將揀貨直接發往門店，使配送流程更有效率。這種運作體系不僅縮短了商品搬運和庫存時間，提高週轉率；還可以

減少商店或者零售店的庫存，使得零售場地和人力管理成本都大大降低。

3. 對傳統零售業發展的啟示

沃爾瑪的不斷發展和壯大為傳統零售企業應對零售革命的衝擊帶來了有益的啟示。

首先是繼續深化和創新經營管理理念和水準。

第一，培育先進的經營理念，提高服務水準。在零售業微利的今天，企業間的競爭，不僅表現在價格上，還表現在服務水準上。完善的服務體系已成為企業成功的一個關鍵性因素。服務品質的好壞直接影響到企業形象和發展前途。我們的企業要拋棄傳統的經營觀念，強化現代行銷意識，盡快從短缺經濟下賣方市場的思維模式中走出來，真正體現為顧客服務的思想，樹立一切為消費者服務的觀念，千方百計滿足顧客多樣化個性化的需求，使服務貫穿於整個商品銷售和使用過程中。

第二，精準市場定位。準確的定位是沃爾瑪在激烈的市場競爭中取勝的一個關鍵性因素，沃爾瑪針對不同的目標消費者，採取不同的零售經營方式，分別佔領高低檔市場，有效避免與其他競爭者的衝突。世界上任何一家成功的零售業企業，無不是依靠準確的市場定位得以發展的。同樣，中國的零售業要想在競爭中求得生存和發展，也必須有準確的市場定位。

第三，完善職工激勵機制。工作在第一線的職工，最瞭解顧客的需求情況和顧客滿意度。員工層是企業的產品和服務傳達到顧客手中的關鍵一層，也是公司實現自身價值、獲得利潤和發展的關鍵一環，能否激起員工的工作熱情、工作積極性和上進心，是企業能否在激烈的競爭中求得生存和發展的關鍵之一。

　　第四，深化連鎖經營，擴大企業規模。由於歷史原因，中國零售企業幾十年來形成了一個龐大的數量整體，而單個企業規模過小、實力薄弱、經營管理水準低下。反觀進入中國零售市場的外資企業，基本上以大規模、連鎖化、高技術的形式出現，不僅單個商店營業面積大、品種全、行銷方式靈活多樣，而且還充分顯示了其規模優勢。規模經營已成為當今零售業制勝的法寶之一。因此，擴大企業規模，造就一批中國的零售業「巨頭」，是改變目前國內商業零售業競爭劣勢的一項重要措施。

　　第五，不斷探索經營管理模式的創新。落後者追趕先進者最好的方法就是向它學習，借鑑對方成功的經驗，在學習和實踐中創造出適合自己的發展道路。沃爾瑪向凱馬特學習開辦了折扣店，向明尼蘇達州的佛蘭克林特許經營店學習開辦了自助銷售店，向普爾斯馬特學習開辦了倉儲店，沃爾瑪來到中國後沃爾頓的後人又向中國企業學習經營之道。沃爾瑪正是以這種不斷創新的方式贏得了一個又一個的勝利。對中國正處於發展階段而又面臨嚴峻挑戰的零售業來說，加強學習和創新就顯得尤為重要。

沃爾瑪的成功是多方面的，不僅因為它有先進的供應鏈系統，還因為它在細節管理方面的全面性與科學性、耐心與細心。相較之下，無論在宏觀上還是在微觀上，我們的差距都很大，我們面臨的形勢相當嚴峻。如果我們的發展與改革措施不得力，隨著中國零售業市場競爭的加劇，國內培養的一些大型零售企業有可能出現被外資企業收購的情況。因此，我們不僅要研究和學習國外先進零售企業的經營之道，還要加強對自身整體水準的研究與分析，加強細節管理，在實踐中不斷改進和完善自己，不斷開拓創新，走出一條有中國特色的零售業發展之路。

　　其次，全面瞄準新興技術與零售經營的融合，走創新經營之路。成功的商業模式，只可學習不可模仿。中國的零售企業短期內雖不可能像沃爾瑪那樣建立如此龐大的資訊系統，但沃爾瑪40多年如一日持續不斷地透過科技進步降低成本的精神，根據企業經營環境變化適時採用資訊技術推進商業變革的策略和方法等，更值得國內零售企業學習。沃爾瑪的電子商務之路告訴我們，面對電子商務勢頭不減和長期發展的趨勢，如果你不重視，你就只能看著蛋糕被別人一點點地蠶食直到侵襲你的老本營。另外，傳統零售商還應該體認到電子商務的內涵也並不侷限於網上零售，還可以樹立企業形象和宣傳企業文化、開展行銷活動和維護客戶關係等。

　　第一，借助網路優勢，開發網上銷售。開展網上購物要注重

三個方面，商品品類的多樣化和及時更新，支付方式多樣化，運輸範圍最大化和費用最小化。

第二，積極探索網路採購。一個零售商往往對應著眾多的供應商，網路採購節約了成本，提高了效率，在互聯網普及的今天，誰能採用更新更廣的互聯網技術實現真正意義上的網路採購，誰就能為自己贏得獨特優勢。

第三，建立優秀的企業形象和企業文化。企業形象是一種無形資產，而企業文化是一個企業長期制勝的核心武器，網路的跨時空性可以讓企業的形象和文化傳播得更廣、更快、更有效。

第四，創新開展網路行銷。選擇適合、有效又經濟的網路行銷方式。比如應用註冊會員的電子郵件或手機進行行銷是目前被廣泛採用的一種方式，目標準確又經濟實惠。

第五，實現一體化的線上線下客戶關係管理。電子商務還有一個重要功能就是能更高效地維護客戶關係，無論是論壇、電子郵件、及時通訊工具還是微博都是維護客戶關係的良好工具。

傳統零售商進軍電子商務時要注意虛擬商店和實體商店的有機結合，要各自發揮虛擬商店和實體商店的優勢，揚長避短，實現雙贏。

（二）傳統百貨商業的創新：銀泰百貨

中國百貨業經過改革開放以來 30 多年的迅猛發展，其門店數量從 1980 年的 400 多家擴至如今的 5100 多家，但是零售業進入 40 時代以來，隨著競爭的激烈，百貨店發展遇到了瓶頸，根據國家統計局發佈的全國流通運行資料顯示：2017 年社會消費品零售總額達 36.6 萬億元，同比增長 10.2%，增速與去年同期基本持平，國內零售業銷售增速放緩，由於百貨店經營是以化妝品、服裝、家用電器、珠寶首飾等商品為主，所售商品較大賣場、綜超等業態不同，是以非生活必需品為主，因此，所受影響更為明顯，百貨店在中國的發展遇到瓶頸，究其原因：一方面，隨著近十年全國城市地價、房租與勞動力成本的倍增，百貨店經營成本也成倍增加，其負擔繁重，另一方面，不僅百貨店之間競爭激烈，而且購物中心與網店從高低兩端兩個層次與百貨店展開全面競爭，尤其是電商，再加上購物中心對高端顧客的競爭，使百貨店發展遭遇瓶頸。例如 2017 年全國電子商務交易額達 29.16 萬億元，同比增長 11.7%，僅京東商城一家的銷售額就達到 1000 億元，這幾乎相當於 5 個王府井百貨的規模，2004 年至 2017 年，京東商城銷售額年均增長率近 200%，而百貨企業大多剛過兩位數。具備便捷、價格優勢的電子商務的興起，讓傳統零售商成了電子商務的試衣間。電子商務的崛起，對以百貨業為代表的傳

統零售業衝擊很大，為了研究百貨企業在現階段面臨新的市場環境，是否應該開展電子商務，以及要克服什麼樣的困難？如何發展？銀泰百貨能給我們一些啟示。

1. 銀泰百貨電子商務戰略

自 2010 年「觸網」以後，銀泰百貨開展電子商務的步伐越來越快，而且在發展模式上也越來越多元化，可以概括為「三步走」：

（1）在移動端佈局電子商務

2010 年 2 月，銀泰投資有限公司與銀泰百貨投資成立銀泰電子商務分公司，正式涉足電子商務。銀泰網是自營 B2C 平臺，在運營上與銀泰百貨相互獨立，卻共用銀泰百貨 2000 家時尚品牌的供應商和 VIP 會員資源。因此，相對於其他傳統自營 B2C 電商網站，銀泰網具有很強的供應鏈優勢，招商議價實力較強。但是，這些優勢未能彌合銀泰網初期定位不清，粗放運營的弱點，2011 年底其用戶獲取的成本越來越高，而用戶黏性卻越來越低。

隨後，銀泰網調整戰略，明確網站用戶群——瞄準 18 至 35 歲，平均單筆消費在 500 元以上的中高端用戶。2016 年，銀泰網銷售額達 6 億元，佔集團總營業額的 3.6%。2011 年底，銀泰

網推出「手機銀泰」。手機銀泰並沒有將 P C 端的內容全部複製過來，而是根據移動端使用者特徵和購買喜好進行差異化佈局。移動端用戶相對年輕，活動參與度較高，且對商品折扣的敏感度也較高。因此，手機銀泰設置秒殺折扣、限時尊搶等幾大頻道，以求滿足年輕消費群體的需求。

（2）組建線上商城

雙線打通從嚴格意義上來講，銀泰 O2O 真正實現落地應是從 2012 年推出 I' M 名品集合店開始。消費者進入店內可先體驗商品，然後透過店內提供的 iPad 進行選購。據悉，I' M 名品店推出後，其銷售額不僅在百貨商場中排名靠前。而且難能可貴的是 I' M 名品集合店內商品全部由銀泰網獨家買斷，商品的獨一無二性吸引了大部分消費者。

（3）與天貓合作對顧客進行精準行銷

2013 年 11 月 11 日，銀泰百貨攜手天貓商城，展開 O2O 佈局。顧客在銀泰店內體驗商品後，掃描商品二維碼，進入到天貓旗艦店下單購買。其中，高德地圖和新浪微博擔當了路線導航和分享宣傳的任務，促使「指引、體驗、購物、曬單分享」閉環形成。據銀泰商業集團宣布，天貓銀泰百貨精品旗艦店當天總銷售額為 3704 萬元，是去年同期的 6 倍。與此同時，銀泰百貨也正加緊鋪設 WiFi。完成後，顧客可透過實名註冊免費連接 WiFi。

同時使用者通訊ＩＤ會傳至後臺，後臺參考此使用者的網購資料回饋使用者屬性，然後推送相關產品優惠券或活動資訊，銀泰網的發展歷程詳見表6-2：

表 6-2 銀泰百貨電子商務發展歷程一覽表 [98]

佈局方案	推出時間	特點
銀泰網	2010 年 2 月	與銀泰百貨關係是相互獨立運營；共用品牌供應商和 VIP 會員。
手機銀泰	2011 年底	在內容上與銀泰網有所差異，分為：名品館、秒殺折扣、免運費、限時尊搶等模組。
I'M 銀泰名品集合店	2012 年初	買手制：對商品掌控力強；線上、線下的首次結合。
與天貓合作	2013 年 11 月	線上、線下的成功結合：百貨店試穿，掃碼，線上支付；天貓旗艦店「雙 11」銷售額是去年同期的 6 倍。
店內鋪設 WiFi	2013 年底	直接獲取消費者在門店內瀏覽商品習慣購買習慣資料，使基於位置的精準推送成為可能。

從 2013 年的銀泰集團財報可以看出，整個銀泰網銷售額為 8 億元，佔整個集團的 5%，相當於一個中等門店的銷售額。2013 年 3 月，銀泰集團在香港更名，將原來的銀泰百貨更名為銀泰商業集團，並將置地、百貨、銀泰網並稱為銀泰的三駕馬車。

2. 銀泰百貨的創新舉措

對零售企業而言，成功的關鍵是對消費者需求的洞察和滿

---

98 銀泰百貨的 O2O 之路，中國藥店 [J],2013 年第 12 期

足，及對供應鏈的優化。因此大數據處理就變得至關重要。銀泰網的電子商務為什麼會被放在這麼高的位置，一直以來，傳統百貨業的「二房東」身分使得貨品和庫存都不可控。百貨公司既不清楚門店銷售哪些產品，對使用者也無法識別，不能做到通達和交互。銀泰集團將銀泰百貨和銀泰網做融合，是為了將零售資料化，實現商品和庫存的視覺化，並達到與用戶之間的溝通，最終，零售要做到資料匹配。銀泰獲取消費者的需求在哪裡，然後在給消費者匹配相應貨品的過程中成為主導，這就實現了精準行銷的實質。

（1）銀泰網的針對客戶的大數據分析

杭州西湖文化廣場店是銀泰第一家透過WiFi做測試的店鋪。到 2013 年年底，銀泰已在所有門店鋪設 WiFi。首先是消費者的資料，每一位走進門店的消費者，都可以直接搜索銀泰的 WiFi 並免費連接。銀泰可以識別消費者身分，依此獲得消費者的行為進行分析，直至匹配到消費者在銀泰網的消費，牢牢抓住核心用戶。此外，銀泰集團將銀泰百貨和銀泰網融合，使得消費者決策方式和流程在不同管道之間無縫飄移。在整個銀泰集團的定義中，百貨門店、銀泰網，以及銀泰手機端，最終都會成為讓使用者交互和交易的介面。在未來，不管消費者是在門店產生的行為，還是在銀泰網買了商品，其資料都可以打通。

（2）顧客滿意度的提高

2013 年 11 月，銀泰百貨舉行 15 週年店慶，人流量高達 35 萬人次，創造了全國單日單店歷史紀錄，單日單店銷售額更是首次突破 1 億元。成為業界新高。這次的店慶和往年比，雖然人流量同比大幅上漲，但是顧客收銀排隊等待時長卻明顯減少，基本上每人次排隊時長比往年減少 40% 以上，大大提升了商場經營效率和消費者滿意度。這背後的技術支撐就是來自於銀泰百貨部署的關鍵──無線手持 PDA。透過選擇手持移動終端解決方案，銀泰百貨為顧客提供了可靠度高、安全性高、穩定度高的 WLAN 支撐網路，商場隨時可以根據客流情況增加臨時款臺，實現無線收銀。移動收銀比有線收銀的優勢在於靈活移動、補點便利，不破壞原有裝修，不佔據固定位置。這種特性高度契合了對空間利用率非常高的大型百貨商場。銀泰百貨商場人流量集中，商鋪位置每隔半年就有較大變動，手持終端收銀的移動性和 WLAN 的結合很重要，憑藉良好的接收信號和穩定性，拍檔的安卓手持終端可以很好地和銀秦百貨現有的 WLAN 緊密結合，讓移動收銀沒有任何死角，保證了商場的運營。

（3）做好商品的品類管理

傳統百貨商品資訊品種多、庫存資料與系統不連通、內部的價格體系複雜、商品季節性強。商品的快速更新，也使得商品資料的採集，成為一個工作量巨大的任務。傳統零售商庫存週轉率

是 40 天至 50 天，以電子商務網站京東為例，庫存週轉率是 20 天至 30 天；傳統零售商給供應商的帳期大多在 100 天左右，京東是 40 天內。而京東的 SKU(商品品類) 是傳統零售企業的 10 倍。從百貨商店顛覆集貿市場，到連鎖店顛覆百貨業這一過往的零售革命來看，每一種新的商業模式都是在圍繞「供應鏈效率和成本」展開的。即使是已經開展線上線下一體化的模式，也無法解決從門店轉換到網站的價格規則和物流部署協調。為了解決這些關鍵問題，銀泰已經開始部署移動終端，用於專櫃管理終端系統和電子開票設備，由營業員維護商品資訊，甚至還能與供應商自身的進銷存系統自動同步資料。移動 PDA 將商品資訊的維護工作分散到各個專櫃，解決了資料獲取工作量巨大的難題，既節省了人力成本，又提高了資料更新的效率。

消費者購物將是一個跨管道的決策過程。消費者會在銀泰網上看商品的評價，選擇最近的門店試穿，再透過電子的方式支付。消費者也可以在實體銀泰百貨看到商品，用手機上銀泰網看商品評價，然後可以直接線上下單，也可以在門店購買。不僅如此，受傳統百貨店坪效的影響，不少品牌的時尚款式，每個門店只有一兩件。在未來，銀泰會在實體店設置觸控式螢幕說明消費者決策，如果門店沒有所需的尺碼，或者消費者覺得其他配色更好看，可以直接在觸控式螢幕下單，後臺會有整套邏輯，來完成銀泰的電子和資料各項業務。如果消費者不願意自提回家，還可

以實現同城配送，定點一小時送貨上門，這就是廣義銀泰網的概念，可以跨時間、跨地域為消費者提供更加便捷的服務。

3. 銀泰經驗對傳統零售企業發展的啟示

在互聯網思維的衝擊下，百貨行業面臨前所未有的困惑和機遇。銀泰透過努力使企業成為「大數據驅動下的消費解決方案提供商」，堅守「以客為先」理念，積極實踐「發現需求、引領需求」。下一階段銀泰商業集團將基於娛樂化購物、社交化購物、消費者主權、粉絲行銷，配合手機端的發展來展開行銷工作，融合互聯網思維、大數據和泛管道等。

（三）從店商到電商的嬗變：蘇寧電器

過去二十年被譽為電器零售業翹楚的蘇寧，近年來受到了前所未有的衝擊，網路零售以三倍增速迅猛發展，飛速蠶食著傳統零售業的版圖。在電子商務浪潮洶湧襲來的前八年，蘇寧電器的淨利潤在年複合增長近 60%，而 2012 第三季度，公司淨利率已經下跌至 2.33%，較前期滑落超過 56%。在強大的市場壓力下，2013 年初蘇寧提出了「雲商」模式。

1. 蘇寧電器的雲商戰略

雲商模式可以用「店商＋電商＋零售服務商」來概括。仍具品牌優勢的實體店運營、蓄勢待發的互聯網零售、服務其他中、小零售商的商業模式，加之大數據的支撐和物聯網的服務，旨在開創一個線上、線下高度融合的互聯網零售模式，也為傳統零售業在電子商務時代的發展開創一條新的道路。

自啟動雲商模式以來，蘇寧的戰略定位也發生了很大的變化。蘇寧在蘇寧電器時期的戰略定位是透過優質的產品、便利的零售門店、高效的物流配送以及高品質的售前售後服務打造一流的中國家電連鎖零售企業。而隨著市場的變化，蘇寧雲商的戰略定位在企業銷售的六大要素上均產生了質的變化。

（1）產品

在經濟高速發展的同時，快節奏的工作、生活步伐也漸漸的改變著人們的購物習慣。在時間成本有限的情況下，只經營電器產品已經不能滿足消費者「一站式購物」的需求。為了適應消費者的需求，蘇寧雲商線上線下的經營品類已涵蓋傳統家電、圖書、百貨、日用品、虛擬產品、金融產品等 17 大類。儘管與京東等其他競爭對手相比，蘇寧在產品多元化的進程中起步晚、運營經驗不足，但在零售業積累多年的品牌美譽度及其他傳統優勢為其產品發展策略奠定了良好的基礎。

除了產品種類的覆蓋，線上銷售的產品呈現形式也發生了

變化。與傳統零售業必須高效利用有限的貨架資源不同，電子商務時代的零售商把更多的注意力放在如何獲得消費者的心理空間上。產品的樣式、顏色、使用方法、技術指標等各項資訊都在線上的產品描述中以最方便消費者獲得的方式呈現。相較起傳統零售店面透過銷售人員的口口相傳獲得產品資訊，從電子商務網站上獲得產品資訊從資訊標準化、查詢的方便程度以及同類產品比較的便利性上都具有很大優勢。雖然看不到產品的實物，消費者對於產品資訊的掌握甚至要比傳統的購物方式更全面、便利。

（2）服務

蘇寧在其服務理念描述中稱「服務是蘇寧的唯一產品」。服務對做為零售商的蘇寧來說，重要性可見一斑。在過去多年的經營中，蘇寧積累了大量的優質服務資源。但在電子商務的背景下，蘇寧的服務又面臨著新的挑戰。從蘇寧易購的投訴資料看，核心投訴點分別是網站系統問題、發貨速度問題以及退款困難問題。這三種投訴類型中，網站系統問題的佔比高達 67%。如何把蘇寧二十餘年培育起來的服務價值有效移植到線上，從而解決訂單異常、支付異常、優惠使用異常、產品狀態異常等因前後臺銜接不暢導致的服務問題，是蘇寧雲商正在面臨的挑戰。

除了給消費者提供服務，蘇寧還是一個有著 B2B 功能的開放平臺。如何更好的服務入駐商家，整合第三方資源，是蘇寧面臨又一課題。在嚴格監督產品品質的同時，如何線上、線下為入

駐商家提供專業細緻的客戶服務與快速便捷的物流服務,已成為蘇寧在「雲商」時代的服務新內涵。

(3) 價格

價格一直是消費者關注的焦點,尤其當蘇寧進軍價格敏感度極高的電子商務之後。蘇寧的低價戰略一直沒有改變。蘇寧雄厚的資本積累和與供應商的議價能力都是支撐其低價戰略的重要資源。早在 2011 年,蘇寧易購就在「擊穿全網底價何必東比西淘」的策略影響下掀起了一場聲勢浩大的全網價格戰。其十億特價暢銷貨源和上億讓利額度給京東、國美等競爭對手造成了巨大的壓力。

與京東等競爭對手不同,蘇寧雲商採用的是線上、線下的雙軌運行。線上的低價競爭給線下的訂價策略帶來了不小的壓力。2013 年 6 月,蘇寧雲商宣布蘇寧門店與蘇寧易購實現同品同價。這一戰略對於拉動蘇寧線下門店客流、重新塑造蘇寧的價格形象乃至品牌形象都產生了實際的作用。在產生積極影響的同時,「同品同價」的訂價策略也給蘇寧雲商帶來了更大的挑戰。隨著線上、線下「同品」的數量不斷增加,蘇寧還需從運營的各個環節尋找優勢,為進一步開展「同價」戰略提供可能。

(4) 技術

蘇寧的「雲商」概念離不開強大的技術後盾。秉承著「科技

創造、智慧再造」的資訊化建設的核心戰略，蘇寧旨在透過建立全球化共用平臺、升級智慧蘇寧的雲服務模式等措施把企業從互聯網時代帶入物聯網時代，從而實現其從傳統零售模式到現代商業模式的轉型。

蘇寧雲商將會透過高效高速的物流網路、貼心舒適的門店體驗網路、便捷發達的多媒體交易網路、顧客時尚生活網路、智慧共用的管理網路、全球產業鏈網路、全球高技術開發網路實現「七網合一」的戰略目標。透過對後臺的細節化管控與精確定位，實現對消費者需求的靈活回應。

（5）店址

傳統零售店的選址要考慮諸如客流規律、競爭對手、交通條件、開店成本、商圈屬性等多種因素。在「電商」＋「店商」的綜合模式下，蘇寧雲商的店面選址除了要考慮上述因素外，更把重點放在對物流便利性的考量上。為了實現「有蘇寧的地方就有蘇寧易購」的線上、線下無縫對接，在建設蘇寧全國物流配送網時就必須充分考慮到線下門店與線上電商的互補作用。多數來自於電商的訂單涉及的都是小件商品。利用蘇寧全國門店體系以及蘇寧易購的快遞隊伍，全國範圍的配送和自提服務小件商品的物流配送率會大大提高。因此蘇寧雲商時代店面的選址對物流便利性的倚重遠大於蘇寧電器時代。

另外，由於一、二線城市消費者生活節奏的加快，蘇寧易購

快速、便捷的購物方式更易受到他們的青睞。因此，蘇寧線下的門店在對城市的戰略選擇上更傾向於向三、四線城市下探，從而以更全面的方式覆蓋不同的消費人群。

（6）環境

以蘇寧電器為代表的傳統零售商，由於貨架空間的資源的有限，對賣場的環境設計通常有很實用的要求。諸如賣場的空間類型、商品的陳列與佈局、廣告的呈現位置都以當時當地的產品銷售為導向。而蘇寧雲商宣導的線上、線下完美融合的理念，催生了一種「體驗式」的購物環境。蘇寧超級店就是這樣一種全新的零售業態。為了實現「超網購體驗」的門店宗旨，蘇寧超級店推出了「蘇寧私想家」專案，在店內展現了全套的智慧家居設計。為消費者創建了輕鬆、互動的購物環境，使他們能夠最大限度的體驗各類智慧家電帶來的完美生活。體驗式的環境，幫助蘇寧超級店從產品導向的銷售邁向整體家居導向的銷售。

總體來看，蘇寧雲商的戰略定位是一種能夠創造更多社會價值、產業價值以及企業價值的高科技服務方式。它旨在透過高科技的平臺為零售產業打造更高價值的產業鏈、為消費者創造更多的服務價值，為中小企業提供一個更為寬廣的平臺。

2. 蘇寧電器的創新舉措

蘇寧邁開了從電器時代到「雲商」時代重要轉型的步伐。與

傳統的零售商的墨守成規相比，蘇寧雲商的一系列創新舉措，為這個傳統零售業的翹楚帶來了新的商機。

（1）搶先建立電商平臺，為消費者提供更多選擇

蘇寧對於電子商務重要性的預見，遠遠早於其他傳統零售業。2009 年 8 月蘇寧電器與 IBM 攜手對蘇寧商城進行了全面的改版和升級，創建了一個以購買、學習、交流等眾多功能為一體的家電諮詢電子商務平臺。這個專業的 B2C 電子商務平臺就是蘇寧易購。蘇寧易購在創建之初就形成了自主採購、獨立銷售、與實體店共用物流服務的運營機制。除了商品銷售，蘇寧易購還旨在透過多種管道使消費者掌握更多產品資訊的同時也把消費者的購物偏好及時的回饋給供應商。

與傳統零售業的其他企業相比，蘇寧較早的建立了自己的電商平臺，搶佔了市場先機。儘管在蘇寧易購建立最初的幾年內，銷售業績一直不甚理想，但是較為全面的平臺搭建，使得蘇寧在日後的電商大戰中佔得先機。

（2）線上線下全面融合，打破購物界限

與淘寶、京東等迅速崛起的電商平臺相比，單純在電子商務領域作戰，蘇寧所具備的優勢並不顯著。相反，忽視線下狀況而一味的強調電子商務的發展，反而會對實體門店造成損害。如何更好地利用蘇寧線上和線下的服務優勢，形成全管道、多觸點的一體化服務，是實體店和電商平臺融合時要面臨的問題。

從消費者的消費需求來看，電商更能滿足消費者尋求低價、追求便捷等需求，從而滿足其求廉、求便的消費動機。而線下門店更能滿足消費者對最新產品的獲得和體驗等需求，從而滿足其求新、求名的消費動機。兩者各有各的市場空間和目標客戶。因此實體店和電商平臺之間的融合是基於相互補充而不是相互替代的，且兩者的緊密融合是蘇寧在競爭激烈的零售市場中獲得優勢的重要保障。

（3）去電器化發展，開展全品類經營

2012 年 7 月，蘇寧易購開始了其去電器化的進程。蘇寧經營的商品品類由單一的家電擴充到圖書、日化、百貨、虛擬產品、運動產品、小家電等。除了線上引進更為豐富的品類，線下實體門店蘇寧超級店也推出了除傳統 3C 產品和傳統家電外的 17 個大類其他產品，為線上、線下去電器化的同步進行提供了有力保證。

蘇寧的去電器化是發展的必經之路。電器是一類標準化產品，激烈的競爭使得利潤很低。去電器化發展不是剔除傳統的電器業務，而是在電器業務的傳統優勢上擴大經營品類，從而獲得較高的盈利水準和較為廣泛的收入來源。另一方面，電商的潛在消費者多以求便為直接消費動機，品類的豐富能夠滿足消費者一次性購買多種物品的需求。最後，透過增加品類，實體門店的顧客黏連度和使用者體驗程度都會大大增加，有利於提高門店的綜

合效益。

（4）開放平臺化發展，打通全方位管道

引入全品類不能只靠蘇寧一家企業的力量，吸引優質的供應商進駐蘇寧的電商平臺是全面發展的重中之重。因此，開放平臺化發展也成為蘇寧建立之初就遵循的原則。蘇寧易購執行副總裁李斌承諾，犧牲開放平臺的部分盈利對供應商進行免年費、免平臺使用費、免保證金的「三免政策」。蘇寧承諾供應商只需把精力放在商品入庫與資訊維護兩個環節，其餘執行的細節均由蘇寧代勞。

開放的平臺化發展是一種雙贏的模式。供應商的核心競爭力是整合產品，他們不需面對顧客，只需面對蘇寧。因此，供應商透過加入蘇寧易購節約了自建店面、廣告投入、物流倉儲等成本。蘇寧的核心競爭力是整個平臺的行銷和服務，它整合了供應商，節約了採購成本，獲得了銷售返點、倉儲、物流服務等多種形式的盈利。雙贏的模式積極促進了開放平臺化的發展，使供應商和蘇寧易購能夠長期互利合作。

（5）雲端大數據的科技零售

蘇寧雲商的發展離不開大數據背景下的眾多科技。針對消費者的物流監控、科技購物、便捷支付以及供應商供應鏈效率的提升、資訊系統的對接和共用等需求，蘇寧雲商制訂了一系列基於

「雲技術」的服務計畫。三年內，3 大開發中心、6-8 個雲計算中心以及 IT 培訓學校會陸續建立。蘇寧正從各個維度積極的為新型的科技零售做準備。

互聯網大數據時代的來臨也正在影響甚至顛覆包括銀行業在內的很多傳統行業。蘇寧也已經意識到大數據時代的來臨。2013 年 8 月，蘇寧雲商向外界確認了其正在向有關部門申請設立「蘇寧銀行」。這是一個以專業消費銀行為定位的特色銀行。大數據的支撐，互聯網金融的特色都是「蘇寧銀行」的核心競爭力。擁有大數據基礎，蘇寧進軍銀行業的優勢不言而喻。第三方支付業務積累下來的資料資訊流，為向平臺上的中小企業發放小額貸款提供了有力的保障。從而為蘇寧雲商在零售業發展提供了新的契機。

（6）組織架構全面調整

組織架構的調整是蘇寧全面轉型的基礎保障。2013 年蘇寧改名為蘇寧雲商集團後，進行了大規模的組織架構調整。在總部經營層面，新設立了連鎖平臺經營總部、電子商務經營總部、商品經營總部三大總部。和傳統連鎖經營平臺平行，充分說明電商平臺在蘇寧雲商中的地位大大提高；在產品方面，除了傳統的實體產品，內容產品和服務產品是新增的事業部門，也為蘇寧去電器化發展戰略提供了的重要前提。

2014 年 4 月，為加速全品類拓展和 O2O 融合發展，蘇寧再

次進行組織架構調整。紅孩子、PPTV、商業廣場，以及新成立的物流、金融、電訊等八大業務被設置為直屬獨立公司，與原先的商品經營總部和運營總部並行運營。獨立的組織架構讓新業務在經營管理方面獲得更大自主權。全面調整的組織架構為蘇寧雲商的大步改革奠定了良好的基礎，也表明了其大力轉型的堅定決心。

3. 蘇寧經驗對傳統零售企業發展的啟示

蘇寧做為傳統零售業在新的市場環境下積極轉型並初見成效的代表，其轉型外因、內因和方式都給其他傳統零售企業帶來一些啟示。

（1）來自跨行業的競爭不可忽視

蘇寧電器曾經是中國家電連鎖零售行業的領軍者。十幾年前，蘇寧最大的競爭對手是國美。同為家電連鎖行業零售商中的佼佼者，蘇寧和國美的競爭既激烈又有一定規律可循。相似的行業背景、供應商的資源、對客戶需求的瞭解，使得這兩個家電巨頭在競爭中常常相互制衡，形成一個相對穩定的市場格局。另一個角度，對消費者來說，可選擇的零售商除了蘇寧就是國美，而這兩者從本質上區別不大。消費者可選擇的範圍較小。只要有剛性需求，還是會從二者之間簡單選擇，進行消費。

行業內部的利益鏈一旦形成就很難被打破，除非有外力對

其施以影響。電子商務就是這樣一個打破原有平衡的外力。隨著實體店的生存環境不斷惡化，蘇寧盡早的體認到不能依靠傳統優勢繼續佔有市場。來自跨行業的競爭者，雖然沒有深厚的行業積澱，也沒有行業形成多年來積累的包袱。它們以全新的角度迅速掠奪消費者的需求，成就新的局面。面對電商革命，蘇寧只能加速自身的變革。

（2）消費者的需求驅動行業變化

在市場經濟的環境下，消費者新的需要是驅動行業變化的根本動力。由於商品極大地豐富，消費者有非常大的選擇空間。消費者的消費需求、習慣、偏好都成為商家競相研究的物件。只有符合消費者需求的產品和產品呈現方式，才能在市場上立於不敗之地。

傳統零售業不應該只從自己的優勢和長處出發，依靠以往的經驗生產和行銷。消費者的需求會隨著宏觀環境、微觀環境的變化而隨時變化。快節奏的都市生活、擁塞的交通使得外出購物的成本大大增加；加之電子商務平臺的成熟，人們對網路購物的信任已經形成；而密集型的人口居住模式又使相應的物流配送既高效又經濟。幾方面因素相互作用，產生了以最高效、最便捷的方式購買家電的需求，電子商務的商機也應運而生。蘇寧和其他傳統零售企業只有密切關注消費者需求，才能隨時把握行業變化的規律，從而對企業運營做出及時的調整。

（3）線上線下同時發展體現優勢

蘇寧的雲商概念不同於店面的店商，也不同於網上的電商。雲商蘇寧既要做線上，也要做線下；既要做店商，也要做電商，還要做零售服務商。蘇寧的這種「店商＋電商＋零售服務商」的模式也是很多傳統零售業可以借鑑的。這一模式的一大優勢就是能夠在資訊快速便捷到達消費者的同時，堅守給予消費者多方面的切身體驗與感受的機會。而這種體驗和感受，是電子商務單純靠圖片的展示、參數的列舉做不到的。

蘇寧正佳超級店開業時展出了一款 85 吋的高清彩電，價格高達 26 萬。對於這樣的標價，相信僅僅從網上獲取基本資訊的消費者很難接受。但是在實體店，這款電視的大畫面、高性能更容易給消費者留下深刻印象。一位消費者在看到展示的真機之後，深深為之震撼，隨即支付了訂金購買。可見在高端產品和體驗性較強的產品上，實體店的魅力仍然不容小覷。

歷史上多次產業革命的經驗已經告訴我們，一種業態的興起不會導致前一種業態的消失。多種業態的相互補充，共同繁榮是零售業發展的內在動力。只要及時關注來自跨行業的外界競爭、挖掘消費者在新環境下的潛在需求、做好線下店面和電子商務的優勢互補，電子商務時代的傳統零售業依然會煥發新的生機。

商業地產的創新

　　商業地產是將各種零售、餐飲、娛樂、健身服務、休閒等經營用途的房地產形式，從經營模式、功能和用途上區別於普通住宅、公寓、寫字樓、別墅等房地產形式。商業地產就是一個具有地產、商業與投資三重特性的綜合性行業。它兼有地產、商業、投資三方面的特性，它既區別於單純的投資和商業，又有別於傳統意義上的房地產行業。從業內商業形態來分的話，它可分為商業廣場、SHOPPING MALL、商業街、大型商鋪、購物中心、休閒廣場、步行街、專業市場、社區商業等。

　　中國的城市居住郊區化還不普遍，家庭轎車普及率也不高，因此大型購物中心普遍都選擇在市中心的商業區，因為這裡商業繁榮，中高收入消費者集中，而且交通便利，客流量大。

（一）傳統商業區：新街口商圈

1. 戰略定位及特點

　　新街口被譽為「中華第一商圈」，無論從購買力和人氣來說，都是南京當之無愧的最具吸引力的地段。目前新街口商業街區核心地理範圍東止洪武南路，南止淮海路和石鼓路，西止王府大街，北止長江路，面積近 1 平方公里，它分屬於白下、鼓樓、玄武三個區，而主要的商業設施都集中在白下區區域。在總體的規劃上，南為商貿金融商務區，北片為休閒文化區，其中南片主要的核心區就位於白下區的範圍內。新街口是南京一個古老的地名，也是著名商業中心，在 1929 年以前這裡只是一片冷清的普通舊式街區，沿街房屋後面還有不少空地及池塘。1929 年開始的首都建設徹底改變了這裡的風貌，寬達 40 餘米的 4 條幹道在此交會：中山東路、中正路、漢中路和中山路，中間形成環形廣場，並以一尊孫中山雕塑為分隔。由於變成新的交通樞紐，新街口迅速形成新興的商業中心。1930 年代建成國貨銀行、浙江興業銀行、交通銀行、中央商場、大華大戲院、新都大戲院、福昌飯店等眾多設施。1980 年代，建成當時中國最高建築金陵飯店。在多年的發展中，新街口形成了其特有的優勢。在南京市的幾大商圈中，新街口商圈在設施、商品、價格和服務方面具有全國領先優勢，僅百貨業態就包括：南京新百、中央商場、金鷹國際、商貿百貨、大洋百貨和東方商城等大型商業企業，在「都市圈」

市場中形成了較強的集聚輻射功能。新街口商業貿易區是南京市商貿商務中心區，其商務商貿的密集程度、經濟貿易額、客流量，在全國都有一定的影響。

新街口商業街區做為有近百年歷史的商業街，在其發展的過程中形成了自身特有的優勢和特點：

（1）商業密集度高

在新街口這塊不到 1 平方公里的「彈丸之地」，已經集中了近 700 家商店，1 萬平方米以上的大中型商業企業就有近 30 家。僅白下區側 0.3 平方公里的範圍內，就有各種地面商務商貿設施 120 多萬平方米，近 500 家工企單位，其中商業面積 70 多萬平方米，娛樂面積 8 萬多平方米，金融面積 10 萬多平方米，商務面積 37 萬多平方米，另外還有 20 多萬平方米的地下商業設施，新街口商業街區的密集程度之高，在全國都不多見。

（2）影響輻射力大

新街口商業街區的銷售額有 30% 是南京都市圈的馬鞍山、滁州、蕪湖、鎮江、揚州及周邊城市常州、無錫、合肥等城市的消費者實現的。

（3）知名商貿企業多

從精神文明建設來說，南京的市屬商貿是省級文明行業，市屬商貿系統的相當部分都在新街口街區。中央、新百都是首批全

國「百城萬店無假貨」活動示範店。新百是全國精神文明建設先進單位，區內還有 10 多家市級文明單位，7 家省級文明單位，各商家還有很多的青年文明號、巾幗文明號及國家和省級勞模 20 多名。

如今的新街口已經成為一個集購物、餐飲、住宿、休閒娛樂為一體的綜合性商貿區。隨著地鐵一號線的開通，新街口的交通將變得更為便利。

2. 創新舉措

由中國 500 強企業──三胞集團發起，並聯合雨潤集團、金鷹集團、德基集團、南京新百、南京秦淮區政府於 2012 年 10 月共同一期投資 1 億元創立商圈網，這些公司加起來年銷售額超過了 3000 億元。這些企業都位於被譽為中華第一商圈一平方公里範圍內的新街口。商圈網是由一張大網、一個平臺、一套工具組成的。第一，一張大網就是新街口的無線 WiFi；第二是建一個新街口商場平臺，是一個開放性的平臺；第三，一套工具，微信、APP，有微物流，包括支付手段，以及為服務中小企業訂製的 PAD 工具。目前商圈網就是為實體商家提供及時精準的資料行銷服務。在新街口商圈，目前已經全方位地鋪設了 WiFi，隨時採集資料，收集資訊。因此，商圈網在新街口運營一年多的時間裡已經收集和整理了 50 萬使用者的紀錄。

商圈網的產生源於受到的挑戰。互聯網技術的興起，使得傳統零售面臨巨大的挑戰，受到了電商的衝擊。互聯網時代帶來了資訊技術的革新，在不斷催生新的網路零售模式的同時，消費者的購物習慣也在潛移默化地發生著改變。在這種背景下，傳統零售商的經營模式、經營效率、行銷方式等均面臨挑戰。可是傳統商家做電商，目前證明多數是死路一條。在新街口一張「大網」就應運而生了。

　　從零售商的角度，零售商也一直在適應顧客變化帶來的挑戰。實體企業的全管道之路無非就是三個目的：第一，要做精準的廣告投放，即行銷；第二，要做有效的銷售，其實很多實體企業為了做大銷售額，很多時候會跟團購網合作；第三，核心商圈的需求就是要把客人引到實體店來，才有更多的機會販賣更多的商品和提供更好的服務，讓他們不斷光顧。

　　從顧客的角度，顧客需要的資訊分為三個層面：一種是商戶資訊，顧客要知道這個地方有哪些商店，商家是賣什麼的，能不能滿足需要；第二是商品資訊，即什麼是顧客特別想買的；第三是行銷活動資訊，這是顧客最想知道的。因此，商圈網把新街口的商城打造成一個商戶資訊、商品資訊和及時優惠資訊組成的一個開放性的平臺，而不是單一的賣商品的網站。

　　業內人士指出，既給客戶帶來方便，又創造價值，這才是O2O的本質。據悉，商圈網最關鍵的是有一套工具，給商圈網

的商戶訂製一個網路出發工具，投放廣告，不再直接報到商圈網來層層審批，而是直接運用這個工具進行搶廣告，搶發佈。商圈網還打造了一套微信。據悉，商圈網的微信在 4 個月時間內突破了 15 萬用戶，而這都是在新街口購物過，或者是正在購物，或者是準備購物的人群。

之前如果要讓傳統零售企業變成一個網店，每天都需要編輯商品、修圖、拍照、上傳，而很多實體店都不具備這樣的能力。商圈網執行副總裁朱偉說，而現在我們給每家店配備一個訂製的PAD，所有後臺設定好，只要拍照編輯，就能夠傳遞到後臺進行系統連結，這樣便省去了非常多的人工，節約成本。

無疑，線上、線下融合發展是零售企業的未來，但服務能力是零售業的核心競爭力。其實，線上賣得好的企業大部分也是線下賣得比較好的。商圈網執行副總裁朱偉表示，天貓、淘寶上的賣家排名前十的服裝品牌，其線上也賣得非常好。在他看來，線下的服務能力是核心的零售能力，移植到線上一樣能夠取得成功。

3. 新街口經驗對傳統零售企業發展的啟示

（1）商業聚集，形成規模效應

在新街口文化街、美食街、珠寶街、超市百貨街的加入，使得區域商業規模效應凸顯。南京新街口商圈內功能街區有「洪武

路金融街」、「正洪路商業步行街」、「太平南路黃金珠寶一條街」、「王府美食街」、「石鼓路酒吧街」、「冶山民俗文化街」、「朝西古玩字畫一條街」、「莫愁路古玩一條街」、「長江路文化一條街」、「倉巷明清一條街」、「淮海路民國文化一條街」等。

　　新街口的商業密集度高，辦公室數量居南京之首，80家世界五百強企業入駐。同過去相比，新街口商業商務中心的核心區無論是功能結構還是建築形態都具有更強的集聚性，城市總體規劃的定位、核心區的地域優勢、道路交通的改善以及良好的市政基礎設施為建築的更新和功能的集聚提供了更強有力的支撐，使得在核心區內，形成了以商務辦公、商業服務功能為主導地位的綜合服務區。

圖 6-1：新街口商業聚集

（2）利用電子商務手段和平臺。實體商圈不可能消失，應該用電子商務手段來武裝這些實體商圈。O2O 不僅是要幫助線下賣掉多少商品，更多的是要讓線下的實體店能夠及時和客戶進行溝通聯繫，分享和傳遞資訊，也能夠及時把消費者的興趣、渴望收集回來，最終形成大的價值鏈。

　　網上商圈模式將帶動以零售企業為中心的傳統商圈實現產業升級。其目的是讓消費者更多回到實體門店裡面去，拉動人流，最終達成效應。一直以來，業界普遍認為傳統商圈轉型的重點在於穩定並增加客流量，同時提升轉化率。有分析人士認為，商圈網可以吸引商圈內活躍人群，並透過大數據對其基本資料、消費軌跡等進行精確分析，為其提供即時精準的消費資訊，以及線上、線下融合的消費體驗，從而穩固並提升商圈客流量。而透過對商圈內消費者資訊的大數據分析，可為傳統商戶提供更加精準的行銷指引，從而提升到店率及轉化率。

（二）商業綜合體：大悅城

　　大悅城是中糧集團中糧置業旗下核心品牌，是城市綜合體的典型代表。大悅城最大的亮點是提供吃喝玩樂一體化的生活方式，滿足了最炫人群（年輕人）的訴求[99]。大悅城的名字源自《論語》的「近者悅，遠者來」，彰顯了大悅城的價值追求——「創造喜悅和歡樂，使周圍的人感到愉快，並吸引遠道而來的客人」。截止到 2017 年底，中糧集團在北京、上海、天津、瀋陽、煙臺、成都共經營 7 個大悅城購物中心。2017 年 -2019 年，大悅城還將在全國以一線城市為核心，輻射環渤海、長三角和珠三角等經濟圈，繼續開發成都大悅城、煙臺大悅城、天津六緯路大悅城、北京安定門大悅城、深圳大悅城等項目[100]。

1. 戰略定位

（1）品牌戰略

　　大悅城的品牌特徵是：年輕、時尚、潮流、品位。年輕是客群，大悅城關注年輕人或具有年輕心態的人，能夠滿足這類人的需求與偏好。時尚是主線，大悅城堅持求新、求變，是一個活的、具備引領性的品牌。潮流是表現方式，大悅城符合主流文化

99　暴雪松（中糧集團西單大悅城總經理）接受《中國商貿》記者採訪
100　中糧集團官網，大悅城介紹。

特徵。品位，是生活的追求，大悅城希望透過品牌，建立人們對更美好、精緻的生活的嚮往 [101]。

大悅城品牌戰略分三步走：第一步，建立品牌的知名度，第二步，提高品牌的美譽度；第三步，維護品牌的忠誠度。西單大悅城打響了品牌的知名度，朝陽大悅城、瀋陽大悅城以及上海大悅城擴大了品牌的美譽度。透過在全國主要二、三線城市複製大悅城模式，說明消費者和商家樹立品牌的忠誠度，使之成為「城市之心」、「生活之心」。

（2）項目定位

大悅城項目定位於商業物業，是年輕、時尚、有活力的消費地 [102]。因區位條件、消費者特徵、商業成熟度等不同，每個大悅城又有其自身的具體的項目定位（見表6.3）。下面以北京已開業的兩家大悅城為例具體說明。

西單商業圈有著深厚的商業歷史積澱，日客流量達 20 萬人，聚集了海內外青年男女或具有年輕心態的遊客。有鑑於此，西單大悅城定位為「中國真正的國際化青年城」。

朝陽大悅城位於朝青板塊，周邊建有多家高端社區。2009年該地區被納入了北京 CBD 東擴區，此區域重點發展總部經濟、

---

101 中糧集團官網，大悅城介紹。
102 寧高寧，大悅城，中國企業家，2008 年 21 期。

國際金融以及高端商務等產業。中糧集團從中看到了巨大的商業
潛力,但地產商業潛力的釋放需要 5-10 年的市場培育期,經營
效果沒有達到理想的預期,因此朝陽大悅城從最初的「家庭城」
定位調整為「年輕客群的消費目的地」。

表 6-3 大悅城項目定位

項目名稱	項目定位
西單大悅城	中國真正的國際化青年城
朝陽大悅城	「家庭城」、「活力 MALL 和生活 MALL」(初始定位)年輕客群的消費目的地(調整後的定位)
瀋陽大悅城	國際化、大型 Shopping Mall 的主題購物中心
上海大悅城	「品位、時尚」新生活方式的一站式生活中心
天津大悅城	國際時尚青年城

資料來源:中糧置業:以項目品牌驅動商業地產戰略發展,贏商網。

(3) 客戶群定位

大悅城是以 18-35 歲新興中產階級為主力市場,但是每個項
目的側重點不同。例如,西單大悅城面向 18-25 歲的年輕人,朝
陽大悅城定位於年輕夫婦,上海大悅城聚焦於年輕的女性。瀋陽
大悅城還兼顧其他群體,打造多維客戶群(見表 6.4)

表 6-4 瀋陽大悅城多維客戶群一覽表

場 館	年齡段	群 體 類 型
A 館:啟程 - 先鋒青年	15-25 歲	中高校學生、初涉社會青年、潮流青年
B 館:轉折 - 都市新貴	25-40 歲	商務人士、職員、自由職業等
C 館:目標 - 摩登家庭	7-77 歲	成功人士、政企高管、家庭成員等
D 館:分享 - 未來生活	18-60 歲	生活藝術愛好者 時尚個性追求者

資料來源:中糧置業:以項目品牌驅動商業地產戰略發展,贏商網。

（4）選址戰略

大悅城項目以一線城市 [103] 為主，環渤海灣為核心。十個大悅城項目分佈於 7 個城市，其中一線城市、環渤海灣的項目均佔70%。

「地段為王」在商業地產領域尤為重要。大悅城項目均為市級核心商圈或商業潛力巨大的新興住宅區，前者佔項目的 60%。

市級核心商圈的項目距離市中心在 1 公里以內（見表 6.5），商圈輻射人口一般在 100 萬以上，次級商圈輻射人口在 200 萬以上。新興住宅區的項目距離市中心為 6-8 公里，商圈輻射人口一般在 50 萬以上，次級商圈輻射人口在 100 萬以上。

表 6-5　大悅城選址情況

比較內容	西　單	朝　北	瀋　陽	上　海	天　津	成　都
項目地段	核心區西端	東北三四環	核心區東端	核心區北端	內環核心區	西南三環
商圈屬性	市級核心商業中心	新興高端住宅區	市級核心商業中心	市級核心商業中心	市級核心商業中心	新興高端住宅區
離市中心點	1Km	8Km	0.5Km	1Km	0.5Km	6Km
商圈輻射人口	200 萬	50 萬	100 萬	200 萬	70 萬	50 萬
次級商圈輻射人口	300-500 萬	250 萬	200-400 萬	300-500 萬	330 萬	100 萬

資料來源：中糧置業：以項目品牌驅動商業地產戰略發展，贏商網。

2. 創新舉措

大悅城透過經營創新、管理創新以及技術創新，極大地提高

103　2014 年中國城市排行榜，百度文庫。

了大悅城的銷售額，提升了品牌的知名度、美譽度與忠誠度。

（1）西單大悅城的經營創新

潘陽大悅城於 2007 年 12 月正式開業。它地處北京西單商業區的核心，是全國商業的黃金地段，日客流量超過 20 萬，消費力旺盛。由購物中心、酒店式公寓和甲級寫字樓等三類建築組成，涵蓋零售、餐飲、電玩娛樂、電影院等多種業態或經營項目。

西單大悅城摒棄單一的收取租金的經營模式，增設樓層經理、使用專業監測人流的儀器、舉辦各種活動，為商戶排憂解難，不斷提升購物中心服務水準和經營效益 [104]。

設置樓層經理密切了集團與商戶的關係，起到了幫助與監督商戶的作用。用專業儀器對客流情況進行監測，透過監測資料，對賣場佈局、品牌分佈以及活動效果進行分析與評估。及時向商戶溝通監測結果，幫助商戶發現問題，糾正偏差，提高經營業績，實現購物中心與商戶共成長。透過促銷等活動，集聚人氣，提高銷售收入。

（2）潘陽大悅城主題活動創新 [105]

潘陽大悅城於 2009 年 6 月正式開業，是潘陽最大體量、最

---

104 西單大悅城創新型運營盤活商業管理，http://365jia.cn/uploads/news/images/22(302). 。
105 中糧潘陽大悅城創新服務大事記，http://news.liao1.com/newspage/2010/11/4466356.html。

具主題、業態最完整的 Shopping Mall。它地處瀋陽最繁華的、歷史最悠久的中街商圈，日客流量約 45 萬人，節假日高達百萬人。由購物中心和公寓等兩類建築組成，涵蓋零售、餐飲、住宿、娛樂、文化、休閒等多種業態或經營項目。此項目最大的特色和亮點是，把時尚的步行街景觀、現代化的地鐵交通樞紐與國際領先的購物中心主題有機結合。瀋陽大悅城多維度提升運營服務，用創新的推廣活動，吸引沈城潮人成為忠實會員，引領沈城時尚消費。

瀋陽大悅城自開業以來，舉辦了系列活動，成為青年人群、城市家庭的消費、約會聚會首選地。

① 節日主題活動：中秋節的「都是月亮惹的『獲』」和萬聖節的「植物大戰殭屍」。前者透過競技遊戲，與顧客互動，點燃了狂歡的中秋佳節。後者以當時最熱門遊戲「植物大戰殭屍」為載體，喊出「夠膽就來大悅城」火辣口號，吸引大批客流。

② 首創多個第一的主題活動：瀋陽首個愛情主題公園、中國第一家「愛情銀行」、亞洲第一座愛情紀念碑、亞洲首創「超級瑪麗」真人競速賽。

前三個活動圍繞年輕人千古不變的生活主題「愛情」來設計。2010 年臨近春節，沈城的年輕人齊聚愛情主題公園，用浪漫的方式迎接新一年的到來。「愛情銀行」存放著來此年輕人的愛的心路，用照片或紙質材料證明愛情歷程。愛情紀念碑是年輕

人生活浪漫的表徵，是大悅城永久性標誌物。

《超級瑪麗》是任天堂公司出品的著名橫版過關遊戲，迄今銷量超過 4000 萬套，是很多人童年最深刻記憶。瀋陽大悅城設計的「超級瑪麗」真人競速賽新穎而快樂，吸引大量的年輕人參加。

③ 特定事件的主題活動：玉樹賑災公益活動、籠式足球活動。2010 年 4 月 14 日，玉樹發生了破壞性地震。為了激起年輕人的愛心，4 月 21 日，瀋陽大悅城舉辦「我們在一起」的愛心公益活動，在暖暖的燭光下，與愛心青年一道為災區人民祈福，顯示了大悅城的社會責任感。為迎接世界足球杯的來臨，大悅城為瀋陽年輕的足球愛好者舉辦了首屆籠式足球賽，自此點燃了激情夏日。

（3）朝陽大悅城「大數據」管理創新 [106]

朝陽大悅城於 2010 年 5 月正式開業。它地處於朝陽北路和青年路交會口，緊鄰 CBD 中央核心商務區，是朝青板塊居住重心區。由購物中心和銷售式公寓等兩類建築組成，涵蓋零售、餐飲、教育、娛樂、文化、休閒等多種業態或經營項目。朝陽大悅城透過「大數據」分析消費者行為、商戶銷售業績，開業不足三

---

106 「大數據」助力朝陽大悅城創新發展，商務部網站。

年便實現了盈利，引起了業界的普遍關注。

　　朝陽大悅城擁有系列資料系統，主要包括銷售管理系統、客流統計系統、停車場車流管理系統、會員管理系統以及商家系統等，積累了海量的客戶與商戶資訊。其資料團隊利用「多維度的大數據分析方法」，深入分析消費者行為及商家經營狀況等資訊，挖掘這些資料背後的商業價值，進一步精準行銷和管理。

　　例如，資料團隊在分析客流發現一個奇怪的現象，很少有消費者光顧大悅城內某個柱子後面的店鋪，顧客到了柱子跟前只是左右流動。於是大悅城給柱子開了個洞，消費者透過洞，發現裡面還有商戶，帶著好奇的心情走進柱子後面的商家，提升的這些店鋪的銷售收入。

　　2011 年 11 月 2 日是「世紀對稱節」，客流突然增加，帶動了銷售的大幅度提升。如果不是對「大數據」的挖掘與比對，很難猜測高客流和高銷售的根源。

（4）上海大悅城技術創新與主題活動創新

　　上海大悅城（一期）於 2010 年 12 月正式營業。它地處蘇河灣新興商業區，距離人民廣場和外灘只有 5-10 分鐘的車程。由購物中心、高檔住宅、服務式公寓、五星級酒店以及高端 SOHO 等五類建築組成，涵蓋零售、餐飲、住宿、KTV、電影院、料理製作、舞蹈教室等多種業態或經營項目。秉承國際同步、前衛藝

術、立體享受以及新生活 - 新體驗的理念，大悅城銳意創新，不斷提升潮流、性感時尚、享樂的新生活品質。

① 設置互動式電子導購屏，探索會員管理與行銷線上化[107]。2014 年 3 月，上海大悅城用電子導購屏替代導視屏。該款聯網的新產品集動態導購導視、優惠資訊發佈、會員服務、停車服務於一體的電子服務系統。該系統的最大亮點與創新就是打通了會員交互功能，提高了積分的價值，提升了商場的人氣，減輕了工作人員的服務壓力。螢幕顯示即時的店鋪更換、店鋪活動等資訊，會員的停車券資訊即時與會員資料庫保持對接；顧客還可即時查詢積分餘額、選擇消耗積分、換取相關權益等。

② 聯手阿里，收銀系統與手機淘寶移動支付無縫對接[108]。從 2013 年下半年起，上海大悅城就和阿里巴巴商討打通支付系統方案，最終敲定解決辦法，成功地實現了大悅城的收銀系統與手機淘寶移動支付的資料的無縫對接，成為上海唯一一家打通手機淘寶移動支付的購物中心。2014 年 3 月 8 日，大悅城利用手機訂單、秒殺紅包、免單抽獎等進行 O2O 聯動，為消費者提供零售、餐飲、電影、KTV 等生活消費體驗。活動當天店內則擠滿了興奮挑選的女孩子。排隊人群中有一對閨蜜，她們迫不及待

---

107 上海大悅城 O2O 新舉措：引入容易網商場導購服務體系，贏商網。
108 上海大悅城聯手阿里：收銀系統打通手機淘寶移動支付，贏商網。

地打開淘寶「掃一掃」，準備使用秒殺的 100 元紅包，嘴裡不斷唸叨著「我要免單，我要免單！」此次活動還吸引了浦東的消費者搭車來體驗，遠端客流引導效果顯著 [109]。

③ 不斷創新主題活動，打造申城潮流人士約會勝地。自開業以來，上海大悅城舉辦的幾米星空展、宋冬「吃掉城市展」、美人魚逃生展、著名設計師原研哉藝術展、刀刀狗漫畫展、迪士尼漫威展、Hello Kitty 展以及萬聖鬼屋活動等。定期舉辦美食節、相親節等，吸引了無數年輕炫人聚集於此。

（5）天津大悅城跨界合作，試水 O2O [110]

天津大悅城於 2011 年 12 月 25 日耶誕節盛大開業。它地處天津市老城廂核心區域，周邊 3 公里範圍內集聚 73 萬人口，5 公里範圍 330 萬人。由購物中心、高檔住宅、酒店式公寓以及甲級寫字樓等四類建築組成，涵蓋零售、餐飲、住宿、娛樂、休閒等多種業態或經營項目。跨界合作是天津大悅城創新商業模式的最大亮點，是其從購物中心向綜合服務平臺的有力嘗試。

①「9.8 大悅瘋搶節」，大悅城和品牌商跨界合作 [111]。2013 年 9 月 8 日之前，天津大悅城利用微博、微信等新媒體，

---

109 大悅城會成購物中心可複製的模式嗎？http://article.pchome.net/content-1709093.html。

110 天津大悅城牽手電商 創新融合共謀發展，http://www.enorth.com.cn。

111 天津大悅城跨界合作，「9.8 大悅瘋搶節」單日銷售破億元，贏商網。

將線上需求與線下服務相結合，創新了整合行銷的新模式，實現了精準行銷。大悅城還對各類品牌進行混搭，推出適合年輕家庭、時尚情侶和親昵閨蜜的促銷產品，滿足消費者多樣化的消費需求。節日當天突破億元銷售額，客流超過 20 萬人，刷新了全國購物中心客流與銷售的雙紀錄。「9.8 大悅瘋搶節」是天津大悅城一次「跨界」經營創新。

②「11.11 大悅城試衣日」，大悅城和電商的跨界合作。在2013 年「雙 11」到來之前，天津大悅城在其官方微博、微信大力宣傳「親，11·11 大悅城試衣日」，鼓動消費者來此試穿體驗，幫助消費者購買更合意的衣物，深受了消費者的歡迎。

在「試衣日」，天津大悅城首次與電商企業合作，聯手實施大規模促銷活動和品牌線上、線下差異化經營。30 餘家天貓品牌參加此次活動，大悅城購物中心張貼了天貓「雙 11」活動海報，吸引了大量客流。線下貨品款式與網路旗艦店有所不同，更大程度滿足消費者的購物需求。

3. 大悅城經驗對傳統零售企業發展的啟示

在商業地產圈子裡，中糧是被萬達集團 **112** 認可的，除外華

---

112 萬達集團是全球商業地產行業的龍頭企業，已在全國開業 85 座萬達廣場，持有物業面積規模全球第二，計畫 2014 年開業 24 座萬達廣場，持有物業面積 2203 萬平方米，成為全球規模第一的不動產企業。

潤可與其匹敵的唯一競爭對手。能讓萬達另眼相看的中糧大悅城，有哪些經驗值得傳統零售企業借鑑呢？

（1）豐富的業態組合，分擔經營風險

大悅城的業態主要有購物中心、寫字樓、公寓、酒店、住宅等五類。地域不同，大悅城的收入來源不同，多業態組合，可以降低經營風險。例如西單大悅城的主要收入來源於租金。朝陽大悅城主要收入來源於公寓銷售額；天津大悅城的主要收入源自公寓與住宅類業態。

（2）購物中心店鋪只租不售，保證了經營的整體性和有效性

「只租不售」是地產大亨、萬達集團掌門人王健林用血的代價換來的做精商業地產的心得之一。根據合同，購物中心開發商對已銷售的店鋪不負責任何法律責任。這些已銷售的店鋪很可能各自為政，按照個人的思路規劃店鋪，導致經營的整體性和有效性不足。有些經營不好店鋪，業主商戶很可能要鬧事，欲退售以保持資金的安全性。有了這些前車之鑑，所有大悅城的購物中心店鋪始終堅持只租不售的原則。

（3）新奇豐富的購物體驗，帶來源源不斷的客流

大悅城聘請了國際頂級的設計團隊，其建築風格、空間佈局、燈光配置等讓人賞心悅目；眾多新潮的品牌商的加盟為顧客提供時尚有品位的服飾；吃喝玩樂的一站式生活方式符合年輕人

瘋狂「high」的性格特徵。上述所有因素使顧客獲得了新奇而豐富的購物體驗，這正是受電商衝擊最大的百貨店的出路之一。

（4）聚焦新媒體行銷，激發粉絲的商業價值

微博、微信不僅是新媒體行銷利器，更直接地帶動了人氣和銷售。2013 年 3 月，朝陽大悅城獲得騰訊移動互聯網微生活行銷領航獎，是北京唯一上榜的購物中心。朝陽大悅城共有近 200 家商戶參與過朝陽大悅城微信微生活的優惠折扣，優質的資訊互動有效提升了商戶的銷售業績。

（5）引入大數據管理，使行銷更加精準

大悅城以大數據為依據，開展推行、招商、運營等活動。例如大悅城資訊部依據會員刷卡的購物籃清單資料，將偏好不同品類、不同品牌的會員進行分類，對會員喜愛的品牌促銷資訊精準地通知給顧客。策劃會員到店禮、高額買贈等活動，促使會員盡早到店。還可能遴選最有爆發力的會員，對其進行電話邀約，並承諾當日滿萬贈全年免費泊車的優惠舉措 [113]。

（6）牽手電商，實施 O2O 的電子化的戰略

早在 2013 歲年底，天津大悅城牽頭召開首屆 O2O 合作交流論壇。這種由實體商業發起的線上、線下合作交流活動，在全

---

113 大數據拯救傳統零售：看朝陽大悅城如何用資料做行銷，天下網商。

國尚屬首次。天津大悅城深挖市場需求，主動邀請電商平臺和O2O 企業，透過跨界合作、業態創新和管道共用，完成由購物中心轉向綜合服務平臺的有力嘗試。

2014 年 3 月 8-9 日，上海大悅城和朝陽大悅城與阿里合作，進行了淘寶移動支付活動。雙方互相「以長補長」，透過購物支付手段的多樣化，為消費者提供更優質、便捷的購物體驗。這次合作，為兩個大悅城帶來了可觀的客流和爆棚的人氣。據統計，朝陽大悅城有 20% 的客流來自地鐵，證明了 O2O 行銷有很大的實效性。

零售革命推動了零售行業在升級和變革中不斷調整創新經營模式。傳統百貨店長期以來以聯營扣點為主導模式，導致自身經營能力弱化，盈利空間狹小。要發展，零售企業做為主導的經營模式必須轉變，必要補足互聯網化，貫穿整個零售價值鏈，進行多觸點的溝通、以資訊技術優化供應鏈，採用虛實結合的銷售管道和服務，建立大數據的挖掘和分析；必須走產業融合、多業態並舉、線上線下互動、國際國內市場結合的新路子。

零售革命既是對傳統零售行業的衝擊，又帶來了新的機遇與挑戰。打破傳統，將會使零售行業未來的行銷模式突破線上、線下的界限，透過後臺技術支撐，整合一切資源，形成大管道平臺，為顧客提供更便利的消費，真正做到「以顧客為先」。針對服務

消費的需求，零售企業應提供綜合配套的服務功能，以滿足大眾化消費。為此，零售企業改革需要向總量適度、合理佈局、結構優化、便民利民的方向發展；走進社區，加快發展社區商業中心，完善服務功能；轉變單一規模發展，發展便利店、社區店、專業店、專賣店，把品牌企業和小微企業有效連接起來，實現規模經營、品牌化經營。

第 七 章

第四次零售革命與物流創新

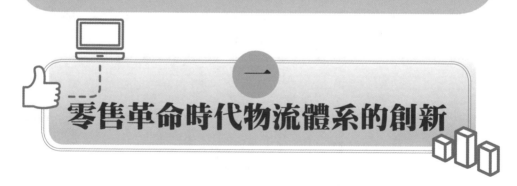

第七章

第四次零售革命與物流創新

　　物流行業做為商業不可或缺的支撐，對推進第四次零售革命的不斷深化和發展發揮著關鍵作用，現有物流體系的變革和創新迫在眉睫。在「雙 11」的促銷活動中，出現了物流跟不上買賣節奏的狀況，諸如物流配送時間長，送貨不及時等問題，從而消費者投訴抱怨增多，同時，快遞最後一公里的困境，物流成本居高不下等諸多問題，都成為零售革命發展過程中必須要解決的問題。

一　零售革命時代物流體系的創新

（一）傳統物流模式的變革

1. 電子商務環境的物流創新

　　物流的發展本質上是企業服務消費者模式的顛覆性變革及整

體社會基礎設施體系的變革，即對形成和完善於 20 世紀的公路、鐵路、民航、海運、銀行、電力、商超體系的超越和變革，是用 21 世紀新興的寬頻、無線互聯網、物聯網、雲計算、大數據、IT 系統改造切換的全新基礎體系。

傳統商業的物流基本上不被消費者感知，物流運作過程和資訊隱性存在，但電子商務對此進行了顛覆。就物流運作流程的訂貨、倉儲、揀貨、配送、運達五個環節而言，電商條件下消費者關心的終端商品配送和運達環節是前臺，商品訂貨、倉儲、揀貨等三個環節則是後臺。電子商務關注前臺物流，即商品運達至最終消費者手中的準確性和及時性，高效準確是其價值核心並構成消費者購物體驗。電商企業對前臺注重管理，以服務提高顧客滿意度；對後臺注重控制，以技術提高工作效率。從國際範圍來看，代表性電商已經形成了較為成熟的電商物流模式，以 Ebay 為代表的大部分電商採取以外包物流為主的模式；Amazon 公司則是混合模式，即自建大規模物流中心以掌控上游環節，同時外包配送環節；電商自建物流模式則不常見。這些成熟模式引入中國的過程並非一帆風順，問題主要表現在：國內電商行業整體規模較大，但是單一訂單規模較小且海量化，碎片需求問題突出；國內協力廠商物流公司集中度不夠，實際企業數量多、規模小、形成碎片供給，即使較大的專業快遞公司，其運作中外包加盟方式也很普遍，導致真實集中度降低，規模優勢難以體現；受制於體制

和各種既得利益，國內物流市場的區域化分割較為嚴重，市場化的兼併重組困難重重；國內各地，甚至同一地區內不同區域物流基礎設施和資訊化水準都有較大差異，存在協調困難。

中國電商物流的發展無法簡單複製發達國家的成熟模式，需要應對上述國內問題並加以調整和創新，主要模式包括：

（1）垂直一體化模式

又稱自建或自營物流模式，是電商企業將較多的資金和人力投入物流，自己承擔從物流中心到運輸到配送隊伍的整體物流體系建設模式。藉此掌握對供應鏈的控制權，提高物流效率，提升客戶服務品質。

（2）半一體化模式

又稱混合模式，是電商自建物流與外包協力廠商物流合作共建的模式。

（3）全部外包模式

又稱協力廠商物流外包模式，是電商企業集中力量發展其核心商流業務，將物流業務全部外包給協力廠商物流公司，同時透過資訊系統與協力廠商物流企業對接，以實現對物流配送管理與控制的模式。

（4）共同配送模式

又稱共建聯盟配送模式，是電商企業以互惠互利為原則，共

用物流配送資源的模式。一般是兩個或兩個以上的電商企業為實現各自的配送目標而採取的長期聯合與合作模式，即企業聯合共同配送，訂單量達到一定規模，降低單位配送成本，克服成本過高問題。

（5）物流聯盟模式

又稱虛擬聯盟、聯盟配送或物流整合模式，是電商企業運用自身資訊、管理或平臺優勢，聯合製造業、銷售公司以及第三方物流公司做為聯盟或合作成員，在物流外包的基礎上，利用電商資訊平臺的優勢，進行不同環節、地域、商品、業務的物流網路整合，實現對物流配送環節的控制。如阿里巴巴基於雲計算物流平臺服務的「雲物流」聯盟配送模式，它連接電子商務的買家、賣家和包括物流配送商在內的其他服務商。

電商企業究竟採取何種物流模式為宜，還需要考慮多方面因素。從交易成本角度看，顧客與電商交易成本理論上包括搜尋成本、資訊成本、議價成本、決策成本、監督成本和違約成本等六項。在目前電商的商品價格、搜尋引擎和評價體系大同小異的情況下，交易成本的差異主要體現在監督成本和違約成本兩個方面。電商物流模式能否降低這兩項成本，並提高顧客滿意度，是選擇的關鍵因素。從電商企業規模與發展階段來看，中小型電商企業在發展初期階段，可選擇協力廠商物流公司進行合作，利用

其優勢資源開展配送業務，或者採取共同配送模式，完成區域或廣域配送業務；大型電商企業則可以根據業務量和業務類型，合理選擇多種類型的一體化模式和半一體化模式；大型平臺型電商在其優秀的資訊與資料管理能力基礎上可以選擇物流聯盟模式。從電商企業自身業務模式看，平臺型電商的商品品類豐富，客戶購買頻率較高，能夠滿足消費者一站式購物需求，在用戶黏性方面有先天優勢，自營一體化或半一體化模式比較適合；但是垂直型電商企業則恰好相反，其主業模式自身要求外包物流業務，但國情限制需要自營物流改善顧客體驗，存在矛盾，所以運營困難。

2. 物流創新的「菜鳥」計畫

阿里創始人馬雲提出「菜鳥」計畫並創立了菜鳥網路科技有限公司，試圖建立一個全國性的物流網路平臺，整頓中國物流業，改變這個時代的物流現狀。菜鳥物流的核心目標：

1、24 小時送貨發達。

2、全國 8 個核心節點建設。

3、開放、共用、社會化的基礎設施平臺。

最核心的一個服務就是統倉統配：菜鳥網路建立以前，所有賣家都是自己倉庫發貨的，效率低且資源浪費，而菜鳥網路建立以後，賣家將使用菜鳥網路分佈在全國各地的倉庫，統一發貨。

就目前來看，中國傳統物流產業呈現分散的、多元化的物流格局，導致社會化大生產、專業化流通的集約化經營優勢難以發揮，規模經營、規模效益難以實現，設施利用率低，佈局不合理，重複建設，資金浪費嚴重。由於利益衝突及資訊不通暢等原因，造成餘缺物資不能及時調配，大量物資滯留在流通領域，造成資金沉澱，發生大量庫存費用。另外，中國物流企業與物流組織的總體水準低，設備陳舊，損失率大、效率低，運輸能力嚴重不足，形成了「瓶頸」，制約了物流的發展。協力廠商物流產業發展迅速，潛力巨大，但從整體上看，企業規模不大，服務水準不高，協力廠商物流還只停留在某一個層面或某一個環節上，沒有實現從原材料供給到商品銷售整個供應鏈的全程服務，還沒有形成真正意義上的網路服務。馬雲說過，2012 年「雙 11」淘寶交易額191 億，產生了 7800 萬個包裹，這個壓力對於協力廠商物流來說無疑是巨大的。現在中國每天 2500 萬包裹左右，十年後預計每年 2 億包，今天中國的物流體系沒有辦法支撐未來的 2 億。可見電子商務的快速發展對物流改善的要求是十分迫切的。

　　菜鳥網路平臺成立於 2013 年 5 月 28 日，阿里巴巴集團、銀泰集團聯合複星集團、富春集團、順豐集團、三通一達（申通、圓通、中通、韻達），以及相關金融機構共同宣布，「中國智慧物流骨幹網」(簡稱 CSN) 專案正式啟動，合作各方共同組建的「菜鳥網路科技有限公司」正式成立。這個網路是利用先進的互

聯網技術，建立開放、透明、共用的資料應用平臺，為電子商務企業、物流公司、倉儲企業、協力廠商物流服務商、供應鏈服務商等各類企業提供優質服務，支援物流行業向高附加值領域發展和升級。最終促使建立社會化資源高效協同機制，提升中國社會化物流服務品質，打造中國未來商業基礎設施。按照菜鳥網路的整體計畫，未來計畫投資 3000 億元，首期計畫投資 1000 億元，用 5—8 年的時間，透過自建、共建、合作、改造等多種模式，打造遍佈全國的開放式社會化物流倉儲設施，建立一張能支撐日均 300 億元 (年度約 10 萬億元) 網路零售額的智慧骨幹網路，讓全中國任何一個地區做到 24 小時內送貨必達。這將能最大程度地降低物流成本，節約時間。菜鳥網路將是不計短期回報進行長期投入，未來將支援 1000 萬新型企業發展和提供 1000 萬就業崗位。菜鳥網路的倉儲是開放式的。但菜鳥網路的庫存不屬於阿里，而是各地賣家。如何系統對接、資訊流共用、商品結算、庫存管理，都將面臨挑戰。而且從菜鳥網路現有團隊來看，缺乏物流配送和庫存管理兩項專業知識。

此外，庫存週轉、庫存量的管理也是一門學問。當賣家商品統一放到菜鳥倉庫後，如果對商品銷售預計不準確，則會產生商品擠壓成本。這些問題和挑戰，都是未來菜鳥公司和中國物流產業亟需解決的。

菜鳥網路做為一個全國性的物流資訊平臺，在不斷完善物流

資訊系統的同時，還依託國家交通基礎設施，建設遍佈全國的現代化物流倉儲網路，提升社會物流效率，並向所有的製造商、網商、快遞物流公司和協力廠商服務公司開放，與產業鏈中的各個參與環節共同發展。長期來看，物流產業的快速發展將帶動地方經濟結構的轉型，推動內外貿型企業多管道發展，促使更多產業電商化，將發揮產業集聚效應，加速地區的傳統產業與電子商務的不斷融合，促使第三產業服務商、配送、包裝、軟體等服務企業以及電子商務企業的發展。透過提升就業率、提供新產值收入貢獻，實現區域電子商務繁榮，真正打造出若干具有示範效應的產業生態圈。

　　物流產業的發展將成為 21 世紀中國經濟發展的一個重要的產業部門和核心的經濟增長點。物流產業發展的歷史和國際經驗表明，物流產業做為新興的服務產業，已經進入全面快速發展階段。加快中國物流業建設和發展，使物流業這一服務性行業在中國逐步發展成為一個相對獨立的產業，實現中國物流業與國際物流業的有效對接，從而從整體上提高物流企業的綜合素質和服務水準，增強物流企業的競爭能力已成為物流產業未來發展的方向與目標。政府和企業以及整個社會都該為中國的物流發展做出積極的貢獻。相信菜鳥網路的展開將會開啟一個中國物流的新時代，同時也相信中國物流業的飛速發展對中國經濟的市場化、現代化、國際化、促進中國經濟和世界經濟的全面發展必將是大有益處。

菜鳥網路平臺對物流產業及中國經濟也會產生較大的的影響。

　　經過一年時間發展，到 2014 年 4 月菜鳥在全國的倉儲網路已經逐漸成型。其中天津武清倉庫已進入招商階段，今義新區倉庫在建。重慶、武漢、廣州蘿崗以及杭州的倉庫已經完成選址規劃。根據菜鳥建立後對外宣稱的計畫，公司的中央倉儲將在全國 9 大城市建立，並形成覆蓋全國的網路。到 2020 年，天貓直送全部升級使用環保快遞袋，零售通百萬小店紙箱零新增，盒馬全程「零」耗材．

　　2018 年 5 月 23 日，由菜鳥牽頭，阿里巴巴各核心板塊北京聚首，共同啟動綠色物流 2020 計畫，並向全社會發出倡議，綠色物流事關每個人，希望全社會一起努力，推進綠色包裝，綠色才是未來競爭力。除了攜手阿里巴巴各版塊，菜鳥還將透過電子面單、智慧路由、智慧切箱等科技手段，進一步向行業開放綠色技術，助力行業綠色升級。到 2020 年，菜鳥要讓中國所有包裹用上環保面單，一年覆蓋 400 億包裹；透過智慧路由優化包裹里程，減少 30% 配送距離，實現物流降本增效；要在所有菜鳥驛站社區實現快遞回收箱覆蓋。

　　這是中國最領先的線上、線下商業業態，率先攜手推動綠色物流全面升級的一次宣言，意味著阿里巴巴集團正式全面向快遞污染宣戰，力推綠色物流全面加速。

（二）跨境電商推進國際物流佈局

1. 跨境電商推進物流商機

　　國內消費者不僅熱衷於海淘，國外客戶也傾心於國內淘貨。比如，「美國買家在網上訂購 iphone 5s 的螢幕貼膜，美國當地發貨隔日到，總價 9.95 美元；如果跨境從中國購買則是 5-15 天送達，價格 3.39 美元。」一位正在義烏做跨境電商的店主跟記者分享了一則他所親身經歷的最新案例，跨境電商的價格極差所產生的豐厚利潤已讓國內賣家虎視眈眈。

　　跨境電商持續升溫，國內賣家所賺取的利潤僅僅是一個利益鏈上的節點，在其身後的物流商機更是令人饞涎。此前，外貿電商對於海外建倉的態度一直是「雷聲大、雨點小」，不過，近日記者從有關管道獲悉，義烏新光集團正加速推進對海外倉儲的投資進度，佈局海外倉儲物流中心已經不再是「虛招」，上演跨境電商利益鏈上的「螳螂捕蟬黃雀在後」一幕。

2. 物流企業佈局全球

　　迅速成長的跨境電商市場讓國內的物流公司嗅到了真正的利益增長點。國內的大型快遞公司開始嘗試跨境物流的時間基本都是在 2006 年前後，而從 2012 年開始各大快遞公司明顯加快了對跨境電商領域的進軍腳步。

圓通快遞就已經在東南亞、中亞、歐美及澳洲在內的多個地區開展規模化的跨境快遞業務。除圓通外，包括申通、順豐等多家快遞公司近年在跨境電商的腳步也明顯加快。今年年初申通在美國的官網正式上線，申通海外部的逐項業務都已經迅速開展，並有望規模化運行。

同時，在國內電商市場，物流公司往往扮演著「跑腿」的角色，而在跨境電商市場，物流公司卻表現出了更大的野心。近期申通收購國內知名美國海淘論壇就引起了業界的關注，申通在跨境電商領域不僅僅只想做物流，更想做跨境電商平臺。相較申通的平臺計畫，順豐則更進一步，順豐的海淘轉寄服務平臺「海購豐運」已經在 2014 年 4 月 10 日正式上線，據順豐描述，海購豐運從美國轉寄至中國內地只需 7-10 個工作日。點擊海購豐運發現，順豐在物流服務以外同時開展了包括海淘網站推薦、海淘產品推薦等多項業務，很顯然，海購豐運的發展方向是一個以物流服務為中心的海購電商平臺。

（三）末端物流模式的突破

1. 社區商業與終端物流

社區物流是以社區為單元，以家庭為結點，以生活用品為核心，以訂製服務為特徵的物流集約化行為。社區物流是直接面向

城市社區商業和社區居民，將商品從供應商運送到社區店鋪或居民的末端物流形式，是物流中的「真正的最後 100 米」。如家具家電的採購、運送、回收；食品、蔬菜、肉製品、水果的採購、加工、配送；圖書、報刊等文化用品的訂閱、配送、回收等，都屬於社區物流範疇。

比如，北京市社區物流共同配送試點工程，屬於《北京市「十二五」時期物流業發展規劃》的 6 大重點工程之一，當然也是打造「一刻鐘便民服務圈」的一部分。該配送模式由北京市商務委員會、北京市快遞協會共同發起，由「城市 100」具體負責運營。主要是為滿足社區居民的物流需求，以社區 1 公里為半徑，為同一區域的網購和其他快遞物流設立共同配送中心。統一協調配送貨物，實現為社區居民「最後 100 米」配送的資訊標準化、配送區域化、服務集中化。該模式具備如下優點：

（1）方便快遞同行

相較於傳統配送，社區物流共同配送這一服務模式首先讓快件配送更加迅速、高效。拿傳統快遞來說，如果由一家快遞負責配送到底，快遞員一天最多實現兩次配送。而共同配送投遞距離短，每天配送頻率能達到五、六次，平均 3 小時完成接件、分撥和投遞，快件隨時消化，緊急件最快 15 分鐘送到。比如上午 9 時收到的一批快件，中午 12 時已經完成投遞，並將簽收單返還

各家快遞公司。

（2）服務電商企業

而與社區物流共同配送合作後，會直接將電商企業的部分快件集中送到公司總部的貨倉進行統一分揀並由各社區門店進行配送，降成本、增效率。據相關測算，在電子商務領域，共同配送的模式將至少節省 15% 的物流成本。

（3）利好冷鏈宅配

對冷藏食品宅配來說，社區物流共同配送模式所發揮的作用也是非比尋常，最顯著的效果便是成本的節約。北京快行線食品物流有限公司曾統計分析過，我們可以用每包 8 毛錢的成本把水餃從上海運到北京的總倉，用每包 5 毛錢的成本把水餃從北京的總倉運到北京的所有超市。但如果把一包水餃從北京的倉庫送到消費者家裡面，就需要十幾元錢，最高的成本就是這最後 1 公里的最後 100 米。社區物流共同配送的好處在於，可以把冷凍生鮮食品的最後 100 米配送成本降低 30%。而隨著這一模式的推廣和集約化程度提高，冷藏品宅配成本有望降低 50% 左右。

2. 順豐 O2O 社區生活服務平臺

隨著 2014 年 O2O 商業大潮襲來，各路電商大鱷紛紛佈局打造「物流、資訊流、資金流」三流合一的閉環商業模式，順豐憑

藉物流優勢，「逆襲」電商，啟動平臺 O2O 專案。其「順豐優選」憑藉龐大的網路、冷鏈物流及航空貨運等複合優勢，順豐優選將建構一個最大、最全、服務最好的網路生鮮大集。而全新三代「順豐店」——社區生活服務平臺，將整合順豐網點數量優勢，深挖消費者本地生活需求，是順豐進行 O2O 戰略重要佈局之一。順豐主打中端住宅區及辦公樓區，整合了自身物流網點與商品管道優勢，提供物流、廣告展示、虛擬銷售、預售、試衣鞋等服務。2014 年 3 月份落地第一批 300 家門店，6 月落地近 1500 家，到 2014 年底門店數量將達到 4000 家，全國將落地 30000 家。

3. 校園快遞或統一配送

中通快遞、韻達快遞、順豐快遞、天天快遞等高校內快遞點林立的現象或將改變。近日，菜鳥驛站（原阿里巴巴服務臺）在中南財大召開交流會，宣稱將整合高校眾多快遞點，建設標準化的物流平臺，發展「微電商」，為大學生創業提供路徑。

菜鳥驛站湖北高校負責人王創亮說，菜鳥驛站旨在建設統一標準化的物流平臺，透過與校方或學生團體合作，以郵件和短信方式通知學生取快遞。目前已經在武漢大學、中南財經政法大學等 12 所高校建立了網站，還有 9 所高校網站正在建設之中。

菜鳥驛站（校園）小二逸士則說，菜鳥驛站不僅僅是提供一個物流平臺，更重要的是做「微電商」：「我們依據阿里巴巴的

資料分析和整合，擴大用戶群體，提供更為精準的廣告投放，達到業務增殖的效果。」逸士強調，在校學生中支付寶用戶超過六成，而大學生網購行為非常頻繁，高校市場潛力巨大。

4. 百世匯通在京滬試點運行智能快遞櫃

2014 年 4 月 7 號，百世匯通 24 小時智慧快遞櫃在北京、上海試點運行，此次試點共選擇了兩大城市的派件密集的社區。此次智慧自助快遞櫃試點專案將持續三個月。隨著快遞業的迅猛發展，快遞的終端服務競爭已經從「最後的一公里」縮短到了「最後 100 米」。百世匯通介紹，「『智慧快遞櫃』是一種快遞自助投遞和取件的新方式，快遞員在得到收件人授權後，將快遞包裹放入快遞櫃中，並以短信方式將取件密碼和取件方式發送給收件人，收件人只需要輸入短信中的密碼，即可拿到快遞，操作非常簡單方便。」

百世匯通智慧快遞櫃的包裹存放，需要經過收件人的電話確認，快件放入快遞櫃後，系統自動發送取件短信給收件人；收件人收到提醒資訊後，可以自行到快遞櫃根據短信中密碼自行取件；如果當場檢查後遇到問題件，可以直接在快遞櫃的「退件」選擇中操作退件，快遞員將按規定取回退件；如果快件未被及時提取，提醒資訊將每隔 24 小時發送一次，72 小時仍未取件者，快遞員會取回快件並通知收件人聯繫百世匯通公司再次確認派件

時間；如果發現有錯件等異常情況，使用者也可以直接聯繫百世匯通客服人員。

百世匯通表示，此次，百世匯通智慧快遞櫃試點，已經在系統後臺完成了和百世自主研發的 Q9 系統成功對接，且系統融合度很高。用戶將透過即時推送的短信更加及時有效瞭解快件實況資訊，同時快件的安全性也會得到更高的保障。百世匯通計畫根據試點成效，將智慧快遞櫃試點服務延伸至全國核心城市，全面提升「最後 100 米」服務效能。

（四）物聯網應用：歐盟最新推出的 Citylog 專案

自 2010 年以來，面對大中型城市日益增長的交通擁塞壓力，面對城市污染的日益嚴重，面對城市物流配送需求的爆發性增長，為了節能降耗，實現低碳物流目標，為了在減少車輛進城壓力下提升物流配送效率，解決城市物流配送難題，突破最後一公里物流配送瓶頸，歐盟組織了頂級物流研究與諮詢機構專家，開始探索城市物流配送的系統創新，提出了城市物流配送 Citylog 專案計畫，並在歐洲幾個主要大城市開始推進，組織實施並進行實際效果驗證。

經過 2011 年、2012 年在里昂、柏林等大城市組織實施和實際運行效果驗證，Citylog 專案顯示出了極大地優勢。以 Citylog

中 benton 物流箱項目為例，經實際運行測試該物流箱具有可靠的功能，可減少物流配送終端 85% 的汽車運輸，從而大幅度降低車輛進城壓力。此外，測試結果即使非常緊急的包裹，也沒有出現錯誤與延誤，終端配送員的配送距離大大縮短。據介紹 bento 物流箱配送還能解決捆綁訂單問題、方便超市夜間配送業務。

CItylog 專案在三個方面大幅度提升了目前城市物流系統效率：貨運班車、最後一公里配送集裝系統、最後一公里配送的包裹跟蹤。這一專案被做為未來歐洲城市物流配送的重大措施，從 2013 年開始在歐盟各大城市開始全面推廣。

1. bento 配送箱系統

下面簡單介紹一下 Citylog 專案中最重要的 bento 配送箱系統。

城市物流配送箱系統目前在歐洲柏林等幾大城市已經完成試點和驗收，並在柏林等幾大城市開始全面推進。最近這個項目已經由柏林市城市發展與環境部門牽頭組織實施，Messenger 公司提供本地的物流箱配送服務，負責 bento 物流箱的使用、操作、物流及處理過程。

Bento 配送箱系統由 6 個可以移動的小型集裝箱連成一體，不僅可以給個人用戶提供舒適與便利的投遞，整個組合式集裝箱

可以很簡易的進行裝卸。Bento 集裝箱可以放在城市的任何角落，只要該地區具有投遞和簽收需求。如住宅社區、購物中心及辦公室林立的商務區，對位置唯一要求就是要有電子設備連接（即有電源系統），以及消費者和物流服務商都能方便到達。

Bento 配送箱是歐盟 Citylog 專案的最重要組成部分，配送箱首先滿足了快遞服務商的需求，其次可以大大促進共同配送的服務。

Bento 配送箱有一個左側主控系統箱，借助這個控制系統，可以處理配送訂單，控制配送箱的解鎖與連接，以便於裝卸搬運，還可以與系統聯網。配送員與客戶可以借助於這個控制系統，根據配送箱的系統授權，可以打開箱子進行投遞和簽收。

配送箱控制系統可以解決捆綁訂單問題，可以借助物聯網技術實現聯網控制，實現資訊共用，訂單處理，從而便於對投遞貨物的配送與分揀。配送箱系統具有防盜及監視功能，也可以借助現代物聯網技術和攝像頭監視，以保障配送箱的安全和防盜問題。

配送箱放置在各個物流最後一公里的集中區域，在該區域可借助自行車進行小件包裹的投遞與簽收，從而大幅度降低配送員配送路程。借助配送箱貨運班車系統實現一日幾次的配送箱貨物集裝和運輸，配送班車到達後即可快速搬運與裝卸，節省了收件的等待時間，可以大大減少車輛停靠時間。

配送箱放置在超市附近，可以很方便的實現夜間配送，不需要超市安排夜間人員的裝卸與搬運，超市人員上班後，根據授權操作主控箱系統，可以很方便的實現貨物的簽收，大大節省車輛裝卸與搬運的等待時間。

配送終端的社區、校園、商務中心區是車輛限行區，由自行車配送進行收貨與送貨，實現無碳排放的配送。

Bento 配送箱系統可以放置在配送路徑上各個核心區，由貨運班車來實現一次性的多地區貨物的收集和裝卸，從而從過去的一個區域來一次車輛配送，還需要等待裝卸、等待收貨變成一次多區域的快速集貨。

如圖所示：

圖 7-1 配送箱系統及配送網路規劃與設計

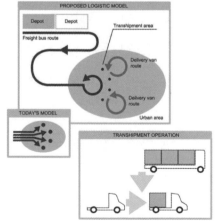

該配送箱系統及配送網路規劃與設計由德國 LNC（logistics Network Consultants）完成，從概念發展、設計規劃到測試過程

進行負責；德國弗朗恩霍夫物流研究院生產系統與設計學院，負責該集裝箱概念設計與完善，並提供檢測與評估。

2. 小型集裝箱系統

　　Bento 配送箱比較適合與小件物流配送、包裹配送和快遞信件配送，在城市物流中，根據北京市調研結果，配送車次佔據前三位的是：水果蔬菜、糧油及肉禽蛋奶魚類 756.56 萬次（20.97%），電子、電訊設備及器材 564.05 萬次（15.50%），日用工業品 441.39 萬次（12.13%）。這些配送大部分是面向商貿流通系統的超市與店鋪的配送，這些配送一次量較大，產品體量也較大，bento 配送箱就不適合了。

　　但是，可以借助 bento 物流箱思想，採用小型集裝箱系統實現城市物流配送。這也是歐盟 Citylog 專案的組成部分之一。

　　小型集裝箱可以放置在超市、店鋪附近的任何空地，為了便於配送車輛的快速搬運，借助於過橋式集裝箱停放方法，將小型集裝箱架高，其高度與配送車底盤高度相適應，配送車輛可以很方便的進行集裝箱搬運裝車。

　　根據某超市所需要的當天的配送需求，配送公司在物流中心進行分揀與集貨，貨物裝入小型集裝箱之中，配送公司利用小型卡車快速裝箱並配送到超市附近場地，快速卸貨，從而大幅減少車輛停靠時間，還可以夜間配送。超市門店則可以白天或其他時

間將小型集裝箱貨物借助物料搬運裝置送到超市內。這樣可以大大節省配送時間，讓車輛不再等待裝卸與搬運。

配送車輛還可以多個小型集裝箱實現聯運，同時快速的實現多地點的批量配送。採用簡單的技術措施，借助於小型集裝箱的架高拜訪，可以實現卡車裝卸集裝箱的快速化。

當然，Citylog 專案還有一些其他的措施，借助與這些技術創新與配送模式創新，可以大大促進城市物流配送效率，可以大大降低城市物流配送車輛的進城車次，從而解決城市最後一公里的配送難題，降低城市擁塞率和空氣污染。

Citylog 專案時歐盟借助於物聯網技術、物流週轉箱技術、小型集裝箱技術和物流搬運裝卸技術，實現的物流配送系統性的創新，並且創新了城市物流配送模式，實現了城市物流最後一公里配送的低碳化、便捷化、高效率、智慧化，城市物聯網的經典應用，更是智慧城市的主要組成部分。該專案的技術手段都不難，也是簡潔實用的技術，非常利於在中國城市推廣。

物流智慧化、電子化的發展

（一）智慧物流促進零售業跨越式發展

　　智慧物流是利用集成智慧化技術，使物流系統能模仿人的智慧，具有思維、感知、學習、推理判斷和自行解決物流中某些問題的能力。智慧物流的未來發展將會體現出四個特點：智慧化，一體化和層次化，柔性化與社會化。在物流作業過程中的大量運籌與決策的智慧化；以物流管理為核心，實現物流過程中運輸、存儲、包裝、裝卸等環節的一體化和智慧物流系統的層次化；智慧物流的發展會更加突出「以顧客為中心」的理念，根據消費者需求變化來靈活調節生產工藝；智慧物流的發展將會促進區域經濟的發展和世界資源優化配置，實現社會化。透過智慧物流系統的四個智慧機理，即資訊的智慧獲取技術，智慧傳遞技術，智慧處理技術，智慧運用技術。

　　目前智慧物流在零售業的應用主要表現為運輸系統的智慧調度和庫存管理的不斷優化。

1. 運輸系統的智慧調度

零售業的大型物流配送中心中，工作複雜程度高，要求對物流配送進行科學管理，配送車輛的集貨、貨物配裝和送貨過程都需要不斷地優化。智慧物流的優化調度系統是一套非常複雜的系統，它需要以運籌學優化演算法理論為核心，以 GIS（地理資訊系統）技術、GPS（全球定位系統）技術和無線網路通信技術（GSM/GPRS，CDMA）為基礎，對車輛調度、倉儲、裝載與配送進行決策支持。在具體如何進行調度優化方面，很多專家都提出了很多不同的數學方法，比如啟發式演算法、Tabu 搜索演算法、遺傳演算法、螞蟻演算法等等。

2. 庫存管理的不斷優化

有資料顯示全球零售訂貨時間通常為 6-10 個月，在供應鏈上的商品庫存積壓價值為 1.2 萬億美元，零售商每年因錯失交易遭受的損失高達 930 億美元，關鍵原因在於沒有合適的庫存產品來滿足消費者的需求。這個方面，美國沃爾瑪走在了前面，早在 1969 年就開始使用電腦管理跟蹤庫存，1979 年在全球率先第一個實現內部 24 小時物流網路化監控，使採購、庫存、訂貨、配送和銷售一體化，1985 年沃爾瑪最早使用電子資料交換（EDI）與供應商建立自動訂貨系統，進行更好的供應鏈協調。1987 年

沃爾瑪建立了自有的全球衛星通訊網路，顧客在沃爾瑪任意一個分店購物付款，顧客的購物資訊就馬上傳到了配送中心、沃爾瑪總部、供應商。因此，供應商可以查詢到自己的每類產品、每天在每個商店的銷售情況，及時補貨。RFID 在貨品補充上要比傳統條碼技術快 3 倍，據統計，使用 RFID 標籤後，沃爾瑪商場裡面的貨品脫銷現象減少 16%。

（二）倉儲物流資訊化促進現貨交易市場跨越式發展

現貨交易市場是中國整個商品市場的基礎，實現電子商務和現代物流的良好融合是現貨交易市場的發展趨勢。倉儲和物流是現貨交易市場連接交易參與各方不可或缺的仲介和核心環節，同時做為電子商務價值鏈上的兩個關鍵環節，倉儲管理與物流配送的改進、升級，及其資訊化發展程度已經成為滿足電子商務不斷增長需求，加速現貨交易市場整體效益提升的重要因素。

1. 現貨交易市場實現從傳統交易到電子交易轉變

現貨交易市場要獲得跨越式發展，必須實現從傳統交易方式到電子交易方式的轉變。由於電子交易與倉儲物流資訊化集成技術切實解決了目前現貨電子交易市場在交易與物流上存在的銜

接不暢的問題，獲得了業界高度重視，比如，時力科技已獲得了包括中國物流與採購聯合會在內的多家專業機構的多個獎項。目前，現貨交易市場軟體服務提供者都積極推動電子交易與倉儲物流的集成建設，其中最早提出電子交易與倉儲物流資訊化集成技術並獲得成功應用的時力科技公司，在其現貨交易市場解決方案中，創新性的推出了交易與物流、交易與倉儲聯動模式，實現了交易、倉儲及物流的一體化管理，解決了傳統電子交易系統與物流系統相互分離、無法即時聯動、各倉儲、物流作業環節的資源無法協同調度等關鍵問題。

2. 電子交易與倉儲聯動促進大宗貨物的視覺化物流管理

電子交易與倉儲聯動模式透過將交易市場發佈的資訊和倉庫中的存貨資訊即時關聯，使得交易各參與方可及時獲取現貨資源資訊，確保網上掛單的真實性，規範現貨市場的交易秩序。該聯動模式實現對網上掛牌銷售產品的等級認證，即系統自動按照所銷售產品在倉庫是否有存貨，是完全有存貨、部分有存貨、無存貨來核定該銷售產品的信用等級，並且實現對所銷售產品資訊的品質認證，解決了現貨交易中，買賣雙方人員和所售貨物的信用難題。電子交易與物流聯動模式主要以現貨交易市場中的交易和物流兩個子系統為基礎，為客戶提供全程的交易、物流和代理服務。透過集中「產 - 儲 - 運 - 銷」中各環節的供需資訊，直接對

接需求方與供給方，實現更高效和集約化的現貨交易、物流和融資，從而減少交易環節，降低交易成本。其中交易子系統實現產銷區買賣方邀約與應約功能；物流子系統為客戶提供各種形式的運輸服務，包括報價以及電子訂單簽訂，並提供全程的現貨物流代理服務。該聯動模式的兩個子系統既相對獨立，又有著緊密聯繫，主要服務於交易商、銀行、行情；物流子系統主要服務於物流企業、倉儲企業和托運人；兩個子系統在系統內部交換物流報價、運輸服務、倉儲服務等資訊並實現結算服務。電子交易與倉儲物流聯動的運營模式已在鋼鐵、農產品等行業眾多大型電子交易市場得到了成功應用，並取得了良好的應用成果。比如，陝西天潤金屬物流有限公司物流與電子商務平臺系統專案正式運營，中國西北金屬電子交易中心正式開業。透過應用時力科技「ForeTrade 現貨通」，引進交易與物流、交易與倉儲聯動機制，實現了電子交易和現代物流的集成化管理，提高了中心的資訊化水準和運營效率，將產品覆蓋範圍從原來的寶雞周邊 200 公里範圍內，擴展到全國範圍，交易商數量不斷增加，客戶滿意度明顯提升。目前，被國家授予「中國物流實驗基地」，已經成為陝西省電子交易與物流資訊化建設的先進典型和標竿企業。

零售與物流產業發展趨勢

（一）互聯網、物聯網改變物流行業

物聯網概念出現至今，不僅改變了人們對原有資訊化的認知，而且在應用層面，也帶來了一場空前的變革——資訊終端不再僅限於個人電腦、伺服器等，而是擴展到了諸如手機等更方便快捷的終端設備；同時，結合更多樣化的個性服務，這就使得物流資訊化的應用變得更廣泛、更深入。物聯網就是一種服務，透過整合資訊資源，為整個供應鏈服務，這也是物流資訊化重要的發展方向，是物流業物聯網應用的重點，物聯網在物流和資訊化領域都掀起了一股熱潮，物流資訊化更是一馬當先，被認為是物聯網應用的典型「示範區」將開創物流業發展的新局面。

互聯網改變物流行業的最重要第一個里程碑，是美國的Fedex 創造的。Fedex 創造了一個服務，線上跟蹤查詢。這是互聯網的一個應用，物流公司內部的貨物資訊變成客戶能夠隨時看得到的貨物的資訊。未來其實是物聯網，由貨物、車輛、手機等共同構成的移動網路，車進倉代表貨物進倉，車出發代表貨物出

發，所有的過程實際上是資訊化完成的。這樣的完成會對降低成本有巨大的影響，比例達到 30%-50%。

（二）企業間的整合與協作日益深入

將來的物流產業，有兩個重大的方向。一個重大方向是少數非常強大的物流公司能夠從上到下縱深地整合全國各地各種物流資源，最後統一為一個大客戶服務，或者為幾個大客戶服務，這條路叫做物流的大企業的整合。這個整合實際上是整個行業必須的，比如菜鳥網路和海爾的整合。另外一個重大方向，跟大企業的整合是高度相關的，在一個資訊分享和協作的角度，幫助這個大企業，以及諸多相關小企業，提供協作資訊，把最先進的雲計算，把最先進的物聯網的技術終端，以及電信公司的所有資源都整合在一起，終端、伺服器、流量、維護設備，所有這些事情解決好。

（三）電商物流將不斷創新與發展

電商的發展，必然促進快遞服務標準的升級，要支援客戶做電子商務。隨著電子商務的普及，物流企業未來 80% 的客戶都會要求其做電子商務。要攬下這 80% 的客戶，物流企業自然需

要多下一些工夫。另外，近 80% 的訂單是從網站或企業 B2B 介面中來。這對電商物流，是個不小的挑戰。而除了兩個 80%，還有一個重要的數字 100%。電商服務的特性，決定了其運作體系必須 100% 地提供全程追蹤服務。這也要求物流服務商必須建構 100% 的車聯網——無論什麼樣的車輛，其資訊隨時都要跟網路連在一起，這需給車輛裝配感知位置、溫度的設備等。其次，除了車輛，配送人員也需要透過手機、掌上型電腦等設備實現 100% 聯網。如此一來，整個服務過程就會更加透明化。

總而言之，在創新驅動發展戰略的引領下，中國各行業的新技術、新模式、新業態不斷湧現。其中，新零售更是成為近年來的最熱話題，在新零售背景下，線上企業、線下傳統消費品及零售企業以及跨界企業的巨頭都在積極嘗試探索。新零售是建立在互聯網做為基礎設施基礎上的，互聯網落地後，在物流領域裡面就推動了物流和互聯網融合，出現了新零售下的新物流，推動了智慧物流變革。新物流對於新零售落地發展至關重要。可以說，沒有新物流，就沒有新零售．新零售的物流運營必須以客戶需求為中心，而並非傳統電商和零售以產品為中心，使用者需求是多樣化的，從「場 - 貨 - 人」到「人 - 貨 - 場」。

新零售時代，品牌方需要快速回應的物流，多批次、少批量、快物流。其採用的是「店倉結合」的模式：透過自建商圈門店，實現三公里內 30 分鐘送達。

新的電子商務模式，除了給零售行業帶來不少挑戰外，也給物流業帶來很多機會。這些機會是讓人們利用新的方法以及運作單元，透過自動資訊回饋來驅動公司管理。基於此，物流企業的成本和服務將有一個巨大的變化。這一新的自動資訊回饋方式，可以叫做物聯網、互聯網，或者移動互聯，但無論怎樣，它都將開啟一個新的時代 —— 新物流時代。

第八章

第四次零售革命與金融創新

第八章

第四次零售革命與金融創新

金融創新對一個經濟體的進步和發展具有至關重要的作用。本次零售革命的興起和深化，很大程度上得益於現代金融的創新。支付手段的變革、金融服務方式的創新、供應鏈金融的發展等都推進了第四次零售革命。與此同時，本次零售革命也帶來更多對現代金融技術、服務和資本的需求，從而也進一步引導了金融創新。

一 零售革命與金融創新的相互作用

（一）零售革命觸發金融支付手段變革

零售革命來自於幾個強大的動力：經濟危機、跨界競爭和技

術革命 [114]。傳統的零售方式主要集中於幾個業態：便利店、大賣場、超市、專賣店和超市。隨著電子商務的興起，特別是網路電商在逐漸形成「淘寶模式」、「京東模式」的過程中，支付手段不得已從過去的「貨到付款」逐步產生了第三方支付的迫切需求。為了滿足這種支付需求，互聯網平臺企業阿里巴巴集團利用其獨特的資訊和技術優勢，率先開發了「支付寶」，並一舉打開了第三方支付的局面。此後，許多互聯網公司紛紛涉足第三方支付平臺建設，特別是隨著移動互聯網和大數據技術的發展，第三方移動支付迅猛發展，目前較有影響的第三方支付平臺包括阿里巴巴的「支付寶」和騰訊公司的「微信 - 財付通」。

第三方支付克服了傳統現金交易大量攜帶的不足，同時克服了以銀聯為代表的刷卡交易費用昂貴的不足，呈現出低成本、便捷、快速的特點。隨著大數據技術的發展，借助移動互聯的技術創新，發揮第三方支付平臺的巨大價值，變革傳統的支付結算方式，這一切都源於零售革命的推動。

（二）零售革命觸發金融服務方式變革

傳統金融服務受困於由「資訊不對稱」所帶來的風險控制問

---

114 王成榮，《不變則亡 零售革命的路徑選擇》，北京商業高峰論壇，2013.12.

題，極力避免風險，堅持穩健經營，由此產生了飽受詬病的「嫌貧愛富」和「晴天送傘、雨天取傘」等現象。金融服務方式的變化很大程度上取決於金融客戶資訊的可得性，越是容易獲得資訊的客戶對於金融機構越安全。因此在互聯網時代，每一個客戶的資訊都可以進行採集和梳理，特別是大數據技術能協助金融機構低成本、高效地獲得有價值的資訊，這樣就極大地降低了金融風險，從而觸發了金融服務方式的巨大變革。

借助大數據價值，平臺融資、網路金融等新方式不斷湧現，較有影響的是以「眾籌網」和「宜信」為代表的草根互聯金融模式，以及以阿里餘額寶、平安陸金所代表的大佬互聯金融模式。

1. 「眾籌網」

眾籌，是利用眾人的力量，集中大家的資金、能力和管道，為創新專案和創業計畫提供必要的資金援助。這種模式改變了傳統金融機構做為籌資媒介的融資服務方式，而是由資金供求雙方直接透過「眾籌網」平臺進行資金籌集，形成了一種新的風險共擔、收益共用的投融資模式。

「眾籌網」的運作模式是以每個專案發起人為核心，專案發起人需設定自己專案的目標金額及時間期限，專案必須在發起人預設的時間內達到或超出目標金額才算成功。若沒有達到目標

金額，那麼所有款項將退回到支持者的帳戶，保障支持者的資金安全。所有專案發起人都採用實名認證的方式。在每個專案上線前，「眾籌網」的客服人員對您的專案進行審核、溝通、包裝、指導，保證您的專案可以順利上線。專案成功後，「眾籌網」的顧問將監督專案發起人執行專案，確保支持者的權益。

2. 「宜信」

「宜信」率先從國外引進了先進的信用管理理念，結合中國的社會信用狀況，推出了個人對個人（又稱 P2P）的信用貸款服務平臺，「宜信」做為平臺管理者為平臺兩端的客戶提供全程的信用管理服務。透過這一平臺，具有理財需求的客戶可以將手中的富餘資金出借給信用良好但缺少資金的工薪階層、大學生、微小企業主，同時透過利息收入還可以為理財客戶帶來較高的穩定收益。

「宜信」還與眾多提供家電產品、電子產品、家裝產品、樂器產品、教育培訓服務、娛樂健身服等商品或服務的商家緊密合作，為不同消費群體量身訂做了個性化的消費信貸解決方案。

3. 「餘額寶」

「餘額寶」是由第三方支付平臺支付寶打造的一項餘額增值

服務。透過「餘額寶」，用戶不僅能夠得到較高的收益，還能隨時消費支付和轉出，用戶在支付寶網站內就可以直接購買基金等理財產品，獲得相對較高的收益，同時「餘額寶」內的資金還能隨時用於網上購物、支付寶轉帳等支付功能。轉入「餘額寶」的資金在第二個工作日由基金公司進行份額確認，對已確認的份額會開始計算收益。餘額寶的優勢在於轉入餘額寶的資金不僅可以獲得較高的收益，還能隨時消費支付，靈活便捷。同時支援支付寶帳戶餘額支付、儲蓄卡快捷支付（含卡通）的資金轉入。目前不收取任何手續費。透過「餘額寶」，用戶存留在支付寶的資金不僅能拿到「利息」，而且和銀行活期存款利息相比收益更高。

4. 平安「陸金所」

上海陸家嘴國際金融資產交易市場股份有限公司，簡稱「陸金所」，結合金融全球化發展與資訊技術創新手法，以健全的風險管控體系為基礎，為廣大機構、企業與合格投資者等提供專業、高效、安全的綜合性金融資產交易相關服務及投融資顧問服務，致力於透過優質服務及不斷的交易品種與交易組織模式創新，提升交易效率，優化金融資產配置，成為中國領先並具有重要國際影響力的金融資產交易服務平臺。透過網路投融資平臺和金融資產交易服務平臺服務於小微企業、金融機構、合格投資人。

（三）金融創新助推零售革命

受制於商業地產成本的不斷升高、交通擁擠、排隊等候等問題的困擾，零售業受到了前所未有的衝擊。在物流業和第三方支付的有力支援下，電子商務迅猛發展，倒逼零售革命。傳統商家受制於資金、技術的限制，規模效應難以發揮。支付、融資等方式和手段的變革，助推零售業努力改善服務體驗，降低服務成本，提高服務水準，實現跨界競爭。

任一場零售革命的發動總是源於交易和支付方式的改變，如傳統的計程車行業。數十年來，計程車行業按照「招手停車」的交易方式在運行，後來有的公司推出了「電話叫車」服務。「快的」和「滴滴」打車軟體率先利用移動互聯網推出「電子叫車」服務，再輔以「地圖導航」，徹底改變了交易方式。緊隨其後，在傳統現金交易的基礎上，由「支付寶」和「微信 - 財付通」以提供現金獎勵的方式快速掀起一股「打車革命」。

在此之前的旅遊業也曾經在互聯網的支持下，借助於機票、酒店的預訂和刷卡交易的方式，進行了一場零售革命。還有酒店業借助品牌加盟、管理輸出和線上訂單技術，進行了一場經濟型酒店零售革命。現在房屋出租行業也在借助互聯網進行一場管家式零售革命。

總而言之，每一次經濟危機都是挑戰和機遇並存，市場出

清的自然法則迫使商家必須改變傳統的經營方式，用全新的思維和姿態來迎接新的技術所帶來的巨大商機。移動互聯、大數據技術為零售革命提供了強大的動力，迫使各行各業必須主動改變，不變則亡。零售革命催生了金融創新，金融創新助推零售革命。這場革命的洪流將以無法想像的速度對傳統行業進行摧枯拉朽式的改變，一個新的商業世界將以奇特的規則和方式呈現在我們面前。

支付變革：助推零售革命

[引例]：

　　購物狂歡節：「雙十一」的誘惑。

　　被稱為「光棍節」的 11 月 11 日最初起源於校園，在這一天，單身男女大多會藉「慶祝節日」的名義為自己購買消費品。2009 年 11 月 11 日，淘寶商城（如今已更名為天貓）抓住商機，以「犒勞單身」為由，聯合平臺內的商家推出折扣驚人的促銷活動，鼓勵年輕線民在這一天集中消費。從此，每年的「雙十一」由「光棍節」演變為名副其實的購物狂歡節。2009 年時交易額才 5000 萬元，2015 至 2017 年，連續三年的「雙十一」當天，支付寶的交易額分別為 912.17 億元、1207 億元及 1682 億元。

（一）「商品交易方式「需要「支付方式」的呼應

　　支付是指為了清償經濟行為人之間由於商品交換和勞務活動引起的債權、債務關係，將資金從付款人帳戶轉移到收款人帳戶

的過程。支付、支付工具與支付方式的演變和發展都是以需求為導向。為了滿足人們生活和社會經濟發展過程中不斷產生的新的支付需求，伴隨著資訊技術不斷地應用於支付領域，各種創新的電子支付工具、支付方式層出不窮。

在原始社會，支付是以最原始的交換方式進行的，這種交換是一種直接的物物交換，交換過程和支付過程同時發生，不存在支付工具。

自然經濟社會對應的是以實體貨幣為媒介的支付方式。這時的交換是以某種物質做為一般等價物進行的，貨幣由此產生。一般等價物的出現，大大地促進了交換的便捷，在此階段，交換和支付同時發生，貨幣做為支付工具，初級的支付系統已形成。無論是實物貨幣、金屬貨幣還是以政府信用做為發行保障的紙幣，其做為一般等價物為消費者提供的支付方式都是相似的，即所謂的「一手交錢、一手交貨」。

紙幣又稱為「現金」，是當今世界普遍使用的貨幣形式。現金具有分散，使用方便、靈活，交易方式簡單等特點，只需要在收款人和付款人之間進行，不必在某時某地集中處理。如果收款人對現金本身無異議，交易雙方可以馬上實現交易目的，即消費者用現金買到商品，商家用商品換取現金。當然，這種交易方式也存在一些缺陷，主要表現在：一方面，它受時間和空間的限制，對於不在同一時間、同一地點進行的交易，無法採用現金支

付的方式； 另一方面，由於現金攜帶不方便，製鈔、運鈔成本大，又無法核實現金持有人的身分，這種高成本、攜帶不便性，以及由於匿名產生的風險性決定了現金做為支付手段的侷限性。因此，現金常用於個人之間，以及個人與商家之間金額較小的支付活動。

20 世紀，隨著社會經濟的發展，商品交易的範圍和規模急遽擴大，金融活動所涉及的金額也在飛速增長，紙幣在交易過程中攜帶、計算不便的問題凸顯出來，於是一種以銀行存款為基礎簽發開列出來的憑證── 支票開始加入貨幣的行列。持票人可以將支票拿到銀行要求兌換成現鈔，銀行收到支票後，根據出票人即存款人的存款狀況將所列金額的現鈔支付給持票人。持票人也可以直接將支票用於商品服務的購買或是債務的支付。此時，買方將資金存入銀行，在商品購買過程中用銀行的信用工具支票進行支付，而賣方則透過支票得到所售商品的資金。商品的交換過程和支付過程發生分離，各種具有銀行信用性質的支付工具開始出現，如匯票、本票等。在此階段，比較完善的支付系統已經建立起來了。

現代社會，由於資訊化技術的不斷發展，資訊採集、加工、儲存和傳遞越來越依賴電腦、網路通訊手段。互聯網和其他資料網路的高速發展已經引起了全球性的商務革命和經營革命。電子商務成為引領全球的新趨勢。與之相適應，貨幣開始了數位化的

轉變，稱之為電子錢。電子錢借助銀行、商戶以及個人之間的電子電腦等終端設備的電信線路的連接，無須考慮物理距離的遠近，以電子化的資訊資料形式進行傳輸，透過銀行自動化的支付清算系統簡單便捷地實現了資金的轉移和債權債務關係的轉換。與此相配合，支付方式也發生了根本性的變革，出現了各種現代化的電子支付系統。基於網路的支付系統不僅使支付自動化、快速化和安全化，而且其適用範圍更廣。隨之衍生的支付工具種類繁多，如銀行卡、電子現金、電子支票等。其中信用卡的使用，更是喚醒了一部分人的超前消費意識，這種將支付的便利與銀行信用相結合的支付工具，大大促進了消費市場的發展。

與此同時，另一種風潮洶湧而至。移動互聯網的即時、自由、隨時隨地、碎片化等屬性為每個行業重新定義了商業模式和業務邊界。移動商務將是商業價值一次巨大的遷移。當人們的行為習慣開始發生變化，當網上「購物」、掌上「逛街」成為常態，金融行業必須意識到陣地已經開始轉移，並為之做好準備。手機銀行與搭載近距離無線通訊技術（ＮＦＣ）的近場支付是銀行與移動運營商大力發展的新業務，而微信支付、二維碼支付等新的支付方式讓消費者有了全新的支付體驗。

（二）銀行支付業務的變遷

　　「存、貸、匯」是銀行最傳統的三大業務。「匯」即支付業務。支付最終的目的是完成資金從付款方到收款方的轉移，是買賣雙方之間的經濟交往活動。但在銀行介入商品流通和資金交易之後，就逐漸演變成為銀行與客戶之間及銀行與銀行之間的資金劃撥與轉移。

1. 銀行為客戶提供的資金支付

　　按照支付工具及支付系統的發展，銀行為客戶提供的資金支付方式主要有：

（1）轉帳

　　轉帳是指不直接使用現金，而是透過銀行將款項從付款帳戶劃轉到收款帳戶完成貨幣收付的一種銀行貨幣結算方式。它是隨著銀行業的發展而逐步發展起來的。銀行在專業技術手段的幫助下，透過儲戶所開設的存款帳戶，為儲戶之間的資金往來、債權債務關係等提供清算和支付的服務，實現支付指令和資金資料的傳遞和清算。在現代社會，絕大多數商品交易和貨幣支付都透過轉帳結算的方式進行。

（2）票據支付

　　在市場經濟中，會經常發生大量的收付貨幣的現象。用票據

代替現金做為支付工具，具有便攜、快捷和安全等特點。因此，在現代經濟中，票據支付曾經具有非常重要的位置。但隨著電子支付的發展，其所佔比例逐漸萎縮。資訊技術日趨成熟和普及、支付基礎設施的不斷完善以及市場主體觀念的轉變，將助推票據電子化進程，票據業務電子化應用的空間更加廣闊。

（3）銀行卡支付

銀行卡是商業銀行向社會發行的具有消費信用、轉帳結算和存取現金等功能的各類卡的統稱。銀行卡是 20 世紀的產物，最早出現的銀行卡產品是信用卡。信用卡起源於 1915 年的美國，當時的一些商店為了促銷，開始給顧客發行一種塑膠卡片，顧客可以憑此賒購商品，約期付款，這就是信用卡的雛形。銀行卡做為最常用的一種支付工具，可以說是商業信用發展的產物。

20 世紀 70 年代以來，由於科學技術的飛速發展，特別是電子電腦的運用，使銀行卡的使用範圍不斷擴大。各種銀行自助設備（ATM、POS 機、存摺印表機、外幣兌換機、多媒體終端等等）和電子銀行的使用都以銀行卡帳戶為基礎。銀行卡做為存儲電子錢和帳戶資訊的媒介，它的使用不僅減少了現金和支票的流通，而且使銀行業務由於突破了時間和空間的限制而發生了根本性變化，其使用範圍已經深入到消費、繳費、社保、納稅、醫療等社會生活各方面，銀行卡已成為社會公眾使用最廣泛的支付工具。

IC 卡所固有的安全性高、存儲量大、可離線使用及適合一

卡多用的優勢，使它取代傳統的磁條卡成為必然。真正的「一卡在手，走遍神州」離我們越來越近。

（4）電子支付

電子支付是指交易雙方透過電子終端，直接或間接地向金融機構發出支付指令，實現貨幣支付與資金轉移的一種支付方式。它採用先進的技術，透過數位流完成資訊傳輸，各種款項支付都採用數位化的方式進行，因此具有方便、快捷、高效、經濟的優勢。使用者只要擁有一臺電子終端（電腦、手機、電話等），便可以足不出戶，在很短的時間內用比傳統支付方式低得多的費用完成整個支付過程。電子支付按照指令發起方式的不同（所使用電子終端設備的不同），分為網上支付、電話支付、移動支付、銷售點終端交易等等。電子支付是電子交易活動中最核心、最關鍵的環節，是交易雙方實現各自交易目的的重要一步，也是電子交易得以進行的基礎條件。

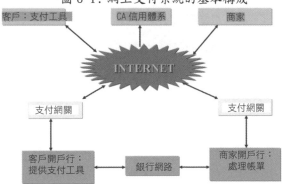

圖 8-1：網上支付系統的基本構成

2. 銀行之間的支付清算

在人類歷史發展的漫長歷程中，支付清算體系經過長期演變，已經具有了大致相似的結構，即由中央銀行發行不可兌換、無限法償的紙質信用貨幣，以供社會公眾零星的現鈔支付所需；而商業銀行則以中央銀行發行的貨幣為基礎，透過部分準備金、貸款和轉帳結算等業務活動，在貸款客戶的活期存款帳戶中派生地創造出多倍的存款貨幣，以供其進行轉帳支付，這一系列活動演變的最終結果就使得銀行成為現代社會的支付中心。

客戶之間的支付結算活動，除了小部分支付結算業務的收受雙方是同一城市的同一銀行及分支機構開設帳戶以外，大多數支付活動所涉及的都是在兩個以上的不同銀行及其分支機構，此類支付活動雖然採用了銀行轉帳方式，也會因為所涉及的銀行及其分支機構數量眾多、關係複雜而在執行過程中困難重重。隨著商品經濟的發展和銀行業的逐漸成熟，18 世紀後期的英國出現了專門在同一城市範圍內為不同銀行辦理支付清算業務的機構，即票據交換所或清算銀行。銀行客戶的商品交易或者是金融交易而產生的資金收支差額，無須透過關聯銀行之間存款帳戶進行轉帳清算，而是在清算銀行中各銀行的存款帳戶之間進行轉帳清算，清算銀行做為最終的清算機構，處於整個清算活動的中樞地位。尤其是在電子電腦、通訊等現代資訊技術手段的協助下，此類支付清算活動的電子化、自動化以及連鎖化、網路化的程度得到了

極大的提高。

20世紀隨著中央銀行制度的基本成型，不同地區以及不同類型的銀行之間的支付清算工作逐漸交由以中央銀行為核心的現代支付清算系統來完成。各銀行之間的資金交收差額的劃撥清算集中在中央銀行統一管理和具體操作，最初只能實現同城範圍內不同銀行之間的資金支付和清算。隨著專業化金融通訊系統和電子聯行系統的建立和健全，遍佈全國乃至全球範圍的銀行間資金支付清算的品質和速度都大為提高，資金週轉速度加快，大大節約了現金的使用，有效地促進了社會經濟的發展。

在支付清算的網路系統中，支付清算活動可以分為支付、清分軋差和清算三個步驟。支付步驟發生在資金收付雙方及其各自的開戶銀行之間，資金付出方在其開戶銀行帳戶中的存款餘額減少，資金收受方在其開戶銀行帳戶中的存款餘額增加。清分軋差步驟是在資金收付的銀行之間進行的資訊資料的交換，即將支付指令按照收付銀行進行分類，並計算各自的收支差額，為最終的清算提供資料。清算步驟不僅涉及收付銀行，還要有中央銀行的加入，透過收付銀行在中央銀行開立的準備金帳戶來進行差額資金的劃轉，清償銀行之間的債權債務關係。

以中央銀行或者清算銀行為核心的銀行間支付清算體系是國民經濟運行和貨幣資金融通的大動脈，社會經濟活動大都要透過跨行資金支付清算系統才能最終實現，這一系統多由政府授權中

央銀行進行組建、運營和管理，並由銀行及其他金融機構參與其中的運營，其涉及面遍及全國的商業銀行和其他金融機構，有些國際性的支付清算系統甚至將世界上各主要銀行和金融機構都囊括其中，形成了全球性的支付清算網路。

自中國全面實現金融電子化以來，中央銀行和各級金融機構花費巨大人力、財力分頭建設不同層級的電腦系統和通信網路。其中，中國人民銀行總行牽頭投資建立了旨在運營全國電子聯行業務的金融衛星通信骨幹網，並組織幾大商業銀行與原郵電部共同投資組建中元金融資料通信網路有限責任公司，負責金融地面骨幹網建設。而商業銀行則投入力量，建設各行內部的局域網和內聯網。這些工作，為國內金融系統造就了一套從動脈到毛細血管的完整循環系統。另一方面，做為中國金融系統中最重要的組成部分，中央銀行的現代化支付系統為各銀行和貨幣市場提供公共支付清算服務，是中國金融系統中不折不扣的「大動脈」和「主幹道」。現代支付系統自 1996 年立項施工，2002 年 10 月 8 日大額即時支付系統成功投產試運行，又經過 10 年的建設發展，建成了包括大額時實支付系統、小額批量支付系統、同城票據清算系統及境內外幣支付系統等 7 個系統在內的完整的現代化支付系統，為銀行業的金融機構及金融市場提供了安全高效的支付清算平臺。

圖 8-2 中國支付清算網路體系

中國銀聯銀行卡跨行交易清算系統

城市商業銀行匯票處理系統

集中代收付中心業務系統

農信銀支付清算系統

其他第三方支付服務組織業務處理系統

第三方服務組織支付清算系統

大額支付系統

小額支付系統

全國支票影像交換系統

境內外幣支付系統

中央銀行會計集中核算系統

同城票據交換系統

中央銀行支付清算系統

政策性銀行行內業務系統

商業銀行行內業務系統

農村信用社行內業務系統

銀行業金融機構支付清算系統

中央債券綜合業務系統

全國銀行間外匯交易系統

全國銀行間拆借交易系統

中國證券登記結算公司生產系統

金融市場支付清算系統

3. 中國銀行支付業務面臨的挑戰及應對

隨著電子商務的發展，第三方支付市場規模迅速擴大，據中國產業資訊網資料整理顯示，截止 2017 年，中國第三方支付市場的成交金額高達 154.9 萬億元人民幣，同比增長 44.36%。第三方支付的迅猛發展，讓銀行感受到前所未有的競爭壓力。過去，第三方機構扮演著網上支付的仲介角色，與銀行的利益衝突並不大。如今在很多支付業務中，第三方支付在逐漸走向「前臺」，而銀行卻到了後臺。例如第三方支付企業透過各類產品與業務的創新，替代了大量銀行的支付結算中間業務。第三方支付企業已逐漸滲透至匯款和貸款這兩個領域中，並在電子支付領域逐漸奠定優勢地位。商業銀行電子支付業務受到支付寶等眾多第三方支付競爭對手衝擊，不僅在電商領域，許多原來由商業銀行網點代為辦理的水電費、電話費繳納等支付業務，現在透過第三方支付

管道可辦理，商業銀行減少本來應得的代理業務利潤；轉帳匯款是商業銀行的傳統業務，第三方支付企業支付寶、微信支付皆提供轉帳到銀行卡功能。轉帳方式日趨多元化，具有快捷優勢的第三方支付管道，將成為一部分客戶的選擇，減少了商業銀行的支付結算業務利潤，商業銀行不得不透過降低費率來應對挑戰。

有鑑於此，商業銀行要全面體認技術變革帶來的影響。把握行業動態，不斷積極創新，應該將以客戶為中心的思想融入銀行經營的全過程，推行對客戶有高附加值的、個性化的金融服務，加強客戶參與和體驗。未來客戶關注的重點是支付便捷性和覆蓋範圍，移動支付的便利程度比掏錢包還快，涵蓋商業零售、公共交通、餐飲等領域，同時移動支付兼顧使用便利和資金安全，因此移動支付市場發展空間巨大。目前參與移動支付市場競爭的主體有商業銀行、中國銀聯、移動運營商和第三方支付公司，哪家商業銀行能夠將業務和功能相融合進行創新，建立移動支付市場的技術支持標準，同時與監管機構進行深入溝通，產品符合監管要求，將決定在新型支付領域競爭格局中的地位。

另一方面，商業銀行與第三方支付還有巨大的合作空間，比如支付安全問題，還有在跨行支付、跨境支付、移動支付等方面，銀行與第三方支付都可以充分合作。再就是未來中國的經濟發展導向，是重視國內消費、服務居民，這既是很多商業銀行重視不足的地方，也是協力廠商企業正在逐漸創新的領域。兩者未來如

能圍繞消費者的需求滿足和維護共同探索，必定能開拓出更多合作共贏。

（三）第三方支付的發展

隨著互聯網技術和通訊技術的發展，電子商務已經被廣大社會公眾所接受和使用。支付環節是電子商務流程中交易雙方最為關心的問題之一。由於電子商務中的商家與消費者之間的交易不是面對面進行的，而且物流與資金流在時間和空間上也是分離的，這種沒有信用保證的資訊不對稱，導致了商家不願先發貨，怕貨發出後不能收回貨款，消費者不願先支付，擔心支付後拿不到商品或商品品質得不到保證，極大得阻礙了電子商務的發展。第三方支付應運而生，它在商家與消費者之間建立了一個公共的、可以信任的仲介，它滿足了電子商務中商家和消費者對信譽和安全的要求，在一定程度上防止了電子交易中欺詐行為的發生，消除了人們對於網上交易的疑慮。

1. 第三方支付平臺

第三方支付平臺是屬於協力廠商的服務型仲介機構，它主要是面向開展電子商務業務的企業提供電子商務基礎支撐與應用支撐的服務，不直接從事具體的電子商務活動。第三方支付平臺

獨立於銀行、網站以及商家來做職能清晰的支付。它的主要目的就是透過一定手段對交易雙方的信用提供擔保從而化解網上交易風險的不確定性，增加網上交易成交的可能性，並為後續可能出現的問題提供相應的其他服務。第三方支付平臺以其良好的相容性、信用仲介、安全、方便、快捷等特點進入電子商務的支付領域，並迅速佔有了網上支付的大部分市場份額。第三方支付的飛速發展促進了電子支付的日臻成熟。據艾瑞諮詢資料顯示，2013年至 2016 年中國第三方支付交易規模分別為為 16.9 萬億元、32.2 萬億元、52.3 萬億元、107.3 萬億元。目前第三方支付已佔據電子支付領域的主導地位。

圖 8-3 2013-2020 年中國第三方支付交易規模

來源：中國人民銀行，綜合企業訪談，市場公開資料，根據艾瑞統計模型核算。

© 2018.1 iResearch Inc.   www.iresearch.com.cn

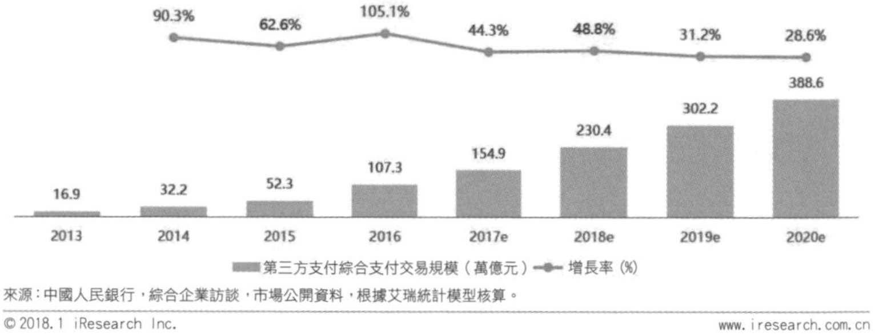

2. 第三方支付發展現狀

第三方支付平臺的提供者——第三方支付企業，指的是透過公共網路或私人網路絡，提供支付管道，完成從付款方到收款方的貨幣資金轉移、查詢統計等一系列過程的一種支付交易方式的

非銀行金融機構。在電子商務領域，第三方支付企業發揮著非常重要的作用。一是為電子商務活動中的交易雙方提供交易資金第三方擔保支付服務，建構誠信的交易、支付機制；二是透過與多家銀行的業務合作與系統對接，降低客戶交易資金匯劃成本；三是打破各行銀行卡交易壁壘，提高交易效率。

中國首家第三方支付企業是成立於 1999 年的北京首信股份公司。2004 年下半年， 第三方支付開始受到市場的極大關注，國內企業紛紛涉足第三方支付平臺的服務領域，先後出現了支付寶、快錢、財付通、Yeepay、匯付天下等第三方支付企業。

為了促進行業規範發展，2010 年 6 月，中國人民銀行出臺《非金融機構支付服務管理辦法》，首次對非金融機構從事網路支付、預付卡發行與管理、銀行卡收單等支付服務的市場准入、行政許可、監督管理等作出明確規定。2011 年 5 月 18 日，央行頒發首批業務許可證，支付寶、拉卡拉、快錢、匯付天下等 27 家企業順利獲得支付牌照。2011 年 8 月 31 日，央行頒發了第二批 13 張第三方支付牌照；2011 年 12 月 31 日，央行再次頒發了 61 張第三方支付牌照。2012 年 6 月 28 日，央行頒發了第四批 95 張第三方支付牌照。同年 7 月份，第五批僅頒發一張牌照。2013 年 1 月 8 日，中國人民銀行公布了第六批第三方支付牌照名單，又有 18 家企業獲得業務許可牌照。7 月 10 日，中國人民銀行公布第七批獲得非金融機構《支付業務許可證》的 27 家公

司。此次獲得牌照的企業出現了艾登瑞德（中國）有限公司、上海索迪斯萬通服務有限公司等具有外資背景的公司，這也是第三方支付牌照首次對外資開閘。從 2011 年起央行總共發放 270 張支付牌照後就不再發放新的牌照，但是每 5 年會對存量牌照進行續展，違規開展支付業務的第三方機構將會被註銷牌照。截止 2017 年 12 月 4 日，經過四批續展後，已經註銷了 24 張第三方支付牌照，現存有效支付牌照為 246 張。業務類型涵蓋互聯網支付、移動支付、數位電視支付、銀行卡收單以及預付卡發行和受理業務等。在這些機構中，已出現支付寶、財付通、中國銀聯等國際知名支付品牌和企業。

3. 第三方支付發展趨勢

伴隨著移動互聯網、移動電子商務、大眾消費方式以及現代金融理念的發展，以支付寶錢包為代表的移動支付正在改變使用者支付的接入方式，傳統的支付介質被新型支付方式所替代，成為更好處理交易支付和積累零售客戶的解決方案。

另外，隨著第三方支付應用領域的深化和拓展，帶有金融屬性的第三方支付將成為行業發展的一個重要方向。發展初始階段，第三方支付企業主要透過簽約各大銀行，在銀行與商家之間搭建支付仲介服務平臺，為商家提供基礎的收付服務。在互聯網支付、移動支付快速發展，不斷滿足客戶個性化、多樣化支付需

求，改變人們的生產生活方式和行為理念的背景下，為滿足商家和用戶的多元化支付和相關增值需求，服務逐步向外延伸。第三方支付積極佈局金融支付領域，探索拓展金融資訊服務，衍生出大量金融和行銷方面的交易增值服務。一方面，第三方支付機構獲准為基金銷售機構提供支付結算服務，不斷拓寬基金和保險業支付結算管道。另一方面，支付機構在為客戶提供全流程支付服務的同時，推出線上融資解決方案、應收帳款融資等金融資訊服務，為互聯網金融提供行業解決方案。

（四）支付革命帶來的零售業發展空間

在傳統經濟體系中，支付做為一項基礎性的金融服務，更多表現為經濟交易的附屬業務。隨著現代資訊技術的發展，互聯網支付、移動支付等新興支付方式迅速興起，跨越時空限制，透過便捷性的提升和良好的用戶體驗，成為便利生活、促進消費的推動力量，在經濟體系中的主動作用和創新價值逐步顯現。

1. 支付變革

支付變革指的是包括支付工具、支付方式、支付流程等在內的支付過程的優化和更新，並透過影響用戶的支付選擇偏好，重塑交易支付過程，最終影響零售市場。這些創新不可避免地改變了消費者、零售商、金融機構以及監管者在現代支付結算中的地

位和角色，推動著支付體系向著高效、安全、便捷的目標不斷發展和完善。

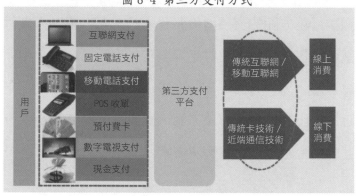

圖 8-4 第三方支付方式

　　例如，2005 年初阿里巴巴推出的支付寶，為商戶和消費者提供了更好的支付工具。根據阿里巴巴提供的資料顯示，2006年全年，淘寶網的交易總額突破 169 億元人民幣，超過沃爾瑪當年 (99.3 億元) 在華的全年營業額。2015 年至 2017 年，連續三年的「雙十一」當天，支付寶的交易額分別為 912.17 億元、1207 億元及 1682 億元，支付寶毫無疑問得促進了網上消費。

2. 支付變革帶來的零售業發展空間

　　在當前社會背景下，支付便利、支付速度和支付安全成為消費者關注的焦點。 支付變革極大得推動了電子商務及傳統零售業的發展。

（1）第三方支付促使傳統零售業「觸電」，涉足電子商務

第三方支付的發展為中國電子商務的發展，特別是 B2C、C2C 等模式的電子商務的發展帶來了良好的機遇。經過多年的市場培養，更多傳統零售，包含百貨、購物中心以及品牌店等機構涉足電子商務的腳步加快，提高了網路購物的佔比。

圖 8-5 2013-2020 年中國第三方支付交易規模結構

來源：中國人民銀行，綜合企業訪談，市場公開資料，根據艾瑞統計模型核算。

© 2018.1 iResearch Inc.　　　　　　　　　　　　　　　　www.iresearch.com.cn

2013 年，線下收單業務交易規模依然占絕大部分，比例為 60.2%；互聯網支付佔比進一步擴大至 31.8%；最大的亮點來自於移動支付，佔比增至 7.2%。2013 年是移動支付爆發的一年，隨著市場環境的養成，中國的網路覆蓋系統日趨完善，更多手機、平板電腦的用戶開始利用碎片時間，移動網購成為用戶填補碎片時間的一大選擇，移動市場成為電商企業新增長點，促使移動網購市場成為各電商企業追逐爭奪的目標，同時，移動支付這種模式也逐漸被使用者所接受。2016 年，移動支付佔比已經飆升至 54.8%。2013 年以前，中國第三方支付的增速主要由以淘寶

為代表的電商引領。2013 年餘額寶出現後，金融成為新的增長點。2016 年，以春節微信紅包為契機，轉帳成為交易規模的增長動力。

（2）移動支付引爆零售業「第二春」

移動支付，就是指利用短信、藍牙、紅外線、無線射頻技術（RFID）等非接觸式移動支付手段，允許移動通信使用者使用其移動終端對所消費的商品或服務進行遠距離帳務支付的一種服務方式。隨著移動設備的普及和移動互聯網技術的提升，移動支付以其便利性、快捷性優勢覆蓋了用戶生活的各個場景，涵蓋網路購物、轉帳匯款、公共繳費、手機話費、公共交通、商場購物、個人理財等諸多領域。根據 iResearch 艾瑞諮詢統計資料顯示，2017Q3 中國第三方互聯網支付交易規模達到 7.4 萬億元，同比增長 42.3%，環比增長 4.2%。2017Q3 中國第三方移動支付交易規模達到 31.6 萬億元，同比增長 100.1%，環比增長 16.3%，交易規模和增速遠遠高於互聯網支付。

首先，移動支付可以促使國內自動售貨機市場爆發式增長。

傳統紙硬幣器成本高達約四千元，並且有紙幣識別率不高、零鈔不足以找零等缺陷。而支付寶支付的聲波支付和微信的二維碼掃描支付以軟體為主，對硬體要求不高，運行成本較低。對於一臺新型智慧售貨機，支付寶「當面付」改裝僅需加裝聲波模組，

費用為三五十元；微信支付改裝增貼二維碼，費用更低。另外，傳統售貨機從消費者購物開始到企業到銀行轉正收款一般在半個月左右，第三方支付可以大幅度提升資金週轉效率，支付寶當面付做到了全自動即時到帳。

其次，移動支付促進傳統零售實體店的發展。

目前，國內絕大多說零售企業已意識到移動支付的重要性。大型零售企業面臨的頭號問題是如何提高服務水準、加強消費者的忠誠度，移動支付正是達到此行銷目標的重要手段之一。移動支付能為消費者創造更靈活、更親切的消費環境，實現錢包的電子化、移動化，極大地豐富使用者可選支付方式，方便廣大使用者。從消費者購買行為來看，消費者使用移動支付在商場、超市等零售賣場進行購物是符合市場發展規律和現代人生活方式的一種大趨勢。

在業務發展之初，無接觸式的近場支付使得交易便利性和支付速度提高，在小額支付市場中將逐步替代現金，成為廣泛使用的支付手段，大大促進了便利店、連鎖超市等實體零售店的銷售。不僅如此，未來的移動支付還可以用於買家電、汽車、買房等大額支付。可以預見，在不久的將來，移動支付有非常大的商業前景，將廣泛應用於零售業的各個領域，帶來整個零售業銷售模式的變革。

供應鏈金融：以京東為例

（一）京東供應鏈金融平臺背景分析

1. 何謂供應鏈金融

供應鏈金融發端於 20 世紀 80 年代，有著深厚的實體經濟背景。20 世紀 70 年代以來，國際分工模式發生了顯著變化，越來越多的分工從企業內部轉向企業間。企業間分工使得原先行業內大而全的企業集中資源專注於自身最有優勢的領域，其他的生產環節則透過生產性外包或全球化採購管道由週邊的中小企業來完成。這種生產和分工模式有利於發揮各個企業的核心競爭力，利用不同國家、不同地區的比較優勢，從而最大限度的降低整個產品鏈的生產成本。由於生產環節分配到多個國家、多個企業，需要核心企業從中協調，從而衍生出一種全新的生產管理實踐——供應鏈管理（supply chain management，SCM）。供應鏈圍繞核心企業，透過對資訊流、物流、資金流的控制，將供應商、製造商、分銷商、零售商直到最終用戶連成一個整體的功能網鏈結構

¹¹⁵。供應鏈管理專家斯坦福大學教授 Haul Lee 指出:「市場的競爭,不再是單一企業之間的競爭,而是供應鏈之間的競爭」。

長期以來,供應鏈管理集中於物流和資訊流層面,對於資金流關注甚少。到 20 世紀末期,企業家和研究者逐漸發現,供應鏈管理中的融資成本實際上部分抵消了全球性業務外包帶來的效率優勢。由此,供應鏈管理的核心企業產生了「財務供應鏈管理」需求,企業界的財務主管們在此背景下寄希望於供應鏈管理以改進其現金流。根據供應鏈管理核心企業的需求,商業銀行也開發出了一系列滿足企業「財務供應鏈管理」的融資產品和服務,並最終創新出一整套財務供應鏈管理的集成解決方案,供應鏈金融應運而生。對商業銀行和企業而言,供應鏈金融為前者提供了新的業務增長點,後者則可以利用商業銀行的業務創新滿足自身的融資需求。2008 年下半年開始,次貸危機導致企業經營環境及業績不斷惡化,無論是西方國家還是中國,商業銀行都在實行信貸緊縮,但供應鏈融資在這一背景下卻呈現出逆勢而上的態勢¹¹⁶。《歐洲貨幣》雜誌將供應鏈金融形容為近年來「銀行交易性業務中最熱門的話題」。

供應鏈金融日益受到國內外研究者的關注,Pfohl、

115 胡躍飛、黃少卿. 供應鏈金融:背景、創新與概念界定 [J]. 金融研究,2009
(8):196.
116 深圳發展銀行 - 中歐國際工商學院「供應鏈金融」課題組,供應鏈金融
[M] ,上海遠東出版,2009,

Hofmann、Elbert（2003）[117]，楊紹輝（2005）[118]，鄭鑫、蔡曉雲（2006）[119]，王嬋（2006）[120]，閆俊宏、許祥秦（2007）[121]，胡愈、柳思維（2008）[122]，陳祥鋒、石代倫等（2005、2006）[123]。供應鏈金融具有代表性的概念由 Hoffmann 提出，他認為供應鏈金融可以理解為供應鏈中包括外部服務提供者在內的兩個以上的組織，透過計畫、執行和控制金融資源在組織間的流動，以共同創造價值的一種途徑（Hofmann E，2005）[124]。

2. 京東的供應鏈金融平臺

做為一個融資總額超過 20 億美元，擁有 1.2 億註冊用戶，2012 年流水超過 600 億元的公司，京東商城已經有足夠的規模和信用進入互聯網金融領域。京東的供應商大約有 10 萬，與京

117 Pfohl，H．‐ Chr．．Hofmann，E．．Elbert，R．Financial Supply Chain Management － Neue Herausforderungen für die Finanz － und Logistikwelt［J］．Logistik Management，2003，5(4)：10 － 26．
118 楊紹輝．從商業銀行的業務模式看供應鏈融資服務［J］．物流技術，2005(10)：179 － 182．
119 鄭鑫，蔡曉雲．融通倉及其運作模式分析－中小企業融資方式再創新［J］．科技創業，2006(12)：40 － 41．
120 王嬋．中小企業融資新途徑———供應鏈金融服務［J］．財經界，2006(11)：97 － 98．
121 閆俊宏，許祥泰．基於供應鏈金融的中小企業融資模式分析［J］．上海金融，2007(20)：14 － 16．
122 胡愈，柳思維．物流金融及其運作問題討論綜述［J］．經濟理論與經濟管理，2008(2)：75 － 79．
123 陳祥鋒，石代倫，朱道立．金融供應鏈與融通倉服務［J］．物流技術與應用，2006(3)：93 － 95．
124 Hofmann，E．Supply Chain Finance: some conceptual insights［J］．Logistics Management，2005：203 － 214．

東商城合作時，一方面既要保證供貨，另一方面還要承受應收帳款週期過長的風險，資金往往成為最大的壓力。根據京東 2012 年 5 月在香港推介會上披露的資料，2011 年，京東平均結算帳期為 38 天。隨著京東規模的增長，對供應商的話語權也越強，2012 年下半年以來，京東已要求大幅延長帳期，在一些品類，京東的結算帳期甚至達 120 天。隨著結算帳期的不斷延長，相當多的供應商融資需求越來越強烈，而這些企業往往因為規模小，資金薄弱，難以得到銀行的貸款，資金鏈斷裂成為籠罩在這些企業頭上的陰影。

在此背景下，京東商城供應鏈金融應運而生。京東則是透過對這些上下游廠商提供融資方案，解決銀行授信難的問題，進一步完善整個供應鏈生態圈。與阿里巴巴成立小額信貸公司獨立運作的方式不同，京東採用了與銀行合作的模式，用信用及應收帳款為抵押，讓供應商能夠獲得銀行貸款從而縮短帳期。京東商城對於「供應鏈金融平臺」的定位如下：「結合京東商城供應商評價系統、結算系統、票據處理系統、網上銀行及銀企互聯等電子管道，面向全部京東商城供應商開展一整套金融服務的綜合型金融服務平臺。」從 2012 年京東涉足供應鏈金融至今，平臺不斷完善。做為國內首個推出互聯網化供應鏈金融產品的金融科技公司，京東金融始終圍繞產業鏈、資料優勢和技術優勢深耕細作，不斷縱向深入，拓展金融產品。2016 年，京東金融以傳統的供

應鏈信貸服務為基礎，逐步打通企業理財和企業信用支付，形成一整套的企業金融解決方案。

（二）京東供應鏈金融平臺運行分析

1. 京東供應鏈金融平臺融資類型

京東集團業務涉及電商、金融和物流三大板塊。京東金融集團，於 2013 年 10 月開始獨立運營，定位服務金融機構的科技公司。公司致力於以大數據、人工智慧、雲計算、區塊鏈、物聯網等新興科技，為金融機構提供人、貨、場的數位化、線上線下全場景化服務，助力金融機構在場景拓展、獲客、運營、風控、研發等核心價值環節提升效率、降低成本、增加收入，推動全行業全面跨進智慧金融時代。截至目前，京東金融已建立起企業金融、消費金融、財富管理、支付、眾籌眾創、保險、證券、農村金融、金融科技等業務板塊，如圖 8-6 所示。除了服務金融機構，京東金融正在儲備面向非金融企業以及城市提供技術服務的能力，未來將為全社會提供更廣泛的科技服務。2017 年 6 月，京東金融重組完成交割。京東金融是全球金融科技領域增長最快的公司之一，3 年交易規模累計增長 24 倍，擁有 3.6 億個人用戶。

圖 8-6：京東金融業務板塊

　　京東供應鏈金融滿足企業不同環境、不同背景下的投融資需求，為企業提供高度智慧化的綜合金融解決方案。京東供應鏈金融早在 2012 年 11 月就已推出，隸屬於京東商城的金融發展部，是整個京東金融集團的先鋒軍。它將實體經濟和創新金融有機結合，相繼推出京保貝、京小貸、動產融資、京東金采、企業金庫等針對公司客戶的一體化金融服務，覆蓋了很多傳統金融機構觸達不到的群體，以組合拳的形式為客戶盤活了供應鏈條上的各個環節。表 8-6 顯示了京東供應鏈金融平臺的進展情況。

表 8-6 京東供應鏈金融平臺進展情況一覽表

時間	平臺進展
2012.1	第一筆供應鏈金融業務開展，正式涉足供應鏈金融業務
2012.11	京東商城與用戶合作，啟動供應鏈金融服務
2013.10	京東金融獨立運營，成立供應鏈金融部，並推出京東金融的第一款互聯網金融產品「京寶貝」
2014.10	「京小貸」上線
2015.9	京東「動產融資」上線
2016	「京寶貝」開啟資產證券化、公司理財（企業金庫）上線

資料來源：根據網站資料，作者自行整理

（1）京保貝

2013 年 12 月初，京東金融的第一款互聯網金融產品「京保貝」正式上線。京保貝主要是基於帳單、應收帳款等的保理融資。「京保貝」透過對採購、銷售、財務等資料進行集中和處理，自動完成審批和風控。與之前透過銀行合作提供貸款不同的是「京保貝」由京東提供資金並負責運營。「京保貝」的門檻很低，只要與京東有 3 個月以上的貿易關係就可以申請融資。京東會根據供應商的產品入庫情況、銷售情況、合作長短等指標做出評級。供應商分成 5 個級別，京東可以向其中 3 個級別提供融資，無需額外抵押和擔保。供應商可以自己控制融資金額，選擇還款方式。

「京保貝」推出後，2014 年第一個月，京東供應鏈金融貸款規模再創新高，超過 10 億。2014 年整個「京保貝」保持月度複合增長率 30%-50%。原因在於把握住了客戶的需求，門檻低、效率高，供應商可憑採購、銷售等資料快速獲得融資，3 分鐘內即可完成從申請到放款的全過程，並且隨借隨貸，有效提高了企業的資金週轉能力。

京保貝系統運作劃分為三個階段： 第一階段，「應收帳款＋供應商的供應鏈資料＋銷售資料」構成了京保貝對於該供應商的授信根據。第二階段，隨著供應商不斷地銷售商品，不斷地產生應收帳款從而形成一個動態的資料池，利於供應商得到迴圈授

信。風險控制模式轉變為節點風控模式，每一條供應鏈都分成若干個節點，按節點進行風險評估。第三階段形成標準化的風控。在拆分節點的過程中，將一些性質類型相同的業務進行整合，形成標準化的單據，便於做更為便捷的風控，同時也可以增加供應商的融資額度和授信。

2016 年，京東金融推出了京寶貝 2.0 保理服務。京保貝 2.0 是基於應收帳款資料標準化，採用動態風險控制和動態授信策略，為客戶提供一站式金融解決方案，實現了可融資額度的即時更新和管理。相對於傳統的保理融資，京保貝 2.0 擯棄了傳統保理固定的融資金額和還款方式，以及複雜的簽約流程，透過對應收帳款流轉狀態的追蹤監控，支援客戶多次融資；簽約簡單快捷，按日計息，隨借隨還。京寶貝 2.0 保理服務的特點可以概括為開放、動態、標準、整合、安全、高效。圖 8-7 詳細介紹了京寶貝 2.0 保理服務的特點。

圖 8-7 京寶貝 2.0 保理服務的特點

開放	動態	標準	整合	安全	高效
• 全面開放給京東生態圈外部的客戶，協助核心企業建立自己的供應鏈金融能力 • 開放式的系統架構設計，實現與客戶系統的靈活對接	• 率先推出基於應收帳款動態管理池的一站式金融解決方案 • 採用動態風控和動態授信策略 • 為客戶提供全貿易流程的資金支持，實現可融資額度即時更新和管理	• 通過數據標準化策略將各種應收帳款轉化為標準應收帳款 • 利用策略引擎將標準化的應收帳款轉化為融資額度提供給融資客戶	• 適用多種供應鏈模式，將鏈條上的各種融資需求運用的金融工具整合為新一代供應鏈金融解決方案——京保貝 2.0	• 不獲取客戶的敏感交易數據，只接受應收帳款必要特徵值 • 完善的技術架構和數據安全措施，確保客戶訊息安全	• 快速簽約，手續簡單，實時放款，靈活高效 • 通過系統全自動管理降低營運成本，並支持可融資額度下隨借隨還，按日計息，從而節約客戶融資成本

與傳統的保理業務相比，京寶貝 2.0 的優勢對比如圖 3 所示：

圖 8-8 京保貝 2.0 與傳統供應鏈融資比較分析

（2）京小貸

京東金融於 2014 年 10 月面向開放平臺商家推出「京小貸」創新金融服務，該產品致力於實現中小微企業短、小、急、頻的融資長尾需求。上線一年來，實現了對京東體系內供應商和商家的全覆蓋，累計為超過 30000 個店鋪開通貸款資格。截止到 2016 年 5 月，「京小貸」扶持商家超過 2.7 萬家，放貸規模將近 100 億元，客戶透過融資服務日均銷售額增長 83%。京小貸的設計基於互聯網基因、大數據基因、京東基因，讓大數據成為信用貸款的唯一通行證。

京小貸具有以下產品特點：

信用貸款，無額外抵押；

線上操作，流程精簡；

3 步申請，1 秒放款；

自主選擇貸款方案；

隨借隨還，自由支配；

7x24 小時資金支持；

普惠金融，公開平等；

動產融資。

2015 年 9 月，京東金融與中國郵政速遞物流聯合推出互聯網金融領域內，首個針對電商企業的動產融資產品，為週轉中的貨物提供質押融資授信服務。動產融資為大量中小微企業，尤其是消費品的經銷商提供的新型質押類融資產品。動產融資模式彌補了京保貝和京小貸模式下的不足：很多企業希望獲得比京小貸高的信貸額度，但是高額度融資會加劇京東的信貸風險，動產融資模式就可以較好地解決這一矛盾。在動產融資中，大數據讓流轉中的商品成為標準金融質押品，利用多維度的大數據解決了傳統問題。動產融資種類廣、費率低、放款快、優勢強，說明客戶解決資金困難，打造屬於自己的供應鏈金融。

動產融資產品分為現貨融資和採購融資，具體如圖 8-9 所示。

圖 8-9 京東供應鏈金融——動產融資類型

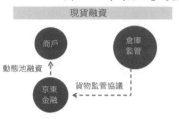

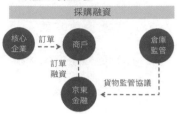

- 基於倉庫中的現貨進行估值和額度動態管理
- 解決庫存資產占用大量現金流，而商品又無法成為傳統金融機構准入的質押物，備貨期資金短缺的問題
- 根據客戶銷售狀況，定期更新質押物清單，保證客戶隨時有貨可賣。

- 基於訂單資金墊付的貨物質押融資
- 解決分銷商日常採購資金墊付，以少量資金進行槓桿採購，以及分銷平台（核心企業）向下游分銷商壓貨時產生的資金需求問題
- 資金閉鎖支付，定向支付給供應商，根據企業實時銷售情況，案須還款贖貨。

（4）企業理財

以上京保貝、京小貸、動產融資等產品的推出，解決了客戶的各類融資需求。京東企業金融推出的公司理財產品則滿足了客戶資金沉澱期的投資需求。與個人投資不同，企業運營層面的資金優化更注重安全與短期性。針對傳統對公理財門檻高、收益低、體驗差的特點，京東金融利用大數據優勢、技術優勢，針對京東合作夥伴、京東生態圈上下游、京東生態圈外企業等目標客戶群體，推出了企業金庫、定期理財等產品。概括來說，這些理財產品的特點是：

一是資金安全。資產配置高於行業水準。

二是收益合理。減少無效環節，降低運營成本，砍掉中間環節，高於行業水準。

三是客戶體驗好。不影響企業日常經營，起投門檻低，零錢也要理財。

例如，企業金庫活期最低 100 元起投，定期最低 1 萬起投、最高 7 天週期。在同等起投門檻或者理財期限下，收益高於大部分理財產品，同時靈活度也好於大部分理財產品。「活期日日金」交易日認購、次日起息，可隨時申請贖回，支援部分贖回功能和自動轉存，贖回最快 T+0 到帳；「7 天定期理財」隨時預約，每週二、週四認購扣款，可自動複投，支援部分贖回需求。

2. 京東供應鏈金融平臺優勢分析

（1）提高供應商資金運營效率

京東供應鏈融資可以顯著縮短供應商結算帳期。舉例來說，某供應商 A 向京東提供了一批商品，正常情況下京東會在收貨後 40 天內透過銀行付帳，即供應商的資金會被京東佔壓 40 天。在此期間內，供應商需要自己承擔資金吃緊的壓力。依據京東供應鏈金融平臺的「應收帳款融資」計畫，只需 3-5 個工作日供應商 A 就能夠從銀行拿到部分貨款，進行下一輪的週轉，而京東會在原有的 40 天帳期時限裡，將資金付給銀行。如果中間沒有京東，供應商 A 去和銀行融資，就需要進行抵押，而且還面臨著很難從銀行貸款的問題。京東供應鏈金融平臺自認「並不佔用供應商」資金，「京東只是一個變相擔保的作用。」

（2）獲取利息收益，緩解自身資金壓力

在京東供應鏈金融平臺中的結算前環節，供應商取得採購合同後，以應收帳款債權轉讓或質押給銀行，銀行向供應商提供貸款。這個系統分為資產包轉移計畫和信託計畫兩部分。在資產包轉移計畫中，供應商 A 需將應收帳款質押或轉賣給銀行貸款，銀行再將應收帳款以理財計畫的方式轉售給京東和供應商 B 來獲得理財收益；結算帳期到期後，京東付款給供應商 A，供應商 A 還款於銀行。而後，京東和供應商 B 又可根據信託計畫獲得投資收益。據介紹，資產包轉移的帳期為 10-90 天。此前，供應商的應收帳款原本就押在京東平臺上，在應付帳期後，由京東統一回款給供應商。而推出金融服務後，京東可透過資產包轉移和信託，將供應商的應收帳款做為質押物，無需動用京東自身的一分錢，就能變相的透過供應商的借貸，獲得收益。

另外，在升級後的供應鏈金融平臺「京保貝」中，放貸資金來自於京東的自有資金。京東從銀行拿到授信的利率是基準利率，京東提供給供應商的年化利率一般是 10% 左右。對京東來說，供應鏈金融是穩賺的業務。這比阿里小貸的年化利率更低，目前，阿里信用貸款額度為 5 萬—100 萬元，日利率在 0.05% 至 0.06% 之間。參照 0.05% 日息計算，阿里金融提供的信用貸款年化利率最低應為 18%。

（3）深度捆綁供應商，提升京東營業收入

對京東來說，透過供應鏈金融，京東與供應商的關係更緊密，業務靈活性、平臺可控性更高，還能夠在電商之外，切入一個新的「市場空間大」的領域。由於金融借貸需要信用憑證，其往往和支付、物流等供應鏈環節緊密對接，透過供應商在支付、物流上的資料和憑證進行抵押擔保。這也意味著，供應商一旦要申請金融貸款服務，則需要在物流、支付上與京東進行深度對接，因此其很難脫離京東生態。

2017年，京東集團市場交易額接近1.3萬億元。2017年7月，京東再次入榜《財富》全球500強，位列第261位，在全球僅次於亞馬遜和Alphabet，位列互聯網企業第三。2014年5月，京東集團在美國納斯達克證券交易所正式掛牌上市，是中國第一個成功赴美上市的大型綜合型電商平臺。2015年7月，京東憑藉高成長性入選納斯達克100指數和納斯達克100平均加權指數。

（三）京東供應鏈金融平臺未來發展趨勢分析

京東是一家以技術為成長驅動的公司，從成立伊始，就投入大量資源開發完善可靠、能夠不斷升級、以應用服務為核心的自有技術平臺，從而驅動電商、金融、物流等各類業務的成長。未來，京東將全面走向技術化，大力發展人工智慧、大數據、機

器人自動化等技術，將過去十餘年積累的技術與運營優勢全面升級。京東已經形成了鮮明的 ABC 技術發展戰略。在人工智慧（AI）領域，京東憑藉精準的資料積累和豐富的應用場景，成為人工智慧最深入廣泛的應用者和推動者之一。京東擁有全行業價值鏈條長、資料品質優的大數據（Big Data）資源，京東發展出了堅實的資料基礎和豐富的大數據採擷應用能力，幾乎融入到京東日常運營的每個環節中。京東是中國電商領域較早使用雲計算（Cloud Computing）的企業之一，也是使用雲計算極為徹底的企業，京東雲是京東資源、技術、服務能力對外開放賦能的重要視窗。京東將成為零售基礎設施服務商，對外提供 RaaS（零售即服務）方案，ABC 三個領域的技術成長不僅將推動京東這一轉變，更會成為京東對外合作賦能的核心。

由於自身條件及傳統金融機構的業務特點限制，中小微企業的融資需求長期得不到有效滿足，而由電商核心企業所延伸出來的供應鏈金融服務——以大數據為基礎、以機器學習及人工智慧等技術為手段——為大量的製造業企業、商業類企業提供了更便捷、更多樣的融資產品。金融科技背景加持下的京東供應鏈金融的快速發展正是依託京東電商體系所積累的大數據基礎，「京保貝」「京小貸」和「動產融資」等核心產品的推出，極大程度上改善了中小微企業長期面臨的融資難、融資成本高的處境，把助力中小微企業的發展落到實處。

做為國內首個推出互聯網化供應鏈金融產品的金融科技公司，京東金融在供應鏈金融領域一直引領創新。從內週邊的信貸產品，到為下游採購商提供帳期支付的「京東金采」，最後到為上下游企業提供的理財服務「企業金庫」，京東金融已經形成一套完整的全供應鏈金融服務。不僅如此，京東的供應鏈金融服務不斷升級創新，開始進行對外的技術輸出，「京保貝2.0」著力為外部核心企業建立基於保理的供應鏈金融能力。打造開放生態、輸出科技能力，以京東供應鏈金融為代表的企業金融服務使得金融科技的社會價值和經濟價值得到最大程度的釋放。2019年世界發展報告（初稿）出爐，京東金融案例入選。本年度世界銀行發展報告採納了兩個京東金融的相關案例。其中之一就是在創造就業方面，京東金融面向小微企業及個人的信貸服務，雖然已經利用了大數據、人工智慧等技術實現了零人工干預，但卻創造了3000多個資料、技術和風控崗位。在供給側改革、創業創新、消費升級等多個新經濟動力的助推之下，新金融行業與實體經濟產業正走向深度融合。

　　與此同時，京東供應鏈金融平臺未來發展也會面臨以下問題和挑戰：

　　一是金融監管。互聯網金融發展還不成熟，相關法律或規定準則尚不健全。金融經營的是風險，涉及安全、准入門檻高等多

方面問題。因此面臨的風險也較多,監管層會透過牌照、備付金、準備金等形式進行嚴格的監管。

二是資金問題。電商涉足金融,最大的優勢在於對交易資料的掌控和應用。京東金融平臺要做大,資金將會面臨巨大壓力。雖然京東的物流體系完善、強大,但是其資金佔用量較大,並且運營成本高。京小貸模式佔用京東旗下小貸公司的自有資金,按照小貸公司低槓桿率的放貸屬性,京小貸的規模越大,對京東的資金要求也就越多,因此還是存在較大的風險和威脅,京東供應鏈金融要不斷發展和完善,就需要強大的資金支撐。

三是同業競爭問題。除京東和阿里巴巴,各主要電子商務網站均有涉足供應鏈金融。敦煌網是提供外貿 B2B 服務,它為銀行提供相關企業的經營資訊,另外它還在與銀行探索,希望達成在某種額度下,銀行無需審核就放貸的模式。慧聰網則與民生銀行合作,面向中小企業發放慧聰新 e 貸白金信用卡,隨借隨貸,年化利率低於市面無抵押貸款產品。此外,最近易投資、螞蟻金融等更是紛紛加入到供應鏈金融領域中。

四

打造開放生態系統，提供普惠金融服務—以螞蟻金服為例

　　阿里巴巴是全球最大的電子商務平臺之一，其旗下螞蟻金融服務集團（簡稱螞蟻金服）是一家旨在為小微企業和個人消費者帶來普惠金融服務的金融科技企業。根據其官方網站的介紹，螞蟻金服致力於透過科技創新能力，搭建一個開放、共用的信用體系和金融服務平臺，為全球消費者和小微企業提供安全、便捷的普惠金融服務。螞蟻金服旗下有支付寶、螞蟻財富、網商銀行、芝麻信用、螞蟻金融雲等子業務板塊。其中：支付寶是螞蟻金服的重要流量入口和資料來源，是全球最大的互聯網支付機構。螞蟻財富，是螞蟻金服旗下的移動理財平臺，提供餘額寶、定期理財、存金寶、基金等各類投資理財產品。網商銀行是經中國銀監會批准設立的互聯網股份制商業銀行，由螞蟻金服作用發起人和大股東。芝麻信用是獨立的第三方信用機構，主要運用大數據、雲計算技術對用戶的信用狀況進行評估，並將芝麻信用運用到各個領域，是螞蟻金服生態體系內的重要組成部分。

（一）螞蟻金服的發展歷程

阿里的金融服務起源於商業交易中的信任問題和資金融通需求，經過十幾年的發展，阿里集團從最基礎的提供技術和資料業務發展的商業平臺，發展成為提供支付結算業務的類金融企業，進而發展成為綜合性金融服務和科技服務商，阿里集團的金融服務客戶網路不斷擴充，業務形式不斷豐富，金融層次不斷擴展，生態系統日趨成熟。

第一階段，徵信資料積累階段。2002 年 3 月，阿里巴巴推出了「誠信通」業務，阿里雇用了第三方機構對註冊會員進行評估，要求企業在交易網站上建立自己的信用檔案，協助誠信通會員獲得採購方的信任。兩年後，阿里巴巴在「誠信通」的基礎上推出了「誠信通指數」，利用企業真實的生產、經營銷售情況以及客戶評價、商業糾紛紀錄等相關紀錄，透過一套科學的評價標準來建構「誠信通指數」，從而得出會員的信用狀況。

2003 年 5 月，基於 B2C 交易的電商交易平臺淘寶網正式成立，為解決交易中的信任和資金結算問題，馬雲於當年 10 月推出了支付寶。支付寶的推出在一定程度上解決了買賣雙方的信任問題，並使得阿里公司從此能夠不依託銀行，獨立進行交易的結算。在這一過程中，阿里巴巴集團將 B2B 業務中透過「誠信通」指數建構徵信紀錄的經驗再次運用到 B2C 交易的淘寶交易平臺上，根據淘寶網的交易資料，阿里集團掌握了完備的商家信用評

價體系。隨著淘寶平臺交易業務的發展壯大，「誠信通」商家信用資料庫越來越豐富，評價方法和體系也更加的完善。阿里集團的徵信資料積累具有了一定的商業價值，為螞蟻金服業務奠定了基礎。

第二階段，交流合作階段。在這一階段，阿里巴巴集團開始和銀行合作。阿里巴巴集團提供會員企業的商業信用資料，銀行進行貸款審核並提供資金。2007 年 6 月，阿里巴巴集團與中國建設銀行、中國工商銀行簽約，接受會員的貸款申請，為會員提供網路聯保貸款。但是這種合作並不成功，阿里電商企業的貸款審批通過率只有 2% 左右。原因是阿里集團的小電商客戶大多達不到銀行的貸款要求，銀行的貸款審核和發放也有自己的邏輯和程序。眾多電商企業「少量、多次、迅捷」的貸款需求無法得到滿足。

第三階段，獨立發展階段。2010 年阿里巴巴開始自建小額貸款公司，為阿里巴巴會員單位提供信用貸款，並於 2011 年正式中斷與建行、工行的貸款合作，獨立發展。

2010 年 6 月，浙江阿里巴巴小額貸款股份有限公司獲得批准成立，註冊資本為 6 億元，成為全國第一家電子商務領域的小額貸款公司。2011 年，阿里集團在重慶市成立阿里巴巴小額貸款有限公司，註冊資本 10 億元。小貸公司牌照的獲得，標誌著阿里巴巴集團開始脫離金融機構，獨立發展金融業務。

第四階段，綜合發展階段。2011 年 5 月，支付寶獲得央行頒發的國內第一張支付業務牌照，獲得支付結算業務許可。2013 年 6 月支付寶與天弘基金合作的貨幣基金產品餘額寶上線。用戶可以透過支付寶 APP 直接購買或贖回，1 元起購的低門檻，便利的操作方式讓餘額寶迅速得到用戶認可。

　　2014 年 3 月，馬雲在公司宣布成立螞蟻金融服務集團，負責阿里集團旗下所有面對小微企業以及消費者個人服務的金融創新業務。這意味著，阿里集團業務架構變革為兩個平行的集團，即阿里巴巴集團和螞蟻金服集團。2014 年 10 月，螞蟻金服正式成立。螞蟻金服升級成為一站式零售金融生活的入口，一個開放、共用的信用體系和金融服務平臺，為全球消費者和小微企業提供安全、便捷的普惠金融服務。同年，支付寶成為全球最大的移動支付機構。2015 年 6 月，由螞蟻金服做為大股東發起設立的中國第一家基於大數據、雲計算架構的互聯網銀行——網商銀行正式開業。2015 年 8 月，螞蟻金服旗下智慧理財平臺——螞蟻聚寶（2017 年 6 月更名為「螞蟻財富」）正式上線，用戶登錄螞蟻財富 APP 或支付寶 APP 中的「螞蟻財富」，就可以選擇包括餘額寶、基金等多種理財產品，螞蟻財富還會向用戶推動財經資訊、市場行情、社區交流等資訊服務。2015 年 10 月，螞蟻金服推出「螞蟻金融雲」，面向金融行業提供雲計算服務。至此，螞蟻金服成長為一家專注於服務小微企業與普通消費者，擁有雲

計算、大數據和市場交易三大平臺的綜合性金融服務和科技服務的全球化互聯網金融服務商。

（二）螞蟻金服的主要業態

螞蟻金服服務於傳統金融市場照顧不到的小微企業和普通民眾，提供平等的金融服務，既解決了傳統金融市場的痛點，又形成了科技企業的全新金融生態體系。截至 2017 年，螞蟻金服的用戶量已達到 6 億，螞蟻家族的主要成員為：支付寶、螞蟻財富、芝麻信用和網上銀行。其中，支付寶是阿里集團的貿易、支付、金融、生活的開放性平臺。螞蟻財富的主要業務為理財、投資服務，是螞蟻金服體系的主要資金池。網商銀行提供消費貸、信用貸等銀行信貸業務。芝麻信用為獨立的第三方信用機構，是螞蟻金服大數據和雲計算的信用基礎。

1. 支付業務

支付寶是國內最大的第三方支付平臺，是螞蟻金服最重要的流量入口和資料來源。支付寶成立於 2004 年，十幾年來，支付寶為近千萬小微商戶提供了支付服務，與超過 200 家金融機構達成合作，活躍用戶超過 5.2 億。近年來，支付寶的服務場景不斷拓展。除了絕大部分線上消費場景外，支付寶還從線上走到線

下，在超市、便利店、餐飲等線下貿易場景得到廣泛應用。在海外市場，支付寶推出了跨境支付、退稅、海外掃碼付等多項服務。隨著場景拓展和產品創新，支付寶已發展成為融合了支付、生活服務、政務服務、理財、保險、公益等多個場景與行業的全球最大的交易平臺。

2. 信貸業務

在阿里的金融體系中，螞蟻信貸產品包括服務消費者的花唄、借唄和服務中小微企業的網商銀行及螞蟻小貸等。在零售領域，螞蟻金服透過阿里巴巴的資料、場景、流量，為螞蟻花唄、借唄開展消費金融業務提供堅實的基礎。以 2015 年「雙十一」為例，當天螞蟻花唄的交易筆數達到 6048 萬筆，成功率高達99.99%，平均每筆交易用時僅 0.035 秒。截至 2017 年末，花唄、借唄年度活躍用戶達到 1 億。

做為全國第一家互聯網銀行，網商銀行不設物理網點，不辦理支票、匯票等銀行傳統線下業務和現金業務，主要為小微企業和個體創業者提供更為便利的互聯網金融服務。網商銀行對客戶的申請，全程電子化審核，資金即時到帳，這是目前為止任何一家傳統銀行所做不到的。網商銀行及螞蟻小貸透過大數據的分析，對客戶信用和需求進行精準分析，從而提供訂製化的貸款方案，已經為 260 萬家小微企業和創業者，至少累計提供了 6000

多億貸款。在服務小企業 10 多年時間裡，阿里小貸和網商銀行積累了 10 萬多個指標體系、100 多項預測模型和 3000 多種風控策略。截至 2017 年年底，網商銀行線下經營者貸款的不良率僅 0.78%，99.15% 的商家都能做到按時還款。

3. 互聯網理財

蟻金服旗下的移動理財平臺是蟻財富。用戶登錄蟻財富 APP 或支付寶 APP 中的「蟻財富」，就能實現餘額寶、定期理財、存金寶、基金等各類理財投資，同時還可獲得財經資訊、市場行情、社區交流等資信服務。已經晉升為全國最大貨幣基金的餘額寶是蟻金服的主打理財產品，是由第三方支付平臺支付寶為個人用戶打造的一項餘額增值服務，也是蟻金服體系的主要資金池。透過餘額寶，用戶不僅能夠得到收益，還能隨時消費支付和轉出，像使用支付寶餘額一樣方便。根據餘額寶年度報告，2015 年末，餘額寶規模 6230 億元，2016 年末，餘額寶規模 8100 億元，截至 2017 年末，餘額寶規模達到 1.58 萬億元，規模與大型股份制商業銀行存款規模相當，接近國有大行中國銀行的存款規模。

4. 信用服務

芝麻信用是獨立的第三方信用機構，是蟻金服生態體系內

的重要組成部分。芝麻信用透過雲計算、機器學習等技術客觀呈現個人和企業的信用狀況，已經形成芝麻信用評分、芝麻信用元素表、行業關注名單、反欺詐等全產品線。芝麻信用致力於解決消費者和商家之間的信任問題，建構互信互惠的商業環境。依託大數據、雲計算、區塊鏈等創新技術，連接商業、民生等多維場景，為消費者提供普惠平等的信用服務，是普惠金融服務的信用基礎和民間徵信領域的補充。芝麻信用也被應用到很多領域，如：芝麻信用達到一定的分數，就有權利使用「花唄」，「借唄」服務，芝麻信用報告可以代替銀行流水和存款證明，做為簽證的證明文件。未來，芝麻信用還可以運用於酒店住宿、購買飛機票、社交網站等日常生活的更多方面。

（三）螞蟻金服的比較優勢

1. 普惠金融理念深入，生態體系完善

出於成本考量，傳統金融機構服務的主要物件為大中型企業和高淨值人群，而最需要金融服務小微企業和個體工商戶，確實缺少機構來服務，互聯網企業高效、快捷、低成本的優勢，使服務「二八」定律裡 80% 的「長尾」客戶成為可能。螞蟻金服是最早理解普惠金融市場價值，並踐行普惠金融理念、探索普惠金融方式方法的互聯網公司之一，也是佈局最為合理、業態最為豐

富、運作最為成功的互聯網公司之一。螞蟻金服利用交易平臺，創造眾多的生活與消費場景，利用大數據、雲計算等技術，連接資金供需雙方以及銀行、保險、基金等傳統金融機構，在資源整合與共用中，形成一個完整的金融生態圈。

2. 全牌照、多產品綜合金融服務

螞蟻金服是擁有金融牌照最多的互聯網金融公司，也是開發金融產品最多的互聯網金融公司。目前擁有第三方支付、銀行、基金、小貸、消費金融、保險、徵信、保險經紀等金融牌照，開發出支付寶，招財寶，餘額寶，網商貸，旺農貸，花唄借唄等產品，形成了網貸系列、支付系列、理財系列、保險系列、眾籌系列、租典系列、信用系列等產品線。

表 8-2 主要互聯網金融公司金融牌照一覽表

	京東金融	螞蟻金服	騰訊	蘇寧金服
協力廠商支付	✓	✓	✓	✓
銀行			✓	✓
保險		✓	✓	✓
證券			✓	
基金		✓		
消費金融		✓		✓
小額貸款	✓	✓	✓	✓
徵信		✓	✓	✓
保險經紀	✓	✓	✓	✓
基金銷售	✓	✓	✓	✓

3. 全球佈局，擁抱藍海

　　螞蟻金服正在成長為一家全球化的金融科技平臺型公司，未來價值將是「技術＋全球化」的雙輪驅動。透過全球化來實現公司市場的拓展，擴大市場份額，提高市場佔比，共同創造增量蛋糕，進而分享增量價值。截至 2015 年年底，螞蟻金服已經分別在印度、韓國成功取得兩張互聯網銀行牌照。螞蟻金服在海外的業務同樣採取平臺化的商業模式，不負責具體的前端業務，只提供運營經驗、知識、產品和技術，實現與合作夥伴的合作互惠。螞蟻金服在海外拓展的合作模式上高度開放，選擇與其發展願景與戰略契合的合作夥伴。從類型上看不僅包括銀行、支付初創企業，更有跨國集團、社交媒體、電信運營商等企業。自 2015 年起，螞蟻金服先後透過戰略投資和與當地合作夥伴合資等方式推出了海外本地電子錢包。螞蟻金服目前進入了 8 個國家和地區，包括印度、香港、韓國和東南亞地區（包括：泰國、馬來西亞、菲律賓、印尼等），加上中國本身，合計覆蓋逾 30 億人口。按 80% 的「長尾」比例計算，螞蟻金服未來目標客戶已逾 20 億人。

4. 技術創新，引領未來

　　螞蟻金服致力於透過互聯網技術為用戶與合作夥伴帶來價值。2017 年 10 月，阿里巴巴宣布成立「達摩院」（阿里巴巴全球研究院），計畫在三年之內對新技術投資超過 1000 億人民

幣，在全球範圍內尋找人才、加大投入，不斷提升的互聯網技術正成為螞蟻未來成長的長期驅動力。螞蟻金服在其生態體系中的諸多業務中應用了大數據技術。螞蟻金服主導的網商銀行及其前身「阿里小貸」，多年來透過大數據模型來進行風險控制、發放貸款。芝麻信用對用戶信用歷史、行為偏好、履約能力、身分特質、人脈關係等海量資訊資料進行綜合處理和評估，計算使用者的芝麻信用分數。在物聯網領域，螞蟻金服研發先進的生物識別技術，並將其應用於互聯網身分認證領域。2017 年阿里巴巴正式開放無人值守技術，讓消費者無需透過商家的人工服務，也能自助用、自助借、自助買。人工智慧技術已經廣泛運用於螞蟻金服的業務，包括信貸、信用、安全、客戶服務等領域。並陸續向合作夥伴開放了智慧客服、智慧理財 AI 能力、智慧圖像定損技術。如向保險機構開放的「定損寶」能覆蓋的純外觀損傷案件佔比約在 60%，有望每年節約案件處理成本 20 億元。

經過三年的發展，螞蟻金服由功能和場景單一的支付工具發展成為綜合性金融科技服務的全球化平臺，其業務模式、業務範圍、業務覆蓋、技術儲備、資料處理能力等方面都走在中國甚至世界的前列。金融科技的發展推動著整個金融行業的變革，讓金融服務回歸平等、普惠的本質，不同金融機構的邊界將會打破，「以用戶為中心」真正成為可能。金融的變革必將助力零售革命，推動零售革命的發展。

第四次零售革命與旅遊創新

第九章
第四次零售革命
與旅遊創新

　　第四次零售革命既激發了旅遊消費模式和盈利模式的變化，推動了旅遊電商的興起，又促進了旅遊產品的升級創新和旅遊行銷模式的革新，在整個旅遊行業中帶來新一輪的競爭和洗牌。在第四次零售革命的影響下，我們的旅遊產業必將在變革與重構中不斷發展，並日益成熟和充滿活力。

一
旅遊產業的變革與發展

　　零售革命的到來，將顛覆性地改變傳統的旅遊企業的旅遊門市做為主要銷售管道的行銷模式，電子商務未來將逐步成為旅遊行業的一種主要行銷管道和模式，由於旅遊行業、旅遊產品的特

殊性，其本身是最為適合電子商務這一模式，因此旅遊業必將成為這次零售革命的引領者和排頭兵，很多未來的商業模式也將由旅遊行業率先引人市場，並逐步推而廣之。

（一）旅遊消費模式改變

1. 旅遊消費模式由觀光型逐步向休閒度假型旅遊產品轉變

伴隨零售革命時代的到來，引起了國人的旅遊消費模式發生著根本的轉變。遊客不再滿足於傳統的景點觀光，而是希望透過旅遊放鬆身心，透過深度旅遊來增長見聞。在大眾旅遊時代，人們的出遊訴求更多地停留在「表面經歷」階段。這一階段的旅遊者追求的是「到此一遊」的效果。如今，隨著旅遊業和遊客的逐步成熟，「花錢買罪受」的簡單觀光型旅遊方式顯然已經不能滿足人們的需要，當他們更多地追求高品質的服務和「花錢買享受」，旅遊已然開始成為人們改善生活品質、提升生活品質的重要方式。

因此，傳統的觀光遊為主體的旅遊消費模式已經逐漸為休閒度假型旅遊產品所取代其主導地位。出遊選擇日漸個性化，旅遊消費也呈現出多元化的拓展趨勢。於是，順應市場、推陳出新、提供高品質、差異化的旅遊產品，也就成了旅遊企業發展的必然趨勢。

2. 散客旅遊成為旅遊消費的主體

　　散客旅遊從 20 世紀 20 年代起得到快速發展。目前，無論是國際旅遊還是國內旅遊，散客旅遊人數均佔到旅遊總人數的 70%以上。隨著旅遊業的逐步發展，中國旅遊研究院院長戴斌聲明「中國旅遊進入散客化時代」，中國國際旅行社總社副總裁陳月亮指出：「目前遊客 76.6% 是散客，23.4% 是團隊。」如今，越來越多遊客由旅行社「一手包辦」轉向「自助遊」。而這一旅遊者的消費模式的變革正是由於零售革命時代的到來，旅遊在電子商務領域的發展為其消費模式的這種變革提供了技術上的支援和個性化服務方面的支撐。可以說零售革命時代和散客旅遊時代的到來是一對互相依存的、互為促進的好夥伴。

　　散客旅遊者是旅遊電子商務發展的推動者和受益者，同時旅遊電子商務也是散客旅遊時代的到來的技術支援和保證者。旅遊電子商務發展能夠為旅遊者提供更豐富的旅遊目的地的資訊、更多的旅遊產品的選擇機會、更便捷的旅遊服務和更低廉的旅遊價格。零售革命時代的到來的根本特性就是大大地降低了資訊獲取的成本，並且資訊更加豐富、時效性更強、具有可隨時隨地查詢及預訂各類旅遊產品等諸多優勢。

3. 消費模式的變革要求企業提供更多個性化服務

　　零售革命時代的到來使得傳統意義上的旅遊概念發生了變

化，一種新型的以旅遊者為中心的自助式旅遊文化應運而生。旅遊目的地、酒店、機票、餐廳等旅遊資訊可以讓旅遊者自由地為自己訂製旅行計畫。同時可以透過旅遊社區網站這樣的互動平臺，召集志同道合的旅遊者共同享受旅遊。旅遊者的消費模式以及國內從傳統的跟團遊，轉變為以自助遊為主的消費模式。中國領先的線上旅行服務公司、上海攜程副總經理王湧說：「針對日益擴大的自由行需求，我們從各方面為個人提供服務，包括產品設計、酒店預訂，到自由產品的組合，到各種地面配套服務。有的時候客人只會選擇我們預訂機票，或者預訂酒店，到了目的地再進行二次選擇（預訂），包括當地的一日遊、景區門票、當地租車、接機服務等。」

　　旅遊消費模式的改變，要求旅遊企業在根本上改變自己的企業的產品的類型、行銷模式和運營模式。或者可以說消費模式的變革促使了企業的創新與變革。只有適應新型消費模式的產品才會取得好的市場回報。

（二）重構旅行社行業的構成和盈利模式

1. 傳統旅行社業的傳統構成模式發生變化

　　傳統的旅遊行業的旅行社主要分為組團社和地接社。傳統的旅行社的主要盈利模式主要靠的是資訊的不對稱性，透過旅行

社門市招攬客人，靠賺取差價的形式盈利。很多小社掛靠在大社的部門下，承包幾張桌子就可以開門營業。眾多小旅行社互相壓價，甚至依靠「零團費，負團費」的超低價格來吸引遊客，造成了中國一定時期旅遊行業的混亂狀態。隨著零售革命時代的到來，資訊的獲取逐漸便捷，資訊化的旅遊電子商務時代已經悄然地來劃分旅行社的市場份額，成為了整個行業中不可或缺的行業構成。現在已經沒有任何一家旅行社能夠脫離旅遊電子商務的支撐而獨立發展。行業發展也逐步細分為旅遊批發商和旅遊零售商，盈利模式也由簡單的批發變零售逐步轉變為旅遊資源的整合與重組、產品的創新、旅遊服務的附加價值。旅行社透過併購、重組和異業合作等方式獲得優勢價格，升級產品設計提升產品附加值。

2. 線上旅遊供應商企業逐步成為行業的重要構成部分

透過零售革命和遊客的逐步成熟，資訊的獲取已經非常透明。人們的選擇更加理智。原來靠賺取差價或者單純靠旅遊購物回扣的模式，未來將沒有盈利的空間。

從旅行社的構成來講，目前中國的線上旅遊業已經成為旅行社構成中的一個主力。旅行社的構成中的旅遊電子商務已經成為了其重要的構成部分。國內首家出境旅遊電子商務網站一佰程旅行網自成立以來，致力於從「需求疏導、資源配置、預算管理、

風險控制、解決方案」等五大方面，為消費者提供高品質的一站式境外旅行解決方案。佰程旅行網致力於提升產品與服務品質，以滿足消費者更個性、多元化的消費需求為目標，不斷創新產品及服務模式，為消費者帶來更加優質化的「5A 級」旅遊產品及服務體驗。成為了北京為數不多的 5A 級旅行社。

（三）電商旅遊企業崛起

旅遊電子商務的發展是伴隨著中國的電子商務而共同成長的，在運營模式和產業創新中，起到了引領的作用。中國旅遊電子商務的領軍企業之一的攜程旅行網，最早創立於 1999 年，和阿里巴巴是同一年建立的企業。而淘寶旅遊網則是在 2003 年才由阿里巴巴投資創辦的。而最早的旅遊電子商務網站則是 1996 年國旅總社參與投資創辦的華夏旅遊網，他們都是非常典型的 O2O 模式的電商企業。

1. 線上旅遊供應商的主要類型

目前，中國線上旅遊業的運營商主要分為兩大類型：線上旅遊交易平臺和線上旅遊行銷平臺。線上旅遊交易平臺是以旅遊產品預訂為主，盈利模式主要來自於佣金收入，線上旅遊行銷平臺是以相關旅遊企業提供行銷、推廣服務為主，盈利模式主要來自

於廣告收人。

(1) 線上旅遊交易平臺

①綜合線上旅遊代理商

線上旅遊代理商 (Online Travel Agency，OTA) 以攜程旅行網、藝龍網、同程網等為代表，這類網站主要透過 CallCenter 或線上的方式從事旅遊產品的代理銷售工作，從中賺取佣金或折扣。

②細分線上旅遊代理商

由於起步較晚或者資金規模的限制，一些相對較小的旅遊線上代理商對市場進行了細分。一些專注於細分領域的線上旅遊代理商也逐步形成自己的市場定位，比如驢媽媽旅遊網、悠哉旅遊網、小豬短租等，且紛紛得到風險投資公司的青睞，在旅遊市場獲得一席之地。

③傳統旅遊企業自建電子商務平臺

以傳統旅遊企業為依託，逐漸將旅遊業務資訊化的綜合性企業，如凱撒旅遊、康輝旅遊網、春秋旅行網、國旅線上、青旅線上、中青旅遨遊網等，這些傳統的旅遊企業都已經開始建立了自己的電子商務平臺業務。另外，處於旅遊產業鏈上游的企業，如景區、酒店、航空公司等一方面，透過旅遊代理商分銷產品；另一方面，部分上游企業也加大了其官方電子商務網站的建設與推廣，進行網路直銷。

④大型網購平臺打造專門旅遊平臺

各大電子商務網路購物平臺也涉足線上旅遊行業,如淘寶旅行、京東商城旅行等。這些網購平臺借助於自身龐大的客戶資源,也在一定程度上分流了線上旅遊代理商的網站流量,並透過和專業的線上旅遊代理商的合作,迅速打開市場份額。例如,佰程旅行網入駐淘寶旅行後,在淘寶上簽證品類(銷售)實現了500%以上的增長。新的定位和真正利用互聯網延展的模式已經初現,網路平臺和 OTA 的互相聯合,獲得更多電商運營和品牌的支持。

淘寶強大的 3.7 億的客戶群,為傳統旅遊企業線上旅遊代理商和各大旅遊供應商都提供了巨大的門戶瀏覽量和成交額。OTA巨頭攜程旅行來天貓建立旗艦店。也曾說過,攜程旅行也是看上了天貓的平臺,因為有流量和品牌,對自己是個有利的管道。大型網購平臺中:旅遊平臺的打造正好補充了馬雲所說的「雲端」服務到的一個端。而其發展,依託其良好的服務品牌和支付保障體系,還有很大的增長空間。

(2) 線上旅遊行銷平臺

①旅遊垂直搜索

旅遊垂直搜索平臺,專注於旅遊這個細分領域資訊的深度挖掘,基於大量機票、酒店、旅行線路等旅遊產品供應商的資料,使使用者可以透過「比較搜索」選擇服務供應商,協助客戶做出

消費決策，為客戶節省時間和金錢。國內旅遊垂直搜索平臺包括去哪兒網、酷訊旅遊網。

②旅遊點評、資訊推廣平臺

自助遊以其自由、方便的旅遊方式受到越來越多的旅遊者的青睞，隨之，以點評、攻略為主的旅遊電子商務網站應運而生。這類點評攻略網站包括：到到網、螞蜂窩等，旨在幫助遊客在旅行前，對旅遊目的地有一定的瞭解，並能制訂出一份詳細的自助遊旅行計畫。

③綜合門戶網站的旅遊欄目

一些大的門戶網站也提供旅遊資訊、旅遊景區、旅行線路、酒店等介紹的旅遊資訊服務，如新浪網、搜狐網的旅遊欄目等。

④區域旅遊宣傳網站

各地方政府或地方旅遊局透過建立電子商務網站，向全國使用者，乃至全球客戶宣傳、推廣當地的旅遊資源、歷史文化、風俗人情等，可以更好地服務於遊客。從盈利模式上看，不同的旅遊線上服務提供者的盈利模式也不同：在盈利模式上，以攜程、淘寶旅行為例其主要的盈利模式就是賺取佣金和返點。而傳統企業的自建電子商務平臺的盈利模式主要是依靠大量採購，產品組合的差價模式獲取利潤。而行銷推廣平臺主要是靠廣告收入。

2. 典型企業案例分析

(1) 旅遊線上旅遊代理商的領軍企業攜程旅行網站

1999 年創立至今的攜程旅行網站總部設於中國上海，雖然攜程不是中國最早發起的一家旅遊電商旗艦，但在旅遊電商發展競爭狂潮中，已然成為這一行業的佼佼者。根據統計，如今攜程旅行網已向超過 1000 餘萬線上註冊會員提供包括機票預訂、酒店預訂、度假預訂、高鐵代購、商旅管理以及旅遊資訊在內的全方位的旅遊資訊服務。截至目前，攜程旅行網擁有國內外 5000 餘家會員酒店可供預訂，是中國領先的酒店預訂服務中心，每月酒店預定量達到 50 餘萬間。在機票預訂方面，攜程旅行網是中國領先的機票預訂服務平臺，覆蓋國內外所有航線，並在 45 個大中城市提供免費送機票服務，每月出票量 40 餘萬張。

(2) 新興的線上旅行社：佰程旅行網

隨著零售革命時代的到來，新一輪的線上旅遊代理商的崛起和競爭日益明顯。各種資本的注入，催生著這場由資訊技術革命帶來的零售革命中旅遊電子商務企業發展的春天，很多優秀的旅遊電子商務網站正如藏於地下的知了一樣，在蟄伏了很久之後，急迫地破土而出了。

【案例介析】以佰程旅行網為例

佰程旅行網 (華遠國際旅遊有限公司) 是以經營出境旅行服

務核心業務的電子商務公司。2014 年 3 月 13 日，國內首家 O2O 出境旅行服務公司佰程旅行網宣布完成 B 輪融資，金額近 2000 萬，投資方為阿里巴巴和寬頻資本，這是今年線上旅遊行業的首筆風險投資。佰程旅行網經過漫長的蟄伏和等待迎來了旅遊電子商務的發展的春天。熬了 14 年的「老小樹」企業──佰程旅行網終於靠上了大樹──獲得由阿里巴巴領投。之前，阿里巴巴投資了窮遊網、在路上，現在佰程也站在了線上旅遊的風口上，「被站隊」，甚至成為了阿里跟騰訊 O2O 博棄的「重要籌碼」。

　　佰程旅行網成立於 2000 年，一開始就定位於要用互聯網方式做出境遊，算是搶佔了出境遊先機。佰程旅行網其實和攜程旅行網差不多是同期成立的，但它本身並不適用於那個年代，由於當時線上出境遊市場並不成熟，佰程旅行網經歷了四次差點「斷血」的過程。創始人曾松 2011 年親自接手佰程旅行網，放棄之前業務過重的做法，從最被業界忽略的簽證服務入手，迅速積累了大量使用者資料，並由簽證服務衍生出出境遊的其他服務，為使用者打造出境遊「一站式」服務。現在佰程旅行每年營收已達 2 億元。

　　佰程旅行網主要是以經營出境旅行服務為核心業務的電子商務辦司，做為國內首個開發全球旅遊資源 GDS 的辦司，佰程旅行網已建立了全球酒店查詢預訂系統 (GHRS)、全球簽證系統 (GVRS)、世界旅遊資訊系統 (GTIS)、全球城市現光系統

(GSRS)、歐洲火車預定系統 (ETRS 系統)、全球城市專車接送系統 (GTRS) 以及全球國際青年旅社預定系統 (YMCA)，實現了廣義資料庫的建設及全球 3000 多個城市的旅行要素資訊中文展示，為中國眾多的消費者及企業提供資料庫資訊查詢和預訂服務。目前，佰程旅行網在上海、廣州、武漢、昆明、成都建立分公司。在全國擁有 3000 多家專業代理商，覆蓋全國 26 個省、4 個直轄市，共 76 個城市。同時，佰程旅行網在境外搭建了多層次的供應商平臺，包括預定中心、酒店連鎖集團、地接社、租車公司、免稅店等，並與各國政府和商會組織建立長期合作關係，是目前國內最完整、最實用的出境電子商務旅行服務機構。

(3) 線上休閒旅遊服務商：同程旅行網

同程網路科技股份有限公司 (簡稱同程旅遊) 是中國領先的休閒旅遊線上服務商，創立於 2004 年，總部設在中國蘇州，員工 2000 餘人，註冊資本 8000 萬元。同程旅遊的高速成長和創新的商業模式贏得了業界的廣泛認可，先後獲得了元禾控股、騰訊科技，博裕資本等機構的共 5 億元投資，2014 年 4 月，同程旅遊獲得攜程超過 2 億美元戰略投資。

同程旅遊是國家高新技術企業、商務部首批電子商務示範企業，新的 10 年，公司以「休閒旅遊第一名」為戰略目標，目前在中國景點門票預訂市場處於絕對領先位置，並積極佈局周邊

遊、長線遊、郵輪旅遊等業務版塊。同程旅遊旗下運營同程旅行網和同程旅遊手機用戶端，2013 年服務人次達到 2000 萬，年均增長 100%，

(4) 大型網購平臺的旅遊專業平臺：淘寶旅行

旅遊做為為數不多的萬億市場，錢景廣闊。而目前線上旅行社 (OTA)、旅遊垂直搜索去哪兒、移動旅遊 APP 所佔的市場份額非常之小。因此，百度、騰訊、阿里巴巴三巨頭發力是毋庸置疑的。以阿里巴巴線上旅遊行業的佈局為例，我們看一下其成長的軌跡。

阿里旗下的淘寶旅行是一個極度低調的業務線。但是這幾年，汲取淘寶和天貓流量迅速壯大，擴張的速度非常驚人，這條鱷魚引發的效應已經在 OTA 行業發酵。

阿里巴巴無論是在 PC 端，還是移動端，都在完善線上旅遊的佈局，幾種主流的線上旅遊業態服務也全部涉足，如 OTA 服務、線上旅遊搜索服務、旅遊分享社區服務。投資佰程旅行網，是阿里巴巴完善的又一項線上旅遊產品—境外旅遊。這個無疑是未來可以和淘寶旅行產生聯動，服務從國內打到國外，或者說更加深入國外市場。另外，這也可以理解成 O2O 的一個注腳。更為重要的是淘寶旅行的服務走向了國際。

二　旅遊產品的升級與創新

　　零售革命時代的到來，催生了旅遊產業的迅猛發展，大量資本的注人，隨著散客自助遊、網上預訂不斷增多，人們在具體消費行為上表現為旅遊消費動機和出遊方式多樣化、出遊時間分散化，對旅行社服務的要求越來越高。電子商務時代，由於資訊的透明化和利潤的平均化，電子商務企業在競爭中最愛採用的方式就是價格戰，在旅遊電子商務領域也不例外。對旅遊業的產品來講，簡單的產品組合已經不能滿足遊客的需求，因此要求旅行社透過資源的重組，創新的產品設計來滿足遊客的多樣化的需求。最重要的事是提升服務品質，增強產品的設計和運營能力，讓消費者得到更好的旅遊體驗。

　　有資料顯示，目前國內大小線上旅行網站總數已經超過3000家。從整個行業的發展趨勢來看，未來5年線上旅遊市場仍會有大約100億元的營收空間。業內專家認為，隨著線上旅遊業的高速發展，未來還將會有越來越多的細分市場和細分管道湧現，這將極大地推動線上旅遊業向多極化方向發展；做為旅遊電商企業，想要把握市場機遇，價格戰絕非長久之計，誰能深耕細

分市場，做好旅遊產品的特色創新和品質升級，誰將贏得市場。在網路時代，資訊越來越透明，傳遞也更為快捷，一個疏忽，就有可能使企業的生存成為問題。做旅遊電子商務，對從業者提出了更高的要求，不僅反映在資源的整合、產品的創新上，還要真正樹立為遊客服務的意識和誠信意識。

　　而面對這些新的挑戰，面對線上旅遊服務供應商推出的低廉的價格，傳統的旅行社是否就一定沒有出路了呢？是否在旅遊電子商務供應商的低價競爭中，就一定是無法找到自己的合適的定位與出路？

旅遊行銷模式的創新

旅遊電子商務的普及與應用，拓寬了旅遊企業的銷售管道。旅遊企業除了可以透過傳統的線下管道進行產品的銷售以外，還可以透過網路進行產品的推廣與行銷。網路行銷管道包括搜尋引擎行銷、微博行銷、電子郵件行銷等諸多行銷方式。

（一）自媒體，自行銷創新

自媒體是普通大眾經由數位科技強化、與全球知識體系相連之後，一種開始理解普通大眾如何提供與分享他們本身的事實、他們本身的新聞的途徑。私人化、平民化、普泛化、自主化的傳播者，以現代化、電子化的手段，向不特定的大多數或者特定的單個人傳遞規範性及非規範性資訊的新媒體的總稱。

旅遊企業的自媒體自行銷模式的創新，主要是依靠其旅遊電子商務網站發佈相關企業行銷資訊。目前流行的自媒體行銷的管道有：企業網站，企業官方博客，微博，微信的朋友圈，企業公眾帳戶，企業經理人的私人微博、博客等行銷管道。自媒體行銷

以其低成本、便捷性強等優點迅速成為了旅遊企業的行銷的重要模式。

對電視、報紙等這樣的傳統媒體而言，媒體的運作無疑是一件昂貴而複雜的事情。它需要花費大量的人力和財力去維繫。並且，隨著資訊化時代的到來，傳統媒體由於對於客戶的針對性不強，很難達到良好的效果。但是，在這個互聯網文化高度發展的時代，旅遊企業擁有自媒體，不需要你投人大量成本，也不要求你有非常專業的技術知識。由於其進人門檻低、操作運作簡單、時效性強等優點，讓自媒體在旅遊行銷中大受歡迎，並發展迅速，成為目前一種主要的行銷模式。

（二）低價行銷模式

電子商務企業在競爭中最愛採用的方式就是價格戰，在旅遊電子商務領域也不例外，對無論是線上還是線下旅遊業來講，最重要的是提升服務品質，增強產品的設計和運營能力，讓消費者得到更好的旅遊體驗，而低價行銷模式線上旅遊電子商務提供商之間由於產品的差異性還不是很強的目前階段，將會在一定時期內長期存在。

（三）跨行業聯合行銷

在資訊化高速發展的今天，各個行業之間都存著互相的關聯，旅遊企業的行銷已經不單單是一個企業自己的單一行銷過程，透過跨行業的聯合行銷能夠強強聯合，互相借力，擴大自己的客戶群。

例如，賓士聯手 HHtravel 打造「賓士旅遊」品牌爭搶高端市場。賓士旅遊的每趟旅程都由德國梅賽德斯 —— 賓士打造設計，透過賓士的眾多獨家資源網路，他們完全有實力提供一些難能可貴的幕後景觀給客人，例如與歐洲古老酒莊的繼承人討論關於酒的文化，在時裝秀上與著名設計師交談，做客私人宮殿與主人共進晚餐等。跟歐洲服務業相比中國的高端領域服務水準更到位，中國的高端客人更習慣享受相對高水準的服務，所以對歐洲旅行企業來說中國遊客是最難抓住的顧客。但賓士旅遊樂於接受挑戰，啃下這塊「硬骨頭」，希望能為中國遊客在歐洲創造最高端的服務感受。

傳統旅行社也頻頻向其他行業伸出橄欖枝。在過去的幾年中，包括金融、航空、汽車租賃、保險、醫療、郵輪、製造業等各行各業都跟旅遊發生了關聯。近年來，凱撒旅遊也實現多次跨界合作，例如，攜手寶馬 MINI 推出拉力賽主題旅遊產品—天價自虐旅行團，攜手瑞士銀行推出財富之旅，攜手中央美院藝術導

師以及義大利雙年展的藝術機構推出環球藝術之旅等等。未來凱
撒旅遊還會將目光瞄準旅遊行業外更多有合作潛質的合作夥伴，
透過形式多樣的跨業聯盟進一步促進其產品的異業合作行銷。

四 旅遊企業的創新

（一）旅遊企業走向品牌化發展的道路

企業的品牌價值逐步提升，不同的資本投入，湧現出一批新的品牌號召力強的旅遊企業：凱撒、眾信、華遠 (佰程旅行網)、萬達旅遊等。而老牌的國、中、青一統天下的局面已經不復存在。各大企業針對不同的細分市場推出差異化的品牌。例如佰程旅行網就是華遠旅行社推出的針對 OTO 的出境旅遊服務提供者。

（二）旅遊產業佈局發生改變

傳統旅遊企業的線下為主的運營管道會隨著零售革命的到來發生很大的改變。線下的運營管道不會完全被線上的行銷管道所取代，但市場份額會重新分配。

1. 線上線下運營管道結台發展

傳統的旅行社都會逐步走上線上、線下結合的這種產業模式，零售革命時代的到來，再也沒有任何一家企業能夠拒絕線上的運營模式了。但正如電商行業和傳統商鋪領域的兩位大佬——馬雲和王健林對未來下了 1 億元賭局所說的一樣，傳統線下旅遊

運營管道不會被旅遊電子商務所代替，但是會逐步將市場份額與其重新分配。因此未來的傳統旅遊企業一定會是走線下與線上融合發展的運營模式的。

【案例介紹】以眾信旅遊為例

眾信旅遊是中國出境旅遊行業領先的運營商。主營業務包括出境遊的批發、零售業務，以及商務會獎旅遊業務。做為國內首批從事出境遊批發業務的旅行社之一，公司目前擁有百餘條長線及其他旅遊線路，在北京、天津建立36家實體門店，並在上海、成都、瀋陽、哈爾濱和西安設立分公司，成立淘寶網店及眾信旅行網、呼叫中心、B2B銷售平臺等營銷管道，形成了「線上線下行銷結合」的模式。

公司堅持以出境遊批發為基礎，加強出境遊零售業務。由於出境遊產品的批發業務針對的是中間代理商，而零售業務針對終端消費者，因此零售業務毛利率較高。眾信旅遊在批發業務上佔有優勢，並以此為基礎擴展實體行銷網路及電子商務，加強拓展零售業務，打造批零一體化經管格局，豐富公司銷售管道，形成線上、線下結合的行銷模式。未來3年，公司擬建設共62家門店，形成以重點城市為中心輻射周邊區域市場的業務佈局打通其線下模式，實現線下、線上的融合發展。

2. 傳統的門店佈局和功能會有所改變

凱撒旅遊在西四環五棵松購物中心設立了二代門店旗艦店。

凱撒旅遊旗艦店的開設標誌著傳統旅遊企業在傳統門店佈局上從門市部到體驗店的一種變革。

　　傳統旅行社門市部華麗轉身體驗店，進駐成熟商圈購物中心或知名影院院線，融旅行社品牌展示、產品展示與銷售、旅遊攻略分享及衍生品銷售為一體，將成為凱撒旅遊終端零售主要管道。門市裝潢高端、時尚，環境清新淡雅，旅遊顧問具備更強的業務能力、更高的專業素質。門市周邊有成龍耀萊影院、星巴克咖啡、哈根達斯各種娛樂和美食。據凱撒旅遊北京公司負責人介紹，預計在 1 年內還將在 CBD、西單、王府井、中關村、望京等商圈陸續開設體驗門店，並逐步向全國其他城市輻射。凱撒旅遊在京門店數量為數家，未來會關閉一些傳統門店，新開幾家體驗門店。凱撒旅遊北京公司負責人表示：「透過進駐當地最有影響力的高端購物場所，可直接進入高端人群聚集的空間，有利於與目標客戶群體近距離接觸，促進成交，並能迅速建立知名度，樹立品牌高端時尚的形象。」陳小兵表示：「我們想呈現給廣大遊客的是一個以文化為主題，以旅遊分享為目的的旅遊生活、旅遊文化的交流與銷售平臺。」和傳統的門店功能佈局相比，現在旅遊旗艦店承載的更多的是企業品牌展示，旅遊文化傳遞的功能，這也是傳統旅遊企業在零售革命時代面對線上旅遊代理商衝擊的一個變革的應對方式。他們希望做的不再僅僅是迎合市場，而希望能夠引領市場走向。

第 十 章

第四次零售革命與廣告傳播模式創新

第十章
第四次零售革命與廣告傳播模式創新

　　零售廣告傳播是商品品牌針對目的地區域的受眾,透過一定的傳播媒介,直接或間接的推介商品或提供服務的廣告形式。隨著第四次零售革命的興起,現代零售廣告傳播,從觀念到模式也發生了相應的激變和創新。新的傳播技術、觀念是現代零售廣告傳播的開放性的原發動力,會隨著現代通信技術和廣告製作技術的進步而不斷創新,並透過傳播觀念、形式、類型等管道達到傳播模式的革新。一段時期內,零售廣告傳播模式的變革,會在傳統傳播模式的基礎之上,對新的技術和觀念相容並蓄,並存發展。

一
廣告傳播模式的發展、現狀及變革的動力

（一）廣告傳播模式的發展歷程

零售廣告是可以認明的零售商以付費的非人員的方式，向最終消費者提供關於商店、商品、服務、觀念等資訊，以影響消費者對商店的態度和偏好，直接或間接地引起銷售增長的溝通傳達方式。

傳統零售廣告在媒體的選擇上，主要有電視廣告、廣播廣告、報紙廣告、直接郵寄廣告、交通工具廣告、戶外廣告、雜誌廣告、傳單廣告、黃頁廣告、包裝廣告、POP廣告等方式。綜合來說，報紙、雜誌、廣播、電視是廣告傳播活動中最為經常運用的媒體，通常被稱為四大廣告媒體。

資訊社會的發展帶來的一個後果是資訊的通貨膨脹，人們每天睜開雙眼即投入到了資訊的海洋中。隨著互聯網用戶群體的不斷壯大，論壇、博客、即時通信工具、社交網路、視頻等社會化媒體型態，逐漸被廣大線民廣泛且全面地使用，並已滲透到線民的日常生活中。

社會化媒體的快速崛起，深刻地引發了網路消費者行為模式的巨大改變，其行銷價值也受到了企業的廣泛重視，越來越多的企業開始關注並逐步嘗試社會化媒體行銷，即與傳統媒體相對的新媒體。一切不同於傳統四大媒介介質的媒體，都被稱為新媒體。簡言之，工業社會價值觀基礎上的是傳統媒體，包括紙質、

電波信號的傳統媒體，主要指報紙、電視、廣播；網路介質的傳統媒體，如新浪、搜狐等門戶網站；戶外等各種材質的傳統媒體；短信的大量群發等。而資訊社會價值觀基礎上的是新媒體，如 Web2.0、手機無限互動平臺等。

通常，廣告傳播模式可以從不同時期媒介的變化劃分為三個發展時期。

第一是人體媒介時代的廣告傳播模式。廣告活動起源甚早，在商品交換剛出現時，人們透過叫賣的口頭方式推廣自己的商品。市聲和招幌是中國古代商業廣告的主要形式。市聲即叫賣聲，有吆喝和代聲兩種。招幌即招牌和幌子，種類繁多，制式多樣。做為一種資訊傳播工具，招幌廣告在古代商業貿易、資訊交流活動中發揮著巨大作用，亦折射出豐富多彩的民俗文化，至今還是商業廣告的基本形式之一。其廣告傳播模式可以歸納如圖 10-1 所示。

圖 10-1 人體媒介時代廣告傳播模式示意圖

廣告傳者　　　　　　　　　　　廣告受者

這一時期廣告傳播的特點是：①媒介載體主要限於人體本身，以口語為主，還包括表情、語氣、手勢、動作、語速等非語言要素，資訊的保真度較高。②廣告傳者和廣告受者的交流是面

對面的、互動的，資訊的傳播和回饋可以即時發生。③傳播距離受到口語的限制，範圍較小。④廣告傳播以促成交易當場完成為目的。⑤廣告受眾的選擇是隨意的，廣告傳者走到哪裡，便在那裡獲得他的目標受眾。

第二是傳統媒體時代的廣告傳播模式。文字、印刷術和電子媒介的發展使傳統的廣告傳播突破了時間和空間的限制，使得傳播不再需要遵循面對面的同步傳播模式，傳播距離更遠，影響更廣，廣告傳播也由此發展為一種大範圍的、有組織的活動。美國廣告學者阿倫斯對這一時期的廣告傳播模式做的歸納如圖 10-2 所示。

圖 10-2 傳統媒體時代的廣告傳播模式示意圖

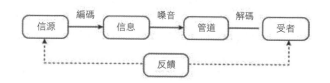

圖 10-2 中，信源即為廣告傳者，管道即為承載資訊的媒介，即以報紙、廣播、電視為代表的傳統媒體。該時期廣告傳播的特點有以下 5 點：

①媒介載體擺脫了人體本身，出現了統一的、大規模的、有組織的專業媒介來履行傳播的橋樑作用，大眾傳播「強大效果論」盛行，廣告主只要在電視上做一個廣告就能到達絕大多數的

受眾。②廣告傳播變同步互動式傳播為非同步式傳播，資訊的流動具有鮮明的先後順序和單向性，回饋變成了非即時性的非同步行為，零散、滯後，難以與強大的大眾傳播效果相匹配。③受眾被視為統一的無差別群體，廣告傳播的資訊以適應最大多數人的需要為標準，傳者和受者之間的鴻溝日益明顯。④傳播距離擴展，範圍開始擴散到世界。⑤廣告的即時購買促進作用弱化，促銷的作用從廣告效果中分離，廣告效果越來越偏向抽象的長期作用，如樹立品牌形象、培養品牌認知度、改變受眾態度等，廣告效果具有延遲性，更加宏觀和抽象。

第三是新媒體時代的廣告傳播模式。世界上最早的一個網路廣告是 1994 年由 AT&T 刊登在美國 Wired 網路雜誌上的橫幅廣告。自那時起，新媒體開始改變廣告主對受眾的單向輸出的局面。 1954 年，施拉姆在〈傳播是怎樣運行的〉一文中，提出了一個新的過程模式，稱為「迴圈模式」。這一模式顛覆了傳受分離的傳統模式，傳受雙方處於互動的迴圈交流中，雙方地位平等，角色互易。傳播與回饋統合為一個同步式過程，資訊傳播呈現迴圈互動的特點。在此基礎上，廣告傳播模式也隨之發生了變化，如圖 10 -3 所示。

圖 10-3 新媒體時代的廣告傳播模式示意圖

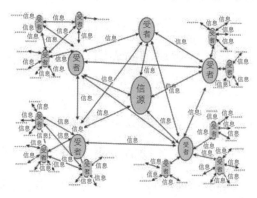

在圖 10-3 中，資訊傳播由信源中心向邊緣擴散，受眾由異質化的個體組成了資訊傳播的網路節點，與信源和其他個體受者之間都存在資訊的交流和互動。資訊傳播呈現多向性、擴散性和無序性。

與以往的廣告傳播模式相比，新媒體環境下的廣告傳播模式呈現出以下新特點：

(1) 廣告資訊傳播由中心向邊緣擴散。傳者成為信源，信源成為具有相同關注點的個體受者話題聚合的中心，而受者在兩級傳播後也可成為新的信源，傳受雙方身分模糊化，專業的媒介組織不再是權威的信源中心，個體開始發揮信源角色作用。

(2) 廣告傳播由非同步式線性傳播重返同步式互動傳播。與傳統媒體時代的廣告傳播模式不同，資訊傳播不再是一個線性、單向的傳播過程，資訊在傳受雙方之間雙向流動，傳

播與回饋是同步的、即時的，可以透過同一媒介進行，也可以透過其他媒介進行，方式更加靈活。

(3) 受眾由同質化的大眾群體向異質化的小眾個體分裂。受眾的裂變使得大眾化的受眾群體消失，受眾以個體集群方式出現，廣告傳播開始針對具有獨特人口統計學依據和內在價值觀特徵的個體。此種情況下，廣告主所要思考的不再是如何到達最大多數的受眾，而是如何能使有效資訊到達最有效的受眾，並使他們深刻理解資訊內容。

(4) 受眾本位時代來臨，傳受雙方地位趨於平等。媒介強大效果論的時代已經過去，受眾開始有分別性地選擇蜂擁而來的資訊，並對傳者做出回饋，傳者以受眾需求為標準對傳播資訊進行修改。在資訊的多層級傳播中，同一個個體同時扮演著傳者和受者兩個角色，傳受雙方身分互易。

(5) 資訊傳播多維化。大眾傳播時代，資訊傳播的中心即是發佈資訊的廣告主。新媒體環境下，資訊傳播的絕對中心消融，各個個體受者之間可以進行資訊的交流互動，其對於廣告傳播的態度相互影響，最終導致了廣告傳播效果難以估量。

(6) 傳者對資訊的傳播控制力下降，資訊變異成為廣告主十分擔憂的現象。由於受眾地位的上升，受眾出於自身對資訊的不同動機，對資訊進行改編再傳播的可能性增大。

此外，由於資訊傳播的層級性、無序性、多向性，使得傳者對資訊傳播的控制力下降，由此導致資訊距離原始信源越遠，資訊保真度越低。

廣告傳播模式經歷了這樣三個階段的發展，廣告傳播從一種短期的、臨時的傳播活動向長期的、有組織的傳播活動轉變，從單次交易層層深入廣告受者內心。媒介要素的進步，對廣告傳播的影響是深厚的，它影響著傳受雙方的關係，影響著人類傳播活動的能力極限，使得新媒體環境下的廣告傳播模式呈現出與以往模式不同的特點。

（二）零售廣告傳播模式的現狀

1. 大數據影響零售廣告傳播模式的變化

由於大數據環境下的零售業發展狀態，零售廣告傳播也呈現出傳統傳播模式與新媒體傳播模式的交織型態。在海量、無序、紛繁的資訊面前，人們陷入茫然。互聯網、手機、樓宇電視、公交移動電視……新媒體不僅以排山倒海之勢充斥著我們的眼球，並且在競爭激烈的行銷市場上颳起一陣陣旋風。對消費者而言，面對紛繁複雜的資訊流，他們更傾向於相信身邊組織和人際資訊。與此同時，能夠直接影響消費者的團體、組織、機構和自發性的組織也大量出現。在這種情況下，對廣告主而言，消費者也

越發呈現出個性化和訂製化的特點，由隱匿和模糊變得清晰可見，相同預算所能做的大眾傳播活動銳減。社會化媒體是一種給線民極大參與空間的新型線上工具和平臺，參與者彼此之間可以分享意見、見解、經驗和觀點。社會化媒體的形式有社交網路、內容社區、博客、微博、播客、論壇和維琪等 (見圖 10 -4)。

圖 10-4 傳媒產業結構的基本框架

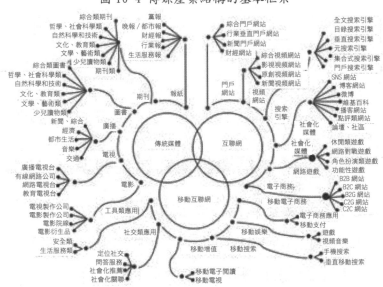

資料來源：清華大學傳媒經濟與管理研究中心，2013。

2. 社會化媒體成效突顯

相對於傳統媒體如電視、報紙、雜誌和廣播而言，社會化媒體可以視為一種新的媒體、新的行銷工具，它以資訊網路技術為基礎，以互聯網為依託，充分發揮各種職能，使企業的行銷效用得到最大程度的發揮。社會化媒體行銷就是利用社會化媒體來進

行市場策劃、銷售促進、公共關係和客戶服務的一種行銷方式。在國外，很多企業諸如星巴克、戴爾、eBay、微軟、耐克等透過社會化媒體已經獲取了不錯的行銷效果，而在國內，陸續也有一些企業嘗試開展社會化媒體行銷，圖 10-5 為微播易網站首頁，它成立於 2009 年，是國內領先的、以短視頻為核心的一體化、自助式社會化媒體精準投放平臺。2018 年起正式升級為短視頻智慧行銷平臺，透過智選、智算、智投，幫助廣告主找到、找對、用好資源。有需求的廣告主可透過這個平臺發佈視頻廣告。

圖 10-5 微播易網站首頁

3. 移動互聯網業務佔據了傳媒產業的半壁江山

近兩年來，中國媒體業發展呈現了移動業務一邊倒的現象。從傳媒行業細分市場發展狀況看，互聯網保持良好發展態勢，傳統媒體繼續下行。其中廣播電視行業雖然整體收入基本與上年持平，但根據國家廣播電視總局財務司的資料顯示，2017 年廣播

電視廣告收入首次負增長，較 2016 年下降 1.84%。報刊廣告和發行則繼續「雙降」，整體市場下滑 14.8%，其中報紙廣告市場的跌幅更是超過了 30%，市場整體規模不足 150 億元。圖書和電影是傳統媒體中仍能保持兩位數增長的市場，但目前看和互聯網相比，其規模相對較小。

　　2017 年中國網路廣告市場規模超過 3800 億元，網路遊戲收入首次突破了 2000 億元，網路視頻市場規模也將近 1000 億元，並以 30% 的速度快速增長，網路廣告、網路遊戲、網路視頻成為拉動傳媒產業發展的三大動力。移動互聯網則已經超過傳統互聯網的市場規模，移動廣告佔網路廣告市場規模的比例達到 69.2%，甚至超過了傳統媒體廣告市場總和。

圖 10-6 2017 年中國傳媒產業市場結構

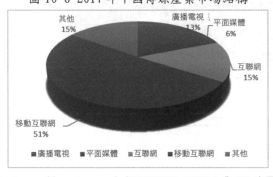

資料來源：http://m.sohu.com/a/237459200_152615《2018 中國傳媒產業發展》

　　這一現象反映了移動陣營與 PC 陣營的角逐、數字媒體陣營與非數位媒體的力量消長，折射了用戶選擇權的力量變化。移動陣營因其隨時隨地、低成本、高到達率等特點征服了用戶。數位

媒體陣營提供給了用戶更多的選擇權，節目不好看可以換頻道，網站不精彩可以換掉我的最愛。過去的 5 年內，數字媒體陣營正依靠群體的規模效應，蠶食非數位媒體的發展空間。其中的一個明顯表現就是廣告投放的迅猛增長。與此對應的，卻是廣告效果的下降。這可以歸咎為兩個原因：其一是數字媒體陣營的內部競爭加劇。在中國，媒體政策的開放使得媒體運營的門檻在降低，而競爭在加劇，媒體分散化的趨勢使得媒體覆蓋成本上升；其二是用戶的自我保護意識有了空間高漲，在資訊時代，使用者較以前有了更多媒體選擇。

從傳媒產業各行業的市場結構看 (見圖 10-6)，2017 年，移動業務規模達到傳媒產業總體市場的 51%，佔據了傳媒市場的半壁江山。傳統互聯網業務佔據傳媒市場的 15%。其他傳統媒體中，廣播電視市場保持較大份額，佔傳媒市場的 13%；平面媒體所佔比例下滑，只佔 6% 的市場份額。

4. 零售廣告傳播呈現多樣性

面對越來越多的選擇，無人能左右用戶的習慣，選擇更有針對性的傳播手段，無疑是提高零售廣告傳播效率的途徑。從 CTR 統計的媒體廣告刊例花費這一指標來看，2016 年各媒介廣告增長貢獻量如圖 10-7 所示。

圖 10-7 2016 年各媒介廣告增長貢獻量圖示

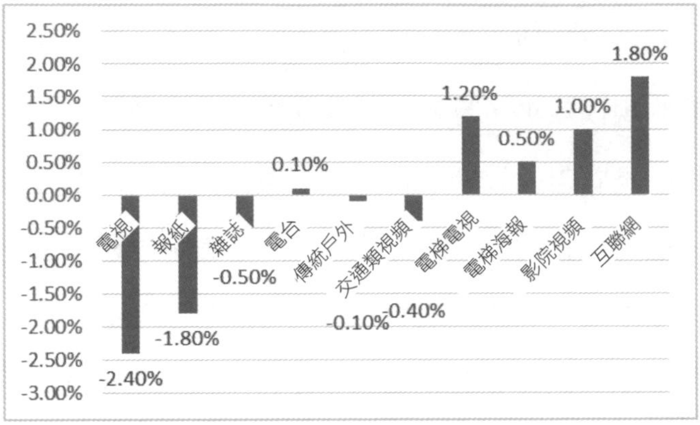

資料來源：中國產業資訊網《2017 年中國廣告行業概況及未來發展前景分析》

（1）電梯廣告、影院影前廣告效果突出

透過圖 10-7 可以看出，電梯廣告、影院廣告由於空間狹小，進入者被動觀看電梯電視、電梯海報或者影院視頻廣告，基於空間，形成了精準鎖定目標效果。樓宇電梯和影院以獨特的封閉場景精準鎖定城市消費人群。而不同的空間又進一步將目標受眾做精準劃分，比如不同地段、不同價格的社區與寫字樓、影院吸引的是不同收入、不同特徵的人群，可以說明廣告主進一步精準設計，按需投放。

此外，被動式的空間行銷效果更好。在大數據的時代，資訊的爆炸令消費者注意力分散，廣告越來越被稀釋很難記憶，強有力的被動式傳播，反過來可以讓消費者印象深刻。生活圈媒體覆蓋所有回家、上班、娛樂購物必須經過的被動式行銷場景，反而其效果更加突出。電梯海報主要位於社區電梯內，在必經的封

閉狹小的電梯空間內形成強制性收視，在乘坐的無聊時間形成極高的廣告關注度。充分的收視與溝通，電梯內環境單純干擾度極低，假設每週上下電梯超 14 次，每週收視時間必將超過 7 分鐘，對電梯海報廣告資訊有充分的收視時間，使品牌的影響深入人心。電梯電視主要安放於中高端辦公樓的電梯口，滾動迴圈播出，受眾電梯電視單一頻道到達率高。影院環境單純，收視強制，音效震撼，伴隨著觀影的迫切心情，映前廣告超高關注度與回憶度容易實現，調查顯示影院廣告的回憶度比電視廣告高五倍。

（2）傳統媒體依然存在大量受眾

根據中國產業資訊網分析，雖然移動傳媒佔據半壁江山，傳統互聯網傳播優勢顯著，但仍然有不少的用戶青睞於傳統的傳播方式，對於電視、報紙、刊物等情有獨鍾。從 2015 年受眾對各類媒體廣告的觀看情況統計來看，電視、報紙、雜誌、公車廣告、其他戶外廣告的觀看率均超過 20%，如圖 10-8 所示。

圖 10-8 2015 年受眾對各類媒體廣告的觀看情況

資料來源：中國產業資訊網《2017 年中國廣告行業概況及未來發展前景分析》

無論新媒體如何發展，對於零售行業廣告傳播模式的選擇，絕大部分廣告主相信傳統媒體與數位媒體的整合會給品牌主帶來雙方共贏。報告顯示，超過 80% 的廣告主會在一次典型行銷活動中同時使用 4 種以上的媒體，在多媒體組合行銷中，電視、傳統互聯網、移動互聯網和戶外廣告都是必不可少的組成部分。數位媒體出現後，湧現出了各種依託於新的數位媒體和技術平臺的行銷，比如搜索行銷、視頻行銷、微博行銷、微信行銷、移動互聯網行銷、RTB 等等。但是消費者並非獨享線上的世界，消費者在很多傳統的媒體和實體世界依然非常活躍，因此，傳統媒體正在與數字媒體整合、協同與打通，過去九成以上廣告主也願意選擇新老媒體結合行銷模式 (見圖 10 -9)。數位時代的行銷需要被重新定義，今天的行銷不單純只是創意，只是媒體，而變成了洞察、創意、媒體、技術和平臺的整合。

圖 10-9 2013 年廣告主對新老媒體選擇傾向示例圖

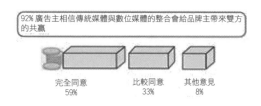

資料來源：《2013 年度 CMO 調研報告》

　　根據權威市場研究公司 Gartner（高德納）最新發佈的《CMO 支出調查報告 2017-2018》，這份報告調查了 353 位來自年公司營收在 2.5 億美元以上公司的 CMO（首席行銷官），覆蓋了金

融服務、科技、製造業、消費品、媒體、零售等多個行業，其中
73% 的受訪 CMO 來自年收入 10 億美元以上的公司。CMO 認為
獲取新客戶往往比維持老客戶的成本高得多，他們開始把更多資
源放在經營原有的客戶上。調查還發現，67% 的 CMO 計畫增加
對數字廣告的投資，傳統和線下媒體的配比則繼續減少。企業在
網站建設、電商、數字廣告上的投入分別排在前三，但 2017 年，
市場分析調查的投入被放到了最重要的位置，佔到整體行銷預算
的 9.2%。市場分析調查，包括使用技術、工具，透過瞭解消費
者及其行為來優化行銷和廣告策略。換句話說，企業越來越重視
廣告行銷的效果究竟如何，其次才是形式的選擇。CMO 的投資
計畫如圖 10-10 所示。

圖 10-10 2017 年 CMO 預算分配計畫

資料來源：http://www.sohu.com/a/205067828_100011329 廣告經費捉襟見肘
CMO 們的預算天平開始向市場調研傾斜

（三）推動零售廣告傳播模式革新的主要動力

1. O2O 呼喚全新的零售傳播模式

當前已經進入一個移動智慧終端機為代表的傳媒新時代，互聯網、智慧手機、公交行動電話、移動終端等設備的出現，使其傳播主體無限增多、傳播內容海量化、自主化，這種新技術環境也為新傳播和行銷模式的產生提供基礎，這就是 O2O 傳播行銷模式的產生和發展。O2O 做為電子商務新興的發展模式，在中國掀起的熱潮，將線下、線上很好地結合在一起，大大地豐富了人們的生活，改善了人們的休閒娛樂方式，更加高效便捷地滿足了人們的需求。而這種線上、線下結合的商業模式也催生了廣告傳播模式必須變革，來呼應線下消費和線上購買。根據中國互聯網路資訊中心的報告，截至 2017 年 12 月，中國網上外賣使用者規模達到 3.43 億，較 2016 年底增加 1.35 億，同比增長 64.6%，繼續保持高速增長。其中，手機晚上外賣使用者規模達到 3.22 億，增長率為 66.2%，使用比例達到 42.8%，提升 14.9 個百分點。O2O 模式的代表即外賣，近幾年在中國消費者、尤其是線民中間的增長率極快 (見圖 10 -11)。

圖 10-11 網上外賣／手機網上外賣使用者規模（萬人）及使用率

資料來源：中國互聯網路資訊中心《第 41 次互聯網發展報告》

　　這種線上、線下結合的商業模式成為購物的新寵，針對 O2O
商業模式的廣告傳播模式也不得不隨之變革。

2. 新媒體的產生與發展驅動了傳播模式創新

　　新媒體環境下，技術和資料正在驅動行銷變革，大數據行
銷將在今後的品牌建設中扮演非常關鍵的角色。對廣告主而言，
七成廣告主認為大數據是最重要的新技術 (見圖 10-12) 。與此同
時，由於搜尋引擎成為人們獲取資訊、解決問題的重要途徑，因
此，注重品牌人口建設，以百度為代表的大數據平臺在未來將充
當更加重要的角色。零售業從廣告傳播到最後的銷售呈現，很多
時候都是離不開互聯網的，社會化客戶關係管理以及跨螢幕行
銷、基於地理位置的服務行銷也成為 CMO 關心的新技術。

圖 10-12 2013 年廣告主心中最重要的新行銷技術調查結果示意圖

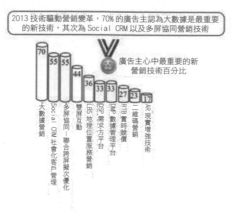

資料來源：《2013 年度 CMO 調研報告》

（1）以百度為代表的人工智慧應用

需要說明的是，除了圖 10-12 中所提到的行銷技術之外，最近幾年人工智慧技術也廣泛應用到網路行銷當中，成為傳統互聯網路推廣和移動推廣的生力軍。據電通安吉斯《2018 年全球廣告支出預測報告》，BAT 依舊佔據數字媒體廣告總支出的主導份額，達到 64.1%。在這樣的環境中，零售廣告業務也必然受到人工智慧技術的影響。百度在人工智慧行銷方面是國內的先驅。先後針對不同用戶、不同需求、不同投入、不同效果等方面開發了大量行銷工具，幫助廣告主、廣告經營者、受眾進行選擇。

搜索廣告是基於全球第一中文搜尋引擎百度搜索，在搜索結果顯著的位置展示您的推廣資訊，只有客戶點擊廣告之後，才需要付費。如圖 10-13 所示。

圖 10-13 百度搜索廣告頁面　　　　圖 10-14 百度資訊流廣告頁面

資訊流廣告是在百度 APP、百度首頁、貼吧、百度手機瀏覽器等平臺的資訊流中穿插展現的原生廣告，廣告即是內容。百度無線首頁用戶 6 億，日活用戶 1 億，百度貼吧日 PV 量 35 億，使百度資訊流廣告大受歡迎，如圖 10-14 所示。

百度聚屏透過聚合多類螢幕，觸達消費者多場景生活時刻，實現線上、線下廣告整合和精準程式化投放。依託百度大數據及

AI 優勢，百度聚屏致力於解決當前客戶廣告投放多種痛點，打造全新的品牌推廣體驗，為客戶收入增長帶來新的動力，如圖 10-15。

圖 10-15 百度聚屏廣告應用效果

百度開屏整合百度優質品牌廣告流量，以 APP 開屏廣告的樣式進行強勢品牌曝光，如圖 10-16 所示。

圖 10-16 百度開屏廣告頁面

百意廣告囊括 60 萬家網
站、APP 聯盟資源，橫跨 PC、
移動、交通、電視多屏呈現，
實現廣告整合、精準、一站式
程式化投放，讓您一站完成線
上、線下主流黃金流量購買，
如圖 10-17 所示。

圖 10-17 百度百意廣告效果

上述百度公司推出的多款結合人工智慧的產品，可以幫助使
用者提升品牌品質；幫助使用者完成精準定位和可控預算的產品
推廣、可以品牌內容建設為基礎，打通百度商業內容，形成流量
新生態，最終幫助用戶完成精準化投放；可以針對中小廣告主服
務，幫助廣告主完成從產生需求、手機資訊、瞭解評價到產品購
買的全過程。透過這些新產品，助力企業完成企業形象樹立、產
品推廣、控制廣告預算、形成新增客戶、完成新增客戶向購買客
戶的轉化過程等一系列服務。

（2）以社交媒體為代表的移動應用

中國互聯網應用普及形成了新的文化形態。據中國互聯網路
資訊中心 CNNIC 發佈的第 41 次《中國互聯網路發展狀況統計報
告》顯示，截至 2017 年 12 月底，中國線民規模達到 7.72 億，
互聯網普及率達到 55.8%，手機線民規模達到 7.53 億。 中國線
民使用手機上網的比例達 97.5%，較 2016 年提升了 2.4 個百分

點；手機即使通信用戶 6.94 億，較 2016 年底增長 5562 萬，佔手機線民的 92.2%；中國網路購物使用者規模達到 5.33 億，相較 2016 年增長 14.3%，佔線民總標題的 69.1%；手機網路購物使用者規模達到 5.06 億，同比增長 14.7%。

在社交應用方面，根據中國互聯網路資訊中心發佈的報告，截至 2017 年 12 月，微信朋友圈、QQ 空間使用率分別為 87.3% 和 64.4%；微博做為社交媒體，2017 年繼續在短視頻和移動直播上佈局，推動用戶使用率持續增長，達到 40.9%。知乎、豆瓣、天涯社區使用率均有所提升，用戶使用率分別為 14.6%、12.8% 和 8.8%。各類社交平臺功能日益完善，媒體傳播行銷理顯著增強。

（3）以視頻直播，快手和抖音為代表的媒體創新應用

據中國互聯網路資訊中心 CNNIC 發佈的第 41 次《中國互聯網路發展狀況統計報告》顯示，截至 2017 年 12 月底，網路直播使用者規模達到 4.22 億，較 2016 年增長 22.6%。

視頻直播逐漸普及。在 4G 應用廣泛，5G 即將全面推開的今天，網路應用普及、高速、穩定成為可能。萬物物聯也不僅限於研究領域，原來不可能的視頻持續流暢傳播成為可能。越來越多的企業開始借助視頻工具傳遞品牌資訊。廣告業務也在向消費者內容導向和體驗導向轉變。以往消費者雖然可以透過文字、文章、圖片對產品加以瞭解，但是對體驗來說是無法實現的。現在

透過直播，幫助潛在消費者完成體驗過程、瞭解使用效果、發現商品問題。好的視頻行銷正在成為直播購買的轉化利器，所見即可購買成為現實。

視頻新物種出現。據百度百家號，抖音與快手成為日活量過億的短視頻平臺。據百度百科資料，快手誕生於 2011 年 3 月，最初是一款用來製作、分享 GIF 圖片的手機應用。2012 年 11 月，快手從純粹的工具應用轉型為短視頻社區，用於使用者記錄和分享生產、生活的平臺。2017 年 11 月，快手 APP 的日活躍用戶數已經超過 1 億，進入「日活億級俱樂部」，總註冊使用者資料已經超過 7 億，每天產生超過 1000 萬條新視頻內容。抖音是於 2016 年 9 月上線的一款可以拍 15 秒短視頻的音樂創意短視頻社交軟體（APP）。因其可以分享生活、認識朋友、瞭解奇聞趣事，從一問世便成為年輕人的新寵。2018 年 6 月，25 家央企入住抖音，從而擴大了抖音的適用範圍，宣傳社會主義核心價值觀的作品、介紹企業文化的作品、推廣企業產品的作品配以電音、舞曲等節奏，推向廣大用戶。抖音平臺也針對不同需求，開發了 IOS 入口和安卓入口，如圖 10-18 所示；同時針對不同使用者，提供抖音音樂人、機構認證和企業認證入口，企業可以按一下「企業認證」按鈕，打開相關頁面，在其提示下開始企業應用。快手和抖音問世不過幾年時間，但是均已經擁有過億日活量，客觀上已經成為傳媒生力軍。

圖 10-18 抖音平臺首頁頁面

中國傳媒產業正在需求中創新、技術發展中創新。

二 零售業廣告傳播模式的變革

　　廣告是隨著經濟發展而不斷革新的動態概念，商業行銷理念和傳播手段的進步對廣告的發展有重要影響。隨著零售業的發展和變革，廣告在業態、傳播方式、新媒體等方面必定會做出適應性反應。現代零售業，面臨著受眾消費觀念、新媒體、廣告傳播理念等方面不斷變化的革新時代，廣告資訊一改傳統的消費者被動接受的傳播模式，越來越具有互動性。因此，零售業廣告的傳播理念、模式、內容等方面都應與時俱進，不斷修正傳統媒體在新消費形勢下出現的一些不足和弱點，透過強化資訊傳播的多元化，延伸廣告資訊傳播的微觀觸角，跨越時空限制，轉變傳播模式等途徑，最大程度上將商品資訊送達給消費觀念現代化、年輕化的受眾群，使現代商業廣告資訊的傳播更具有開放性和交互性。綜合來看，零售廣告傳播模式主要有五種變革模式。

（一）銷售主導型向消費主導型轉變

　　行銷是提高品牌競爭力以及產品市場佔有率的必須手段，在

消費觀念迅速發展變化的今天，微觀市場環境推動了消費需求的變化，消費需求觀念和購買行為都發生了很大變化，新的消費理念會起到引導行銷模式創新的作用，成為促進銷售增長的有效途徑。為適應市場中新的消費觀念、消費需求和消費習慣，廣告的傳播模式，也需做出相應的革新。

銷售主導型行銷模式是以生產企業、銷售企業根據行銷計畫和目標開展的行銷活動，以產品引導和提供社會消費品為目的，消費者的微觀需求處於被動地位。傳統的廣告傳播模式是圍繞銷售主導型行銷方式為核心來展開的，側重於透過報刊、電視、戶外等傳統媒體推介產品的廣告傳播形式。

隨著電子時代的到來，諸多因新的科技技術而誕生的新媒體湧現，現代消費群體的消費觀念和消費習慣發生極大的改變，更加張揚個性化與時尚化的消費需求，更多的趨向於對消費品品牌的選擇主動性。而這種選擇的主動性所產生的消費需求，對商品的生產和行銷戰略都產生了導向作用，同時對廣告傳播形式很強的引導作用越來越明顯，因此，消費主導型廣告傳播模式應運而出。

北京工美集團有限責任公司廣告傳播模式的改變

北京工美集團有限責任公司，堅持以工藝美術為主業，以傳承與弘揚中華民族工藝美術文化、發展文化創意產業為己任，是

集工藝美術品設計開發、商業經營、國際貿易、檢測鑑定、職業教育、文化交流等為一體的多元化綜合性企業集團。2008 年獲得了奧運會特許生產商、零售商「雙特許」資質，而且成功設計製作了北京奧運會會徽發佈載體「北京奧運徽寶——中國印」，參與了北京 2008 年奧運會「金鑲玉」獎牌的方案設計、打樣、試製工作，承辦了中國唯一的「北京奧運會特許商品旗艦店」。2014 年 APEC 會議，參加 APEC 會議國禮的競標。最終由習近平主席親自選定的三件國禮領導人禮品《四海升平》景泰藍賞瓶，領導人配偶禮品《繁花》手包套裝、《和美》純銀絲巾果盤被集團全部包攬。以往採取櫃檯、專櫃行銷方式，除了特別產品做過報紙、電視廣告，如 2008 年奧運徽寶產品，其他幾乎沒有廣告宣傳。2010 年底北京工美集團有限責任公司電子商務中心成立，主要負責營運北京工美集團旗下「工美藝城網」及工美天貓、工美京東等第三方平臺的工美旗艦店。工美藝城網 www.gmecity.com 是銷售工藝美術產品的電子商務平臺，是聚集國內外工藝美術文化產品的專業特色網站，於 2011 年 7 月 22 日正式上線運營，同年 8 月 22 日，工美藝城網官方微博正式啟動；2013 年 6 月 28 日，京東商城－工美旗艦店開通運營；2014 年 6 月，工行融 e 購－工美官方旗艦店上線運營；2014 年 8 月，工美藝城網手機 APP 開通上線；2016 年 4 月，2016 年度供應商大會順利召開；同期，北新網－工美旗艦店於 2016 年 4 月 26 日正式上線；2017 年，

電子商務中心計畫整合各項優勢資源，力求將工美藝城網打造成：國內景泰藍——品類全、品質優、價格低的專業網站、行業平臺，一個集網站、微博、APP等多種行銷手段於一體的企業煥發出青春活力。工美藝城如圖 10-19 所示。

圖 10-19 工美藝城網主頁頁面

（二）單一的「推」式向互動式轉變

「推」式宣傳模式是將商品資訊透過傳統媒體推廣到受眾群，在「推」式宣傳模式中資訊不對稱，受眾對資訊的接受是被動的，資訊傳播是單向的，廣告資訊的傳播，僅僅發揮了其基本的告知功能。一般來講，在品牌導入期，品牌和商品剛剛進入目標市場，品牌知名度不高，「推」式宣傳模式可以在短時間內起到積極作用，但在時間較長的品牌維持期，競爭品牌的進入，消費群對傳統媒體的品牌廣告的熟悉到熟視無睹，此時僅僅是延續

「推」式廣告宣傳模式，會在一定程度上造成品牌廣告資訊的無效推廣，而且廠商與零售商主導的廣告資訊，難以與消費者形成良好的互動，廣告效果逐漸減弱。

隨著電子科技和現代通信技術的進步，電腦、互聯網、手機、觸控式螢幕等新媒介湧現，也在不斷更新換代，透過這些新媒體，將商品資訊傳播給受眾，激發受眾主動性和積極參與，受眾可以根據自己的消費取向、興趣自主選擇和篩選相關商品廣告資訊，此類媒體的廣告傳播模式，就是互動式廣告傳播形式。特別是微博、微信等通信網路交流形式的產生，為互動式廣告傳播提供了更多的新媒體和資訊傳播方式。在資訊互動式的傳播形態中，消費者、生產商、零售商，可以形成互動式的溝通與資訊互動，對於資訊的接收與擴散，消費者擁有自主權，可以按照各自的興趣愛好、消費取向決定是否與零售商發生廣告資訊的互動，由此產生了互動式廣告資訊傳播的新形式。互動式廣告傳播模式，對科技含量高的創新性產品以及與互聯網關係密切的產品，發揮的作用尤為重要。

微博是微型博客的簡稱，是透過好友相互關注而分享較為簡短的最新資訊的廣播式社交網路平臺。做為目前覆蓋面積廣的分享交流平臺，微博具有即時性、個性化和交互性的特點，微博好友可以自主性的選擇資訊交流方式和主題，消費者從興趣到互動的資訊轉載，從點讚到口碑相傳，資訊交流成為產品宣傳的一部

分，形成消費者與產品的完全互動。因此成為零售企業開展交互性廣告資訊宣傳的極佳媒體，目前絕大多數具有知名度的企業和一些為消費者提供個性化服務的小企業，都開設了獨立的品牌推廣微博。

微信是隨著現代通信技術的發展進步，騰訊於 2011 年推出的為智慧手機終端提供即時通信服務的應用程式，為使用者提供即時資訊交流、朋友圈、消息推送等功能，用戶可以透過「搖一搖」、「搜索號碼」、掃二維碼的方式添加好友和關注公眾資訊平臺，同時好友之間可以分享精彩內容。根據 2018 年 5 月 16 日，騰訊公布第一季度綜合業績，微信和 WeChat 合併月活躍帳戶達 10.4 億，同比增長 10.9%，成為一個超大的資訊推廣平臺，很多知名零售企業都開設了公眾資訊平臺，以便關注其最新商品消息的使用者及時分享相關資訊。

APP 是 Application 的縮寫，通常專指手機上的應用軟體，或稱手機終端。是在包括平板電腦、手機及其他移動設備在內的移動設備上運行的應用程式。APP 應用軟體的開發技術是基於智慧手機的飛速發展而產生的。從 2008 年開始，蘋果手機的 APP Store 開創了現代手機終端應用軟體的發展。現在，大批的零售業商場、網站以及其他門類的商品品牌，推出了自己的 APP 軟體，消費者可以根據自己的消費興趣，下載相關品牌的 APP 軟體終端，在這些APP手機終端軟體應用中，商品品牌、產品官網、

商圈等的二維碼下載都取得良好的下載頻次。在移動互聯網廣告領域，零售企業或品牌可以自主開發訂製 APP，向移動智慧終端機使用者進行品牌和產品的資訊傳遞和延伸服務。

北京朝陽大城微博、微信傳播和途牛旅行網的互動式廣告傳播

北京朝陽大悅城，開設微博、微信比較早，當時僅僅 2 個人進行日常運營，卻擁有近 20 萬的粉絲群。首先是因為大悅城本身的品牌宣傳投入，在這個宏觀廣告宣傳背景之下，微觀廣告傳播模式，肯定是受益的，而且，微信、微博資訊傳播形式與傳統媒體廣告推廣相交叉，形成了針對不同消費群、傳播不同資訊廣告資訊的多媒體傳播陣容。如圖 10-20 是北京朝陽大悅城微博主頁，圖 10-21 是北京朝陽大悅城微信主頁頁面。

圖 10-20 北京朝陽大悅城微博主頁

圖 10-21 北京朝陽大悅城微信主頁面

途牛旅遊的轉變

創立於 2006 年的途牛旅行網，在發展之處是以廣播、燈箱和社區電視宣傳為主，基本屬於「推」式宣傳模式，在取得一定品牌影響力和網站點擊、成交率之後，根據消費群體年輕化、個性化旅遊需求較多的特點，推出個性化互動式的廣告推廣方式，發展了電腦、手機 APP 業務和網路線上看板宣傳，增加了互動型互動式推廣模式，使用者點擊滑鼠，或在手機 APP 終端點擊相關服務即可快捷的獲得感興趣的資訊，圖 10-22 為途牛旅遊的網站首頁，圖 10-23 為途牛旅遊 APP 頁面。

圖 10-22 途牛旅遊網首頁頁面

圖 10-23 途牛旅遊 APP 頁面

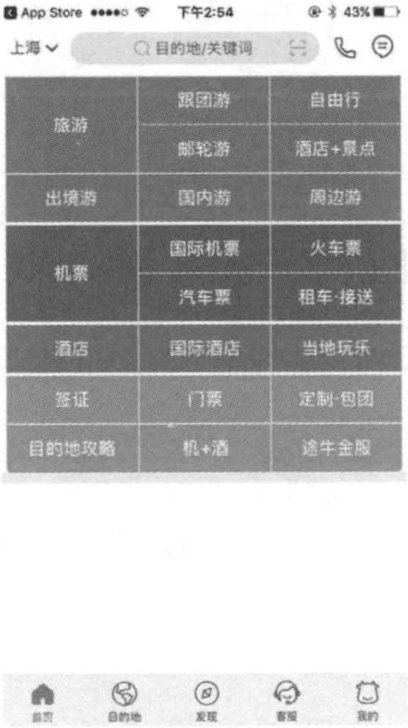

（三）單媒體、大眾化模式向多媒體、個性化
模式轉變

隨著現代經濟的持續穩速增長，現代零售業面臨著消費群

體更為複雜的局面，特別是年輕一代消費群的成長，他們興趣廣泛，對於諸如服飾、美容、通信等方面商品的消費觀是反對拘泥於傳統而求新求變，更趨向於個性化和具有當代性的產品。所以現代零售企業的市場行銷戰略，採取對消費群的精準定位的推廣模式，將目標受眾進行細分，針對不同消費群的消費觀念開展個性化的行銷手段及廣告推廣方式，也根據不同消費群的消費習慣，選擇適合的媒體，將富有吸引力的個性化廣告資訊送達目標消費群，實現「一對一」精準分眾傳播。分眾本質上是一種對受眾的細分化，即將全體受眾根據其特徵製訂區隔，分成子組群，並向不同組群有針對性、有區別地傳遞不同資訊。經過對受眾恰當的細分帶來了精確和更高效的傳播，這根本區別於傳統媒體時代的大眾傳播。從 CTR 監測機構對分眾樓宇電視所做的人流量測試及 CPM（千人成本）測算中可以看到，分眾樓宇電視廣告的 CPM 成本不到上海平均電視廣告 CPM 成本的 50%，而對於月收入中高端受眾，分眾樓宇電視廣告的 CPM 成本更是在傳統電視廣告的 1/10 以下，由此可見分眾傳播的高效。

精準是指廣告投放的精確性，就是讓目標受眾看到合適的廣告，因為無關的受眾對廣告主而言沒有價值，這一部分被浪費的花費越少越好；而目標受眾接觸到的無關廣告屬於噪音，受眾不厭其煩、不勝其擾，廣告效果不但達不到，甚至適得其反。因此，精準傳播用低花費帶來了傳播的實效，可以讓廣告主的投資回報

率最大化。著名的精準行銷平臺「窄告」推出的「底線廣告2.0」，就第一次使得廣告投放可以精準到詞。透過內容分析技術與精準定位技術，可以自動地將廣告主的廣告位址與4000多家網站中的關鍵字連結起來，然後按照競價進行順序排列。

　　精準定位推廣模式，就是要對目標受眾進行科學精確的調研和細分，確定相應的廣告推廣形式，並以多媒體的形式將商品資訊準確的送達受眾，此外還應特別注重利用新媒體。因為年輕一代消費群，生活中較多的接觸和喜愛電子類新媒體，電子媒體包括電腦、手機等，參與門檻低、種類豐富，消費群體對資訊的選擇有很強的自主性。當然也並非說傳統媒體在電子資訊時代就失去了商業資訊傳播主流媒體的地位。企業面對訴求區域的消費群體，要對消費群的精準定位細分，針對不同消費群體的需求，分析消費者的消費習慣、需求和觀念，對適合的消費群體採用傳統媒體的推廣方式，實現廣告投放的精準化，這是零售商業企業進行推廣戰略制訂時必須的重要環節。企業要做到科學嚴謹的精準定位推廣，需要一個系統化流程，進行市場行銷狀況調研、消費群體定位分析、挖掘產品的新訴求點等工作，透過周密的調研總結，梳理所得資訊，方能實現真正意義上的精準定位。

小米手機精準行銷和多媒體傳播

　　自2011年小米手機推出第一款智慧手機以，一直實行量產

和線上預訂的銷售方式，即飢餓銷售模式，就是指生產商按計畫控制產量、調控供求關係、創造供不應求的現象，可以產生較高的銷售價格和利潤率。小米手機採取的是線上銷售的飢餓銷售模式，消費者需要在其官方網站預訂小米手機產品，並且還充分利用微信、微博等通信管道，對每一款最新型產品進行多媒體宣傳，推出微信搶購的銷售形式（見圖 10-24）。這種銷售戰略，將目標受眾鎖定在 15 - 35 歲的年輕時尚消費群體，相應的廣告主題定位，以時尚、青春、活力、創新、先進、特立獨行、非凡、平等自由、輕鬆等為主調，可以對目標消費群產生很強的吸引力，引起其購買興趣。基於對消費者的精準定位，其廣告推廣以年輕受眾較為熱衷的電視、網路媒體為主，加以通信設備的微信、微博等交互性媒體，進行多媒體、多方位的廣告椎廣，成功地鎖定現有消費群，拓展了新受眾群，創造行銷奇蹟。2012 年，小米聲稱 20 萬臺小米 1S 在不到半小時內被搶完。

2017 年的小米 6 發佈，發佈前期每次開放購買，都是在極短時間內售罄。更有甚者，發佈至今已快一年，小米 6 有時仍在飢餓行銷，想必接下來的小米 7 也是離不開搶購。2017 年小米手機銷量突破 9000 萬支，創下歷史新高。

（四）區域化推廣模式轉向多媒體交叉整合型
模式轉變

　　從宏觀角度講，每一個城市每一個區域都會有自己獨特的地域文化和風俗習慣，也決定了這個城市或區域的消費群會有趨同的消費觀念和習慣。一直以來，大型零售企業和品牌，按照區域劃分消費區段，分別進行針對所在區域的消費群的廣告宣傳與品牌的推廣，品牌的推廣以區域化模式為主。網路和現代通信技術的發展，增進了各個城市、區域的資訊交流和傳播，新媒體的發展和現代行銷、廣告推廣觀念的更新，推動了現代零售業廣告傳播模式向多媒體交叉整合型傳播模式轉變。

　　交互是網路資訊時代新媒體最關鍵的特性。曾經的單向「點對面」的傳播模式終於有條件轉變為「點對點」的傳播。受眾再也不是只能被動接受的被傳播者，他們可以更加積極主動地表達自己的觀點、傳遞自己的聲音，於是以博客、播客為代表的自媒體出現了──每個人都可以是資訊的傳播者，又都是資訊的受眾。而交互的另一層含意可以被看做各類媒體的聯動媒體之間密切的合作能夠更好地推動產品的銷售，在拉動銷售方面，各個媒體顯示了強大的互補作用。

　　以北京市零售業的調研為例，零售機構或其他商業品牌進駐北京市後，以前一般會選擇報紙、廣播和電視等傳統媒體進行廣

告宣傳，結合其他店面促銷、回饋等舉措，逐步培養品牌美譽度和忠誠度。現在，資訊傳播交流已經形成發散性、扁平型的平臺化狀態。面對如此全新的廣告資訊態勢，不管是傳統品牌、零售商還是新進品牌，必須進行廣告資訊傳播資源的重構，調整廣告傳播模式，對多種媒體進行整合，在傳統媒體基礎上，增強移動媒體、 APP 終端、微博等新媒體廣告推廣力度，形成交叉型廣告傳播形態，對廣告資訊傳播資源進行深度的利用，提升廣告資訊傳播的競爭力。

李寧運動服實行多媒體交叉廣告傳播形式，打破地域限制，走向國際

中國運動服裝的民族品牌——李寧，20 餘年來，借助奧運、世博會等重大體育賽事和文化活動，整合利用傳統媒體和現代、線上線下等多種媒體，由國內走向國際，由區域化的廣告推廣模式，轉向了交叉整合型廣告傳播模式。客觀地講，李寧牌產品定位是比較民族化的，這就決定了李寧品牌在創辦之初，需要順應中國消費者對於運動服裝的消費觀和習慣，樹立富有民族特色的品牌文化。但隨著經濟的全球化，極具競爭力的境外品牌來了，不走出去是不行的。李寧品牌先後贊助了 1990 年以來歷屆奧運會、亞運會的中國體育代表團的著裝，同時以電視、紙媒廣告、

贊助賽事、主辦賽事和運動員形象推廣、開設境外專賣店等傳統宣傳和行銷手段為基礎，大力發展了線上行銷推廣，使品牌更具有親和力和影響力，擴大了品牌的國際知名度，如圖 10-25 所示。

李寧運動服於 2010 年在美國波特蘭開設的美洲第一家零售商店，開始了其在境外的行銷拓展之路。2016 年 11 月在「雙十一」期間，李寧天貓旗艦店創造單日單店銷售 1.78 億的新紀錄，同時繼續保持國內運動行業旗艦店銷售第一的好成績。2017 年 7 月，李寧王府井丹耀大廈店重新改造，成為李寧品牌首家「運動時尚形象店」。2017 年 10 月美國頂尖得分後衛 CJ- 邁克勒姆正式宣布加入李寧籃球大家庭，代表李寧品牌在國外運動資源的積極投入和全面佈局，如圖 10-26 所示。2017 年 12 月李寧 3+1 籃球聯賽全國啟動，成為繼 10K 之後，又一個李寧自有 IP 賽事，如圖 10-27 所示。

圖 10-25 李寧官方網站首頁頁面

圖 10-26 李寧品牌簽約運動員

圖 10-27 李寧籃球聯賽品牌

（五）「口碑＋圈子」的傳播模式成為主流模式之一

互聯網時代的資訊傳播是發散性的，線上銷售形式的發展
也使零售業擴展了消費群體和銷售領域。相對於傳統媒體，互聯
網的資訊交流的便利使更多人把自己的體驗分享給好友，因此微
信、微博廣泛應用，使零售商和品牌在達成消費後，擁有了自己
的品牌忠誠者和「粉絲」，這些消費者會將自己消費的感受和對

品牌的印象利用自己的網路朋友圈、社交圈、網路社區等線上交流形式擴散出去，這就對現代零售業的廣告資訊推廣提出了具有時尚性的，值得深入研究的新的課題「口碑效應」和線上朋友圈、社交圈。「口碑」成為一種線上廣告傳播的有效模式。口碑源於傳播學，由於被市場行銷廣泛的應用，所以有了口碑行銷。口碑行銷被稱為「病毒式行銷」是因為其看似無形，實則傳播影響力巨大，一種產品擁有一個良好的口碑會產生更大的利潤價值。口碑式行銷具有宣傳費用低、可信任度高、針對性強等優點，但是口碑在消費者中產生和傳播具有很強的不可控性。廣告資訊傳播中的「口碑效應」是因消費者在消費過程獲得的滿足感、榮譽感而形成逐步遞增的口頭宣傳慾望而產生的。消費者將自己的消費體會分享給網路社交好友，不管是點讚還是差評，實際成本都很低，因此口碑效應被稱為最廉價、最便利的資訊傳播方式，也是可信度最高的傳播方式，更是培養消費者群體忠誠度最快的有效方法。合理的利用「口碑」效應，會起到傳統媒體廣告傳播所起不到的潛移默化的廣告傳播作用。

一般來講，消費群體獲取商品資訊的主要管道有二：其一是各類媒體的產品廣告；其二是透過有消費經驗的好友的口頭推薦。但因為「推」式廣告方式過多，消費者應接不暇，狂轟濫炸之下，會造成消費者對產品資訊的麻木和厭煩，也就產生了廣告的無效技人。而消費者對口碑傳播的信任度很高，在一些零售商

業領域，口碑效應成為遠遠優於傳統廣告宣傳形式的有效模式。我們也從中看到，在口碑效應廣告宣傳模式中，問題是產品的品質，商品想要在口碑宣傳中得到好評和推薦，強化品質和服務是基本的先決條件。

利用「口碑」效應取得成功的大眾點評網

2003 年創立的大眾點評網，創業之初就做出了發展的明確定位，充分運用「口碑效應」以消費者點評商家信用資訊、優劣評價資訊，為消費者提供了可供參考的產品、服務、價格等資料資訊，也為網站所涉及的商業品牌提供了優質的品牌宣傳平臺。大眾點評網的特色就是消費者以網友的身分充分互動，積極參與和分享對零售業、服務業的消費經驗，為其他網友提供消費參考，也就是以很低的成本聚集了大量消費資訊，成為極具價值的資訊資源。2015 年 10 月大眾點評與美團宣布達成戰略合作。2016 年 10 月美團點評搭建最大 O2O 廣告平臺，逾 50 萬商戶觸達 6 億吃貨玩咖。2017 年 8 月美團點評入選「中國互聯網企業百強榜」十強。2017 年 11 月美團點評發佈生活服務開放平臺，進一步深化開放戰略。11 月美團點評斬獲 1 金 2 銀 3 銅，全新行銷模式亮相艾菲獎頒獎盛典。如圖 10-28 即為大眾點評網網站首頁頁面。

圖 10-28 大眾點評網首頁頁面

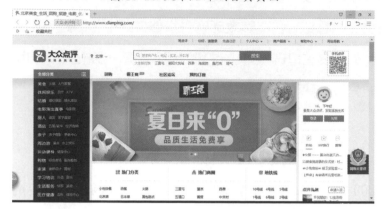

　　除口碑傳播外，So Lo Mo 成為時尚性廣告傳播模式。現代新媒體廣告傳播，越來越多的表現在創意和形式的個性化、時尚化，這無疑是與當前這個崇尚個性的資訊多元化時代特點相符合的。博客、播客、微博、微信等新的資訊傳播方式，使每一個人都成為資訊的發佈者，自由地表達自己的觀點，傳播自己所關注的資訊，傳播內容與傳播形式等完全自主。

　　2011 年，美國 KPCB 風險投資公司約翰‧杜爾透過對現代新媒體發展態勢的總結，第一次提出了 Social Local Mobile 概念，他將 Social、Local 和 Mobile 三個片語合到了一起，成為 So Lo Mo，即當地語系化移動終端社交圈，代表了當時互聯網資訊傳播的流行趨勢。而 So Lo Mo Me 的提法，是 So Lo Mo 模式的延伸發展，強化了個性化資訊傳播的特點，其中的 Me 為個性，即透過社交圈，以移動通信方式提供當地語系化的個性廣告傳播服

務。 So Lo Mo 理念一度風靡商界，很多知名企業也開始著力於這種具有時尚性的廣告資訊的傳播形式。移動手機終端的發展，使現代社交更多的偏向於移動資訊交流，還產生了各種興趣圈、好友圈等網路虛擬社群，這就為商家提供了一個資訊交流便捷，資訊共用可以交叉覆蓋各類消費群的龐大的虛擬社交平臺。因此，更多的企業推出了移動網路的當地語系化應用服務，還提供許多附加類服務體驗。毫無疑問， So Lo Mo 廣告傳播模式一定程度上代表了現在至未來的資訊傳播潮流。

天氣通與多種形式的 So Lo Mo 行銷和廣告傳播

天氣通是國內最早的手機專業天氣軟體，採用權威資料來源授權的天氣資訊，擁有國內外 3000 多個城市的天氣預報和即時天氣預警；更可查看大城市的逐小時預報及空氣品質指數。目前，即時空氣品質指數已涵蓋 2162 個縣市，獨家引入五日空氣品質指數，空氣污染早知道；天氣背景實景化功能，使天氣資訊更直觀。首創個性語音，更有 Angelababy、鄧超等 120 多個明星及方言特色語音，播報每日天氣。它雖然是一款以提供天氣資訊為主的應用，同時也是 So Lo Mo 的典型應用。首先具有社會化屬性，所有下載使用者均可以得到服務，其服務範圍包括天氣、主要新聞、熱門推薦等。其次具有當地語系化屬性，使用者隨時可以根據地理位置的變化，獲得本地天氣服務，如圖 10-29 所示。

最後具有移動化屬性，多數使用者選擇安裝手機端使用，獲得設置、分享、語音服務和天氣背景服務。正因為天氣通APP的特性，它也具備並且承載了行銷的功能。一些美食、旅遊、展覽資訊以自然的方式滲透其中，可以說天氣通是So Lo Mo廣告傳播模式的成功應用，如圖10-30所示。

圖 10-29 天氣通 APP 介面　　　　　圖 10-30 天氣通 APP 本地社交資訊

零售廣告傳播模式革新的趨勢

眾所周知，社會是以人為基本單位，因為各種關係而形成的人與人、人與組織和組織與組織之間的關係網，而商業行銷構成的是生產商、零售商與消費群體，以商業物流、廣告資訊傳播為鏈條交織於一體的關係網，這種關係網無疑是商業社會最重要的組成部分。隨著零售業行銷觀念的社會化和資訊傳播形式的不斷發展，大的零售商和品牌，以此為動力形成了自己社會化的消費關係網絡。但也正因為現代廣告資訊技術和傳播形式的不斷革新進步，這種零售商業的消費關係網絡必須面對不斷變化發展的動態局面。所以，把握現代零售廣告傳播模式的規律和前瞻性的趨向，是研究零售廣告傳播的另一個重點課題。

（一）傳統媒體與新媒體傳播模式將長期同存共融

20 世紀 8.90 年代的主流廣告資訊媒體是電臺、報紙、雜誌、電視。那時候內容和資訊基本上是由專業媒體人製作，消費者是做為一個閱讀者和接受者被動參與的。進入 21 世紀後，隨著互

聯網的崛起，一些門戶網站的飛速發展，廣告資訊傳播進入了互聯網時代，互聯網帶來的新體驗和新衝擊。隨後谷歌、百度等搜尋引擎的出現，意味著進入了搜索時代。而海外 Facebook、UGC 模式的誕生，國內也產生了像土豆、優酷等類似的網站，還有開心網這樣的社交化資訊平臺。而後移動資訊終端的發展帶動新的廣告資訊傳播形式，隨著以移動通信智慧終端機和網路媒體為代表的新媒體產生發展，傳統媒體形式也隨之發生了轉變。新媒體和傳統媒體之間存在著差異性，傳統媒體一般來講是按照已經成熟穩定的方式進行資訊傳播。而新媒體由於具有開放、可存檔、可檢索、可互動等特性，跨越了時空限制，能夠在最大程度上連接零售商與消費者，克服了傳統媒體的一些不適應新形勢的缺點。但是，尚處於探索期的新媒體廣告資訊傳播，還有很多是在將傳統的廣告形式搬到網站上，並未完全的發揮新媒體的互動性的優勢。

為適應新的形勢，報紙、雜誌、圖書、戶外、電視、廣播廣告在廣告傳播方式和觀念方面發生變化，在傳統傳播形式的基礎上，探索適應新時代的傳播形式。新媒體，特別是網路媒體在零售廣告推廣中佔有更大的比重，傳統媒體與新媒體共同切分傳媒產業的廣告資訊生態環境已經成為時代的主流。在可預見的一段時期內，傳統媒體與新媒體傳播會長期並存、各有所長。

由傳統走向現代——北京交通廣播傳播方式的轉變

做為廣播這種傳統媒體，北京交通廣播電臺 1993 年 12 月開臺以來，主要針對人群：計程車、公車司乘人員，打造了諸如「一路暢通」、「歡樂正前方」、「新聞直通車」等知名欄目，重要交通資訊隨時插播，整點報告天氣情況等。近年來，北京交通廣播順應新的聽眾需求，把握資訊時代新媒體的發展趨勢，對節目設置、互動環節以及延展服務等方面進行了大力改造，由傳統的按節目單廣播，轉變為掃二維碼即可安裝 APK 終端的收聽互動、微語奇互動等直播網路互動形式，還增加了線上收聽廣播，使北京交通廣播成為汽車品牌、交通服務、汽車維修等零售服務行業企業踴躍選擇的傳播媒體。圖 10 -31 是北京廣播電視臺網站首頁頁面，點擊「北京人民廣播電臺」欄目，即打開「北京人民廣播電臺」線上收聽網頁，即可參與其「現場直播」、「廣播重播」等節目，如圖 10-32 所示。新開通的 1039- 一路暢通一直播，更便於收聽收看，獲得多重資訊，如圖 10 -33 所示。廣播節目可以當時聽、看現場，還可以回聽、選聽。北京交通廣播的傳播方式更加豐富，互動效果得到聽眾的喜愛。

圖 10-31　北京廣播電視臺網站首頁頁面

圖 10-32　北京人民廣播電臺網站首頁

圖 10-33　北京交通廣播一路暢通一直播頁面

（二）零售商業資訊傳播與最新傳播技術更加
緊密相連

　　現代廣告新媒體，離不開移動互聯網。移動互聯網準確地說應該從 2000 年初開始的，之後逐步隨著技術的發展開始不斷的變革。最早是手機上網僅僅是彩信形式，比較單一且缺乏互動性。 2012 年智慧手機增長數額超過個人電腦，移動互聯網已經超過固定的互聯網，新媒體非常重視的是透過移動取得各式各樣的媒體型態。智慧移動技術的發展非常快，從晶片級到作業系統級，傳播資訊的能力快速提高。最近幾年隨著安卓和微軟智慧終端機普及，諸如 APP 的發展，有賴於移動通信技術的進步。隨後微信、微博傳播模式異常火爆，微博行銷側重粉絲 (Fans) 傳播，而微信行銷注重為關注使用者提供深度服務。微博行銷賺的重視轉發量和抓眼球，而微信行銷重在提供個性服務。現代多媒體技術的發展，特別是電腦技術和移動通信智慧終端機的技術進步，為現代零售業廣告資訊的傳播帶來了質的變化。從廣告主角度看，可以有多樣化的媒體可供選擇，而且廣告宣傳的準確性大為提高。未來可以基於技術進步，透過對消費群的精準定位，著重開發設計針對精確目標受眾的新的互動資訊傳播媒體。而對消費群來說，媒體新型態為他們提供了多方位的資訊交流平臺，也出現了包括「口碑」效應在內的消費者自主選擇並表達態度、分

享消費經驗的群聚現象，這些對零售行業的消費群體來講，是提高消費品質和精準度的有利資訊資源。

現代消費需求和新的通信技術催生了「滴滴出行」的誕生

「滴滴出行」是一款免費打車軟體，2012 年小桔科技在北京推出嘀嘀打車 APP，快智科技在杭州推出快的打車 APP。2013 年，分獲騰訊和阿里巴巴投資。2104 年嘀嘀打車更名為滴滴打車。2015 年滴滴打車和快車打車進行戰略合併。2016 年滴滴宣布 2015 年完成 14.3 億訂單，成為僅次於淘寶的全球第二大線上交易平臺。2017 年上線滴滴快車和滴滴巴士的微信小程式。滴滴出行是全球領先的移動出行平臺；

圖 10-34 嘀嘀出行移動端介面

為 5.5 億用戶提供計程車、快車、專車、豪華車、順風車、公交、小巴、代駕、企業級、共用單車、外賣等全面的出行和運輸服務，日訂單已達 3000 萬。在滴滴平臺，超過 2100 萬車主及司機獲得靈活賺取收入的機會。線上預訂，線下承運，使得乘客與司機緊

密相連，最大限度優化乘客打車體驗，改變司機出行、等客方式，同時也節約司機與乘客的溝通成本，降低空駛率，最大化節約社會資源。如圖 10-34 所示，嘀嘀出行移動端介面。

滴滴出行致力於同城市、計程車行業及社群協作互補，透過智慧交通創新解決全球交通、環保和就業挑戰。滴滴正同越來越多的汽車產業鏈企業建立合作聯盟，攜手打造汽車運營服務平臺。在全球範圍內，滴滴與 Grab、Lyft、Ola、Uber、99、Taxify、Careem 共同建構了一個服務全球超過 80% 的人口、覆蓋 1000 多座城市移動出行網路；並於 2018 年在墨西哥和澳大利亞上線了滴滴品牌的出行業務。滴滴始終致力於提升用戶體驗，創造社會價值，建設開放、高效、可持續的移動出行新生態。

（三）整合廣告傳播模式將進一步深化

在傳統媒體資訊推廣中，我們習慣從資訊技術角度進行媒體分類，如無線媒體、平面媒體等，這種分類方式反映出過去廣告資訊推廣的模式是以媒體為分類基礎，各自為政的分散式資訊推廣。新媒體形態和廣告資訊推廣模式的發展，出現了廣告傳播管道的「貧富不均」現象，一些新媒體，呈現海量資訊交流的業態，而一些傳統媒體和較為小眾的互聯網媒體，則出現了廣告資訊荒，長時間無人問津。因此傳統的以媒體資源為導向的廣告傳播

方式正在調整為多媒體整合的廣告資訊推廣模式。一些大型的、信息量巨大、涵蓋品牌較多的廣告資訊平臺應運而生。

年輕一代消費群體熱衷於手機、移動電腦和 PC 機等終端構成的個人資訊平臺，極易形成富有個性的充滿自主性的個人資訊鏈；而中年以上消費群體，一般會以電視、家庭電腦為載體建構家庭資訊平臺。因此，未來的廣告資訊推廣的生態環境，必須精確分析目標受眾，將年輕消費者的環形資訊流與其家庭的資訊傳播平臺相結合，形成由電腦、電視及其他廣告媒體組成的家庭社區資訊平臺與個人化資訊流相交織的整合廣告資訊傳播模式，構成品牌廣告資訊推廣的寬度與深度。

王府井百貨的整合廣告傳播探索

著名的王府井百貨集團面對現代新媒體的出現和廣告資訊傳播需求，將其零售廣告資訊傳播，由傳統廣告傳播模式轉向了新媒體、多媒體傳播，將旗下各零售單位以及經銷的各個品牌的廣告資訊，由過去的分散狀態，轉變為具有綜合性的整合廣告傳播模式式，打造了集團品牌網站、微信、微博等形式的品牌推廣平臺，線上品牌廣告形成集團的品牌效應，直接提升商圈整體的品牌效應，吸引更多商家入駐以及更多顧客上門購物，也涵蓋帶動了進駐品牌的知名度，各商家品牌借助王府井百貨的品牌效應，開展的線下廣告推廣，同時也為王府井百貨的品牌傳播增加了力

量。由此形成了零售商圈的品牌傳播互為支援的資訊傳播型態。因此，現代整合行銷的趨勢，由各品牌的分散式廣告傳播轉向集團整合廣告傳播模式。如圖 10-35 是王府井百貨集團網站的首頁頁面。

圖 10-35 王府井百貨網上商城首頁頁面

（四）零售商業資訊傳播更加關注受眾消費模式的微觀變化

　　現代廣告資訊傳播的雙向互動性，是網路、移動資訊終端的本質特徵。未來，還會產生更多的新媒體和新的資訊交流方式，由此推進的零售廣告資訊推廣模式的進步和改變，諸如線上廣告、線下廣告、交互性網路廣告、 APP 傳播等，也將面對消費觀念的變化和由此產生的越來越多的個性化消費需求。因此，現代零售廣告傳播，應更加注重受眾消費觀念和微觀需求的變化，

及時提供個性化廣告資訊互動傳播服務。

極端重視消費者細微需求的雕爺牛腩

　　雕爺牛腩，一家「輕奢侈」概念的餐廳，只有12道菜，但只做臻品，介於速食與正餐之間，不似正餐的嚴整，而比速食擁有更好的環境和享受。在餐廳壞境、菜品方面追求「無一物無來歷，無一處無典故」，還經過了一段類似於飢餓銷售法的封閉期，而今成為青年時尚群體趨之若鶩的餐飲單位。能夠在短期內聲名鵲起，雕爺牛腩得益於微博、微信行銷精準到位（見圖10-36、圖10-37）。不僅是在微博和微信宣傳餐廳面的美食理念、吸引客戶、培養自己的粉絲團，其訂座、訂餐排號、客戶管理都是透過微信平臺進行的，而且有專業團隊時刻注意大眾點評、微博和微信的資訊交流。只要有一位顧客有對某品和服務有不滿的帖子或資訊，幾分鐘內就會收到官方微信的回饋，並進行進一步的溝通瞭解，為顧客解決問題。而有需求的顧客還可以透過微信申請 VIP卡，申請人要回答一系列問題，涉及餐廳菜品和服務、個人消費習慣和偏好、美食常識等，行銷推廣主要依靠微傳平臺。從前期傳播，到後期對用戶評價的監測和迅速回饋，雕爺牛腩的顧客資訊團隊，會進行審核，通過了的顧客成為VIP顧客，其個性化需求也會被記錄歸檔，在其後的消費中，這些資訊會在配備菜品、口味把握等方面，滿足各異的顧客需求。由此可見，

注重對關注受眾消費理念和資訊回饋，在未來零售業廣告資訊傳播中，是將行銷做細做足、建立於消費群更加緊密的關係、培養深厚的品牌忠誠度和長久的美譽度的重要舉措。

圖 10-36 雕爺牛腩主頁微信二維碼　　圖 10-37 雕爺牛腩微信主頁

國家圖書館出版品預行編目（CIP）資料

第四次零售革命：流通的變革與重構 / 王成榮等著.
-- 第一版. -- 臺北市：樂果文化出版：紅螞蟻圖書發行，
2020.03
　面；公分. -- (樂經營；15)
ISBN 978-957-9036-23-8(平裝)

1. 零售業　2. 產業分析

498.2　　　　　　　　　　　　108020534

樂經營 015

第四次零售革命：流通的變革與重構

作　　　　者／王成榮 等

總　編　輯／何南輝

行 銷 企 畫／黃文秀

封 面 設 計／引子設計

內 頁 設 計／沙海潛行

出　　　　版／樂果文化事業有限公司

讀者服務專線／（02）2795-3656

劃 撥 帳 號／50118837　樂果文化事業有限公司

印　刷　廠／卡樂彩色製版印刷有限公司

總　經　銷／紅螞蟻圖書有限公司

地　　　　址／台北市內湖區舊宗路二段121巷19號（紅螞蟻資訊大樓）

電　　　　話／（02）2795-3656

傳　　　　真／（02）2795-4100

2020年3月第一版　定價／450元　ISBN 978-957-9036-23-8